信息技术基础教程

(上)

主　编　郑志刚　刘　丽
副主编　褚　宁
主　审　陈永庆　冯贺娟

北京理工大学出版社
BEIJING INSTITUTE OF TECHNOLOGY PRESS

内 容 简 介

本书契合新时代大学计算机教学改革发展方向，更加注意学生在理论知识的引领下解决实际问题的能力培养，引导学生发扬新工匠精神，增强自主学习能力。本书根据全球计算机综合能力认证课程标准 ICT 进行编写，全部教学内容与微软办公软件认证中心提出的“计算机综合应用能力国际认证”接轨。

本书分为计算机基础知识、使用计算机及相关设备、网络交流与信息安全三大部分，共 9 章，涵盖了计算机基础知识、操作系统的使用和网络操作等各个方面。

本书可用作计算机公共课程教材，也可作为对计算机感兴趣的读者的参考用书。

图书在版编目（CIP）数据

信息技术基础教程. 上 / 郑志刚，刘丽主编. —北京：北京理工大学出版社，2020.8（2021.9重印）

ISBN 978 – 7 – 5682 – 8960 – 3

Ⅰ. ①信… Ⅱ. ①郑… ②刘… Ⅲ. ①电子计算机 – 高等职业教育 – 教材 Ⅳ. ①TP3

中国版本图书馆 CIP 数据核字（2020）第 159779 号

出版发行 / 北京理工大学出版社有限责任公司
社　　址 / 北京市海淀区中关村南大街 5 号
邮　　编 / 100081
电　　话 / （010）68914775（总编室）
（010）82562903（教材售后服务热线）
（010）68944723（其他图书服务热线）
网　　址 / http：//www. bitpress. com. cn
经　　销 / 全国各地新华书店
印　　刷 / 唐山富达印务有限公司
开　　本 / 787 毫米 × 1092 毫米 1/16
印　　张 / 17. 25
字　　数 / 358 千字
版　　次 / 2020 年 8 月第 1 版 2021 年 9 月第 2 次印刷
定　　价 / 48. 00 元

责任编辑 / 王玲玲
文案编辑 / 王玲玲
责任校对 / 刘亚男
责任印制 / 施胜娟

图书出现印装质量问题，请拨打售后服务热线，本社负责调换

前　言

信息时代的到来不仅改变着人们的生产和生活方式，也改变着人们的思维和学习方式。在计算机普及的基础上，手机、平板计算机等便携式设备也成为重要的信息化终端设备，它们对计算机基础教学提出了新的挑战。在以往的计算机基础教学中，采用案例驱动方式居多，读者按照教材中的操作步骤可以完成案例，体会到一定的成就感，但是当再次遇到同类问题时，却无从下手，不能较好地运用知识和技能解决实际问题。因此，开发理实一体化的教材，有助于读者技能和素养的提升，对培养“面向现代化，面向世界，面向未来”的创新人才具有深远意义。

本套书是计算机一线教师根据全球学习与测评发展中心（Global Learning and Assessment Development，GLAD）的计算机综合能力国际认证（Information and Communication Technology Programs，简称 ICT 认证）标准精心编写的。本套书包括《信息技术基础教程》（上、下册）和《信息技术案例与实训》（上、下册），本书为《信息技术基础教程（上）》，全书分为 9 章，包括认识信息社会、Windows 10 操作系统、文件夹和文件的管理、Windows 10 中的输入法、在 Windows 10 中安装软硬件、网络连接、使用因特网、数字公民、网络安全基础等。

本书由渤海船舶职业学院组织编写，郑志刚、刘丽任主编，褚宁任副主编，陈永庆、冯贺娟任主审。其中，第 1、6 ~ 9 章由郑志刚编写，第 2 ~ 5 章由刘丽编写，各章习题由褚宁整理编写。

由于编写时间仓促，加之作者水平有限，书中难免有不足之处，敬请广大读者提出宝贵意见和建议。

编　者

目　录

第 1 章　认识信息社会 …… 1

1.1　什么是信息 …… 2

1.2　什么是信息技术 …… 2

1.3　认识计算机 …… 2

1.4　计算机的硬件组成 …… 5

1.4.1　主机内部基本结构 …… 6

1.4.2　输入/输出设备 …… 14

1.5　计算机的软件组成 …… 18

1.5.1　什么是软件 …… 18

1.5.2　了解操作系统 …… 18

1.5.3　了解应用程序 …… 21

1.6　计算机的使用 …… 27

1.6.1　启动计算机 …… 27

1.6.2　重启计算机 …… 29

1.6.3　使用 Reset 按钮 …… 29

1.6.4　关闭计算机 …… 29

1.7　计算机的选购策略 …… 29

1.8　计算机发展方向 …… 30

1.8.1　大数据 …… 30

1.8.2　云计算 …… 32

1.8.3　物联网 …… 33

1.8.4　人工智能 …… 35

小　结 …… 36

习　题 …… 36

第 2 章　Windows 10 操作系统 …… 39

2.1　了解 Windows 10 操作系统 …… 40

2.1.1　Windows 10 的版本 …… 40

2.1.2　Windows 10 的特点 …… 41

2.1.3　Windows 10 的运行环境 …… 41

2.2　Windows 10 的启动、注销与退出 …… 42

2.2.1　Windows 10 的启动 …… 42

2.2.2　Windows 10 的注销 …… 42

2.2.3 Windows 10 的退出 …… 42
2.3 认识 Windows 10 桌面 …… 43
2.3.1 桌面图标和快捷方式 …… 43
2.3.2 动态磁贴的使用 …… 50
2.3.3 个性化设置 …… 53
2.3.4 任务栏 …… 58
2.4 鼠标与键盘的基本操作 …… 63
2.4.1 鼠标的使用 …… 63
2.4.2 键盘的使用 …… 67
2.5 认识窗口、菜单与对话框 …… 69
2.5.1 认识窗口 …… 69
2.5.2 认识对话框 …… 71
2.5.3 认识菜单 …… 72
2.5.4 窗口基本操作 …… 73
2.6 启动与退出应用程序 …… 76
2.6.1 启动应用程序 …… 76
2.6.2 退出应用程序 …… 79
2.7 使用 Windows 10 中的附件 …… 79
2.7.1 画图工具 …… 79
2.7.2 截图工具 …… 83
2.7.3 OneNote …… 85
2.8 配置计算机和管理程序 …… 86
2.8.1 Windows 10 用户管理 …… 86
2.8.2 使用控制面板 …… 88
2.8.3 安装和卸载程序 …… 88
2.8.4 设置系统显示语言 …… 89
2.8.5 管理电源 …… 90
2.8.6 辅助功能 …… 90
2.8.7 获取帮助 …… 91
小　结 …… 92
习　题 …… 92
第 3 章　文件夹和文件的管理 …… 94
3.1 文件管理基础知识 …… 95
3.1.1 什么是文件 …… 95
3.1.2 什么是文件夹 …… 95
3.1.3 什么是磁盘 …… 95
3.1.4 磁盘、文件夹与文件的关系 …… 96

3.1.5 认识资源管理器 …… 96
3.2 文件夹和文件的基本操作 …… 98
3.2.1 选择文件夹和文件 …… 98
3.2.2 新建文件夹和文件 …… 99
3.2.3 重命名文件夹和文件 …… 100
3.2.4 复制文件夹和文件 …… 101
3.2.5 移动文件夹和文件 …… 102
3.2.6 删除文件夹和文件 …… 103
3.3 文件夹和文件的高级操作 …… 105
3.3.1 管理回收站中的文件 …… 105
3.3.2 更改文件的打开方式 …… 109
3.3.3 设置文件夹、文件属性 …… 110
3.3.4 设置文件夹选项 …… 113
3.3.5 查找文件和文件夹 …… 116
3.4 OneDrive 的使用 …… 118
小 结 …… 122
习 题 …… 122
第 4 章 Windows 10 中的输入法 …… 125
4.1 键盘录入技术 …… 125
4.1.1 键盘的布局 …… 125
4.1.2 键盘录入的姿势 …… 128
4.1.3 键盘录入的击键方法 …… 128
4.1.4 键盘录入的基本指法 …… 128
4.2 Windows 10 输入法 …… 129
4.2.1 中文键盘输入法的分类 …… 129
4.2.2 添加中文输入法 …… 130
4.2.3 删除中文输入法 …… 132
4.2.4 切换中文输入法 …… 132
4.2.5 认识输入法状态栏 …… 133
4.3 常用中文输入法 …… 134
4.3.1 微软拼音输入法 …… 134
4.3.2 搜狗拼音输入法 …… 135
4.3.3 五笔字型输入法 …… 136
4.3.4 自然码输入法 …… 136
4.4 用写字板编辑文字 …… 136
4.4.1 写字板的启动 …… 136
4.4.2 编辑文字 …… 136

4.4.3 设置字符格式 …… 139
4.4.4 在文档中插入对象 …… 139
4.4.5 保存和打开文档 …… 139
小 结 …… 141
习 题 …… 141
第5章 在Windows 10中安装软硬件 …… 143
5.1 添加和删除Windows 10组件 …… 143
5.1.1 添加Windows 10组件 …… 143
5.1.2 删除Windows 10组件 …… 145
5.2 在Windows 10中安装软件 …… 146
5.2.1 选择适合的电脑软件 …… 146
5.2.2 安装软件前的准备 …… 146
5.2.3 安装软件的一般方法 …… 147
5.2.4 练习软件的安装 …… 147
5.3 在Windows 10中删除软件 …… 149
5.3.1 使用自卸载功能删除软件 …… 149
5.3.2 使用控制面板删除软件 …… 151
5.4 在Windows 10中安装硬件 …… 153
5.4.1 安装即插即用型硬件 …… 153
5.4.2 安装非即插即用型硬件 …… 153
5.4.3 更新硬件的驱动程序 …… 154
5.5 在Windows 10中卸载硬件 …… 156
5.5.1 卸载即插即用型硬件 …… 156
5.5.2 卸载非即插即用型硬件 …… 157
小 结 …… 158
习 题 …… 158
第6章 网络连接 …… 160
6.1 网络基础知识 …… 160
6.1.1 什么是网络 …… 160
6.1.2 网络标准与分类 …… 161
6.1.3 连接到网络所需的软件和硬件 …… 163
6.1.4 网络的优缺点 …… 166
6.2 了解因特网 …… 167
6.2.1 什么是因特网 …… 167
6.2.2 连接到因特网 …… 168
6.2.3 无线局域网WLAN …… 174
小 结 …… 178

习 题 …… 178
第 7 章 使用因特网 …… 180
7.1 Internet 基础 …… 180
7.1.1 基本术语 …… 180
7.1.2 统一资源定位器（URL）与域名 …… 182
7.1.3 认识其他元素 …… 183
7.2 Web 浏览器 …… 184
7.2.1 概述 …… 184
7.2.2 识别安全网站 …… 186
7.2.3 认识 IE 浏览器 …… 187
7.2.4 提取网页中的信息 …… 190
7.2.5 下载 …… 192
7.2.6 定制 IE 浏览器 …… 192
7.3 使用网络搜索信息 …… 195
7.3.1 网上数据库 …… 195
7.3.2 认识搜索引擎 …… 195
7.3.3 搜索技巧 …… 196
7.4 电子邮件 …… 199
7.4.1 什么是电子邮件 …… 199
7.4.2 申请电子邮箱 …… 201
7.4.3 电子邮件常用操作 …… 201
7.4.4 Microsoft Outlook 2010 …… 207
小 结 …… 218
习 题 …… 219
第 8 章 数字公民 …… 221
8.1 电子邮件礼仪 …… 221
8.2 在线互动中的适当行为 …… 226
8.3 合法尽责使用计算机 …… 230
8.4 数字生活 …… 237
小 结 …… 244
习 题 …… 244
第 9 章 网络安全基础 …… 247
9.1 评估信息 …… 247
9.1.1 怎样评估信息 …… 247
9.1.2 信息化对社会的影响 …… 249
9.2 计算机中的风险 …… 251
9.2.1 系统与数据安全基础 …… 251

9.2.2 建立安全的工作环境 …… 252
9.2.3 人类工效学 …… 253
9.2.4 计算机病毒与预防 …… 254
9.3 安全使用因特网 …… 258
小 结 …… 258
习 题 …… 259
参考答案 …… 261
参考文献 …… 263

第1章

认识信息社会

情境引入

人类已跨进21世纪，迎来了信息时代。计算机已经进入人们的日常生活中，掌握计算机技术是人们迫切的需要。计算机最主要的作用是处理信息，这就是信息技术（Information Technology，IT）。信息技术对人类的影响已越来越广泛，同时，人们的生活、工作和学习也越来越离不开信息技术。

本章学习目标

学习目标：

√ 了解信息和信息技术；
√ 了解计算机的各种类型及其用途；
√ 了解个人计算机的重要组成部分；
√ 了解常用的输入/输出设备；
√ 了解不同类型的打印机；
√ 了解启动和关闭计算机的方法；
√ 了解什么是软件，以及操作系统和应用软件的分类。

知识目标：

√ 了解信息的概念和发展历程；
√ 掌握计算机基本软硬件组成；
√ 掌握计算机的启动与关闭方法；
√ 了解计算机选购策略；
√ 了解未来信息技术的发展方向。

素质目标：

√ 正确使用计算机类电子产品；
√ 热心帮助他人解决操作上的困难；
√ 会使用专业术语来描述计算机软硬件。

1.1 什么是信息

信息广泛存在于现实社会中，人们时时刻刻都在获取、加工、管理、表达与交流信息，这是因为人们在生活、学习和工作中处处需要信息。同时，信息要通过载体来传输与表示，如人们通过报纸、杂志、广播电视等各种媒体看到或听到国内外新闻、商品广告、天气预报等。

自从有了人类，在人们的生活和生产活动中，就有了信息交流。信息交流的方式伴随着人类社会的发展而发展。今天人们生活在信息的汪洋大海之中，时时刻刻都离不开信息，都在自觉或不自觉地获取信息、处理信息和利用信息。

1991 年 1 月的海湾战争，使人们清楚地认识到，在高科技战争中，每一个军事行动都离不开信息。在“爱国者”导弹与“飞毛腿”导弹的对抗中，可以看到准确、快速处理信息的重要性。多国部队用两颗“锁眼”式照相卫星，日夜不停地监视远在 4 300 km 外的伊拉克“飞毛腿”导弹的动态，卫星每 12 s 就可以拍摄一张立体图像，只要“飞毛腿”导弹一发射，侦察卫星就能从导弹的尾焰热量释放中得到数据信息，立即通过网络不停地将信息传递到美国科罗拉多州和澳大利亚的空军地面站，两个地面站的计算机快速地对接收到的信息进行处理，极快地确认和计算出“飞毛腿”导弹的飞行轨迹。随着“飞毛腿”导弹的不断飞行，侦察卫星不断发送信息，网络不断传递信息，及时判断，快速地发射导弹，两导弹碰在一起，在天空形成一个巨大的火球。在同一时间内，卫星监视系统将“飞毛腿”导弹的移动发射架位置迅速传递，并发命令摧毁发射架，这一切都发生在短短的几十分钟之内。这是一场武器的较量，更是一场“信息”的战争。也就是说，只有掌握准确的信息，进行高速处理、传递并指挥武器系统，才能克敌制胜。信息是一种宝贵的资源，只有经过处理的信息，才能成为有用的信息。

信息的简单解释就是对人们有用的消息。这些用语言、文字、声音、图像、数字、符号、情景等方式表达的各种情报、消息、数据和新闻，统称为信息。

当代社会的三大资源：信息资源、能量资源、物质资源。

信息资源的特点：依附于媒体；具有传递性、储存性、共享性；具有可处理性、时效性。

1.2 什么是信息技术

信息技术是人们对信息进行采集、存储、传递、加工、处理和应用的各种技术。

信息技术的发展大大扩展和延伸了人的感知器官及大脑的信息功能。信息技术的发展非常迅速，其中最具代表性的是传感技术、通信技术和计算机与网络技术。

1.3 认识计算机

早在 1946 年，世界上第一台电子计算机就诞生了，然而微型计算机在 1971 年才问世。

微型计算机具有体积小、质量小、耗电少、性能价格比最优、可靠性高、结构灵活等特点，其应用深入到社会生活中的各个领域，并取得了飞速发展。

利用计算机不仅能够完成数学运算，还可以进行逻辑运算，同时，还能够进行推理判断。因此，人们又称它为电脑。近年来，网络技术的发展使人们对计算机能力的认识和运用也不断地深入。

电子计算机是在第二次世界大战弥漫的硝烟中开始研制的。当时为了给美国军械试验提供准确而及时的弹道火力表，迫切需要有一种高速的计算工具。因此，在美国军方的大力支持下，于1943年开始研制。参加研制工作的是以宾夕法尼亚大学莫尔电机工程学院的莫西利和埃克特为首的研制小组。1946年2月15日，在美国诞生了世界上第一台通用电子计算机——ENIAC（Electronic Numerical Integrator And Calculator，电子数字积分计算机），如图1－1所示。

图1－1　ENIAC电子计算机

ENIAC每秒能执行5 000次加法或400次乘法，速度是手工计算的20万倍。ENIAC的诞生，为计算机和信息产业的发展奠定了基础。但是，ENIAC共使用了18 000个电子管，另加1 500个继电器及其他器件，质量达30多吨，占地170 m^2，需要用一间30多米长的大房间才能存放。它每小时耗电量为150 kW。

1. 大型系统

巨型计算机是现有运算速度最快的计算机，价格高昂。巨型计算机往往需要安装专用软件，完成诸如天气预报、资源勘探之类的科学和工程任务。

大型计算机能同时处理众多用户的任务和大量的数据，一般用于政府机构、大型组织机构。大型计算机因为控制着来自其他多台计算机或终端的数据流，也被称为中央集群系统。图1－2所示是中国的“神威－太湖之光”。

2. 个人计算机

个人计算机也被称为微型计算机，能很快地处理数据，广泛用于小型企业、学校和家庭。计算机组件的体积大幅度缩小，使得个人计算机的成本越来越低。

有两种典型的个人计算机：基于IBM机器架构的个人计算机和苹果公司设计的Macintosh个人计算机，如图1－3所示。

图 1－2　大型计算机

使用何种类型的计算机取决于所要完成的具体任务。一般来说，不论使用何种计算机，安装于计算机内的同一个软件都能完成相同的任务。

3. 笔记本式计算机

笔记本式计算机是便携式的微型计算机，具有和台式计算机相似的速度、功能和用途，如图 1－4 所示。笔记本式计算机是通过内置的键盘和鼠标来完成与台式计算机相同的工作的。它为需要携带计算机的人提供了极大的便利。

图 1－3　个人计算机

图 1－4　笔记本式计算机

4. 掌上型计算机

这种类型的计算机看起来与笔记本式计算机很相似，但是其显示屏通常可以旋转和折叠，允许用户用一支专用触写笔选择该计算机的执行项目，也可以用内置的键盘输入信息，如图 1－5 所示。

图 1－5　掌上型计算机

5. 个人数字助手

个人数字助手（PDA）通常只有手掌大小，如图 1－6 所示。这类计算机装有特殊的软件，以便建立约会和通信列表，并书写记录。PDA 的便携性使其很受欢迎，用户可以购买装有微处理器的 PDA 并将它与掌上型计算机相连。

图 1－6　个人数字助手

提示：现在掌上型计算机、PDA 已经整合到智能手机或平板电脑中了。

6. 工作站

工作站实质上就是用于处理类似于制图、桌面出版、图像设计、视频编辑和编写程序等任务的一些高性能的计算机。

为了节省系统对大量硬件资源的需求，有些工作站不配置硬盘驱动器，而是将它与某一个中央系统相连，该中央系统具有满足存储需求和运行相关软件的强大性能。

7. 其他类型的计算机

计算机技术在很多类型的装备中用于完成日常工作，比如汽车发动机诊断系统、自动取款机（ATM）、全球定位系统（GPS）导航工具等。

1.4　计算机的硬件组成

硬件是用户可以直接触摸到的计算机组件。计算机系统中有 4 种主要的硬件设备，可以将其分为主机设备和外部设备两类，如图 1－7 所示，它们分别是：

- 主机设备：一般在主机箱内部，包括中央处理器（CPU）、主板、内存、显示卡、声卡、硬盘、光盘驱动器等部件。

• 外部设备：相对于机箱而言，位于机箱的外部，包括各种输入/输出（I/O）设备、外部存储设备等。

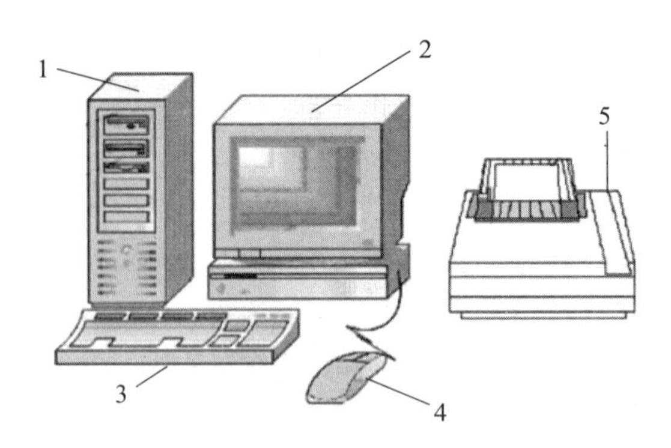

1—主机；2—显示器；3—键盘；4—鼠标；5—外部设备。

图1－7　计算机的硬件组成

1.4.1　主机内部基本结构

主机内部基本结构如图1－8所示。

1—主板；2—CPU；3—内存；4—硬盘；5—显示卡；6—电源；7—光盘驱动器。

图1－8　主机内部基本结构

1. CPU

由晶体管组成的CPU（Central Processing Unit，中央处理器）是处理数据和执行程序的核心，如图1－9所示。首先，CPU的内部结构可以分为控制单元、逻辑运算单元和存储单元（包括内部总线及缓冲器）三大部分。CPU的工作原理就像一个工厂对产品的加工过程：进入工厂的原料（程序指令）经过物资分配部门（控制单元）的调度分配，被送往生产线（逻辑运算单元），生产出成品（处理后的数据）后，再存储在仓库（存储单元）中，最后等着拿到市场上去卖（交由应用程序使用）。在这个过程中，从控制单元开始，CPU就开始了正式的工作，中间的过程是逻辑运算单元进行运算处理，交到存储单元代表工作结束。

图1-9　Intel 酷睿 Core i99900

当CPU完成一条操作指令后，CPU的控制单元又将告诉指令读取器从内存中读取下一条指令来执行。这个过程不断快速地重复，快速地执行一条又一条指令，产生在显示器显示的结果。为了保证每个操作准时发生，CPU需要一个时钟来控制其所执行的每一个动作。时钟就像一个节拍器，它不停地发出脉冲，决定CPU的步调和处理时间，这就是CPU的标称速度，也称为主频。主频数值越高，表明CPU的工作速度越快。

下面以Intel公司第九代酷睿 Core i99900 CPU为例，列出该CPU的主要性能参数，见表1-1。

表1-1　Intel 酷睿 Core i99900 CPU 主要参数表

基本参数	适用类型：台式机
	CPU系列：酷睿 i9
CPU频率	CPU主频：3.10 GHz
	最大睿频：5.00 GHz（睿频：动态加速功能）
	总线类型：DMI13 总线
	总线频率：8.0 GT/s
CPU插槽	插槽类型：LGA1151
	针脚数目：1 155 pin
CPU内核	核心代号：Coffee Lake
	核心数量：8 核心
	线程数：16 线程
	制作工艺：14 nm
	热设计功耗（TDP）：65 W
CPU缓存	16 MB

续表

技术参数	指令集：SSE4.1/4.2，AVX2.0
	内存控制器：DDR4－266
	支持最大内存：128 GB
	超线程技术：支持
	虚拟化技术：Intel VT
	64 位处理器：是
	Turbo Boost 技术：支持
显卡参数	集成显卡：英特尔®超核芯显卡 630
	显卡基本频率：350 MHz
	显卡最大动态频率：1.20 GHz

2. 主板

主板（MainBorad）又称母板（MotherBoard）或系统板（SystemBoard），是计算机各组件的载体。有了主板，CPU 才可以发号施令，各种设备才能沟通，并和计算机紧密连接在一起，从而形成一个有机整体。各种配件的性能都要通过它来发挥。

主板采用了开放式结构，如图 1－10 所示。主板上大都有 6～15 个扩展插槽，供 PC 机外围设备的控制卡（适配器）插接。通过更换这些插卡，可以对微机的相应子系统进行局部升级，使厂家和用户在配置机型方面有更大的灵活性。总之，主板在整个微机系统中扮演着举足轻重的角色。可以说，主板的类型和档次决定着整个微机系统的类型和档次，主板的性能影响着整个微机系统的性能。

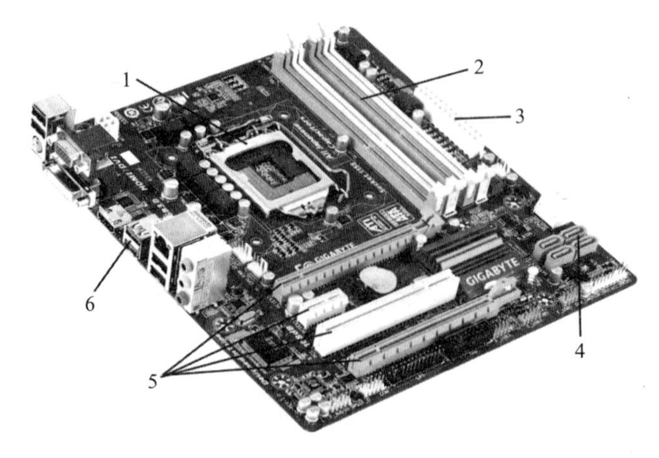

1—CPU 插槽；2—内存插槽；3—电源接口；4—SATA 接口；5—扩展槽；6—USB 接口。

图 1－10　主板结构图

- CPU 插槽：用于安装中央处理器。
- 内存插槽：用于安装随机存储器，专为存储芯片设计。
- 扩展槽：用于外部设备的连接，添加新组件或板卡，如独立显卡、独立声卡等。常见的有 PCI、PCI－E 等类型。
- 输入/输出端口：各种各样的输入和输出设备的连接器，如鼠标、键盘等，如图 1－11 所示。

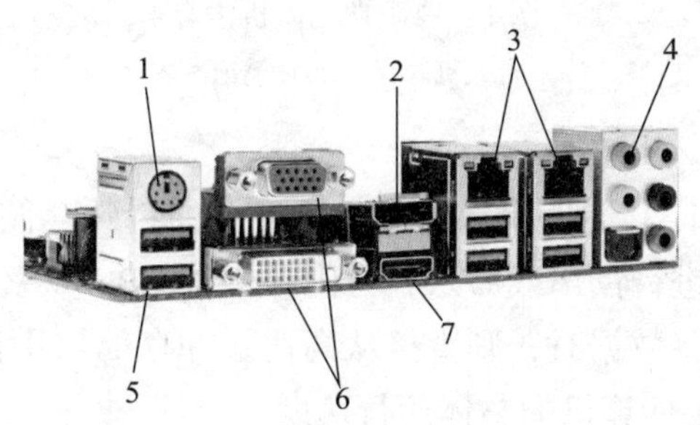

1—PS/2 键鼠接口；2—DP 显示接口；3—网卡接口；4—声卡接口；
5—USB 接口；6—VGA/DVI 显卡接口；7—HDMI 显示接口。

图 1－11　主板接口示意图

主板上还有 BIOS 芯片，BIOS 里面存有与该主板搭配的基本输入/输出系统程序，能够让主板识别各种硬件，还可以设置引导系统的设备，调整 CPU 外频等，依靠电池运行。

USB 接口（即通用数据串行总线接口），支持即插即用（新的设备第一次接入时，操作系统可以对其进行识别并安装）和热插拔（支持设备带电插拔，并且计算机能识别出设备已被移走）的特性。

网卡接口，可以和网络上的计算机、网络设备连接，也可以直接和因特网相连。

提示：也可以使用接口转接电缆将输入或输出设备接口转换为适合与计算机连接的方式。例如，用户有一个串口鼠标，但笔记本式计算机上只有 USB 接口，这时可以使用接口转接设备将接口从串口转换为 USB 接口。

3. 内存

内存是计算机中重要的部件之一，它是与 CPU 进行沟通的桥梁。计算机中所有程序的运行都是在内存中进行的，因此，内存的性能对计算机的影响非常大。内存（Memory）也被称为内存储器，其作用是暂时存放 CPU 中的运算数据，以及与硬盘等外部存储器交换的数据。只要计算机在运行中，CPU 就会把需要运算的数据调到内存中进行运算，当运算完成后，CPU 再将结果传送出来。内存的大小和稳定运行也决定了计算机的性能。

（1）内存

内存是指安装在主板上的随机存储器（RAM），如图 1－12 所示，用来临时存储用户当前使用的软件程序和数据。RAM 不能永久存储信息，一旦计算机断开电源，保存在 RAM 中的信息就会随之消失。因此，软件程序和数据文件必须永久地保存在硬盘或光盘中。计算机可以根据用户的要求，使程序装入内存或移出内存。RAM 是以 ns 即 10^{-9} s 为单位进行度量的，RAM 的速度决定了响应请求并完成指令的时间（或称为存取时间）。

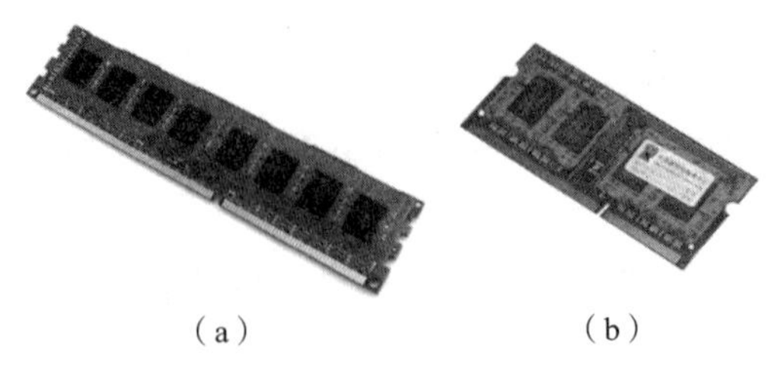

（a）　　（b）

图 1－12　常见微机内存

（a）台式机内存；（b）笔记本内存

（2）高速缓冲存储器

高速缓冲存储器（Cache）是一种容量小、速度快的特殊存储系统，系统按照一定的方式对 CPU 访问的内存数据进行读出或写入，将内存中被 CPU 频繁存取的数据存入高速缓冲存储器，当 CPU 要读取这些数据时，则直接从高速缓冲存储器中读取，加快了 CPU 访问这些数据的速度，从而提高了计算机的整体运行速度。

高速缓冲存储器分为一级高速缓冲存储器和二级高速缓冲存储器，一级高速缓冲存储器集成在 CPU 晶片内部，容量小，在 8 ~ 128 KB 之间。早期的二级高速缓冲存储器一般集成在主板上，现在集成在 CPU 内部，一般容量为 1 ~ 12 MB。

4. 显卡

显卡又叫显示适配器，它是显示器与主机通信的控制电路和接口，它的基本作用就是控制电脑的图形输出，工作在 CPU 和显示器之间。现在的显卡大多为图形加速卡，通常所说的加速卡，是指其芯片集能够提供图形函数计算能力，这个芯片集通常也称为加速引擎或图形处理器。显卡拥有自己的图形函数加速器和显存，用来执行图形加速任务，可以大大减少 CPU 处理图形函数的时间。

目前，显卡可分为集成式显卡和独立式显卡（图 1－13）。

显卡的输出接口（图 1－14）包括：

（1）VGA

VGA（Video Graphics Array，视频图形阵列）是 IBM 于 1987 年提出的一个使用模拟信号的电脑显示标准。VGA 接口即电脑采用 VGA 标准输出数据的专用接口。VGA 接口共有 15 针，分成 3 排，每排 5 个孔。VGA 是显卡上应用最为广泛的接口类型，绝大多数显卡都带有此种接口。它传输红、绿、蓝模拟信号及同步信号（水平和垂直信号）。

图 1－13　独立式显卡

（2）DVI

DVI（Digital Visual Interface，数字视频接口）是 1999 年由 Silicon Image、Intel（英特尔）、Compaq（康柏）、IBM、HP（惠普）、NEC、Fujitsu（富士通）等公司共同推出的接口标准。

（3）HDMI

HDMI 是一种数字化视频/音频接口技术，是适合影像传输的专用型数字化接口，其可

同时传送音频和影像信号，目前2.1版本最高数据传输速度为48 Gb/s（支持120 Hz的4 KB图像或60 Hz的8 KB图像）。

（4）DP

DP（Display Port）是一种高清数字显示接口标准，可以连接电脑和显示器，也可以连接电脑和家庭影院。2016年，视频电子标准协会（VESA）确定了其1.4版标准，支持60 Hz的8 KB分辨率（7 680×4 320）HDR视频及120 Hz的4 KB HDR视频，同时，还能兼容USB Type－C接口在显示适配器及显示器之间提供4条HBR3高速通道，单通道带宽达到了8.1 Gb/s。

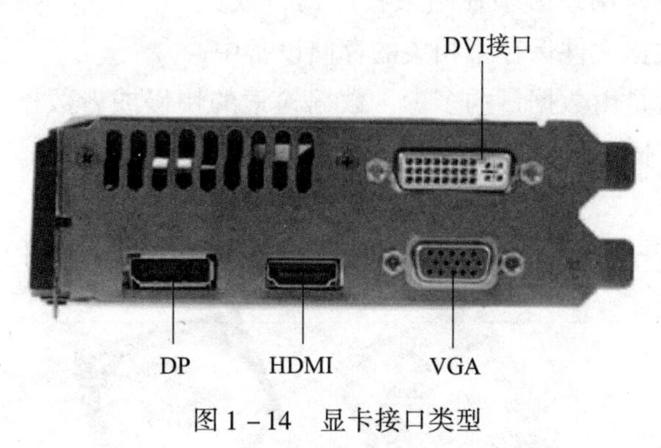

图1－14　显卡接口类型

注意：现在中高级独立显卡基本已取消VGA接口，只保留DVI、HDMI、DP接口。内置集成显卡中一般提供VGA、DVI、HDMI接口。

5. 声卡

声卡（Sound Card）也叫音频卡，声卡是多媒体技术中最基本的组成部分，是实现声波/数字信号相互转换的一种硬件。声卡的基本功能是把来自话筒、磁带、光盘的原始声音信号进行转换，输出到耳机、扬声器、扩音机、录音机等声响设备，或通过音乐设备数字接口（MIDI）使乐器发出美妙的声音。此外，现在声卡一般具有多声道，用于模拟真实环境下的声音效果。

声卡发展至今，主要分为集成式、板卡式和外置式三种接口类型，以适应不同用户的需求。三种类型的产品各有优缺点。

（1）集成式

此类产品集成在主板上，如图1－11所示，具有不占用PCI接口、成本更为低廉、兼容性更好等优势，能够满足普通用户的绝大多数音频需求，受到市场青睐。此外，集成式声卡的技术也在不断进步，它也由此占据了主导地位，占据了声卡的大半市场。

（2）板卡式

对于高级用户或专业音频工作者，集成式声卡不能满足其要求，这样板卡式产品成为其首选，如图1－15所示。板卡式拥有更好的性能及兼容性，支持即插即用，安装、使用都很方便。

（3）外置式声卡

独立于主机外部存在，它通过 USB 接口与 PC 连接，具有使用方便、便于移动等优势。但这类产品主要应用于特殊环境，如连接笔记本，从而实现更好的音质等。

图 1－15　板卡式声卡

6. 存储系统

存储系统用来存储数据。在计算机运行期间，内存被用来存储用户当前工作任务中的数据。因为内存仅是临时的存储设备，所以，用户必须在结束程序运行或关闭计算机之前将有关数据文件保存至相关的存储设备中。

采用何种存储设备是由数据量的多少、数据检索的快慢或者数据传输的速度来决定的。目前主要有机械硬盘、固态硬盘、光盘、U 盘、闪存卡等存储系统。

（1）机械硬盘

机械硬盘几十年来一直作为存储数据和程序的基本存储器，如图 1－16 所示。

图 1－16　硬盘及内部结构

机械硬盘通常具有如下三个功能：

- 磁盘盘片以匀速旋转，允许使用全盘的每一个扇区；
- 读/写磁头沿着磁盘径向移动；
- 通过读/写磁头实现从磁盘读取或写入数据的功能。

为了管理数据，每一个磁道被分成若干相等的部分，每个部分被称为扇区，计算机可以将内存中的内容写入磁盘扇区。

每一个磁盘都有两个或更多的读/写磁头，用于读取磁盘中的数据或向其中写入数据。磁盘驱动器中的读/写磁头位于磁盘上方，并始终与磁盘保持一个固定的距离。在磁盘的运行过程中，磁头离开起始位置，移动并精确定位于需要检索或写入数据的磁道。

机械硬盘在工作时，每一个盘片会以 5 400 r/min、7 200 r/min 或更高的速度旋转。硬盘容量范围一般从 1～10 TB 不等。

机械硬盘也被用作网络存储设备，这类硬盘具有很大的存储空间，以满足用户的需要。

（2）固态硬盘

固态硬盘（Solid State Disk 或 Solid State Drive，SSD），是用固态电子存储芯片阵列而制成的硬盘。SSD 由控制单元和存储单元（FLASH 芯片、DRAM 芯片）组成，如图 1－17 所示。

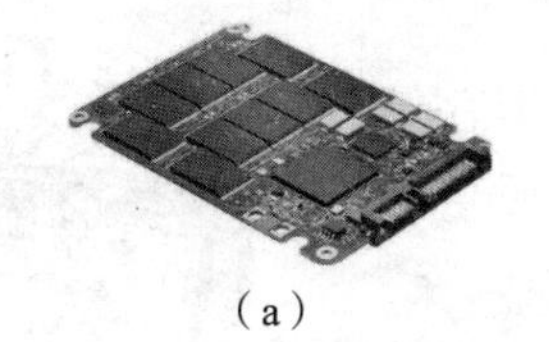

（a）

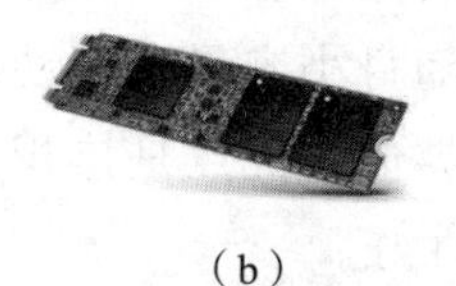

（b）

图1－17　固态硬盘

（a）SATA－3 接口；（b）M.2NVME 接口

固态硬盘普遍采用 SATA－3 接口、M.2NVME 接口、SAS 接口、PCI－E 接口。

由于工作原理不同，固态硬盘具有传统机械硬盘不具备的快速读写、质量小、能耗低、不怕震动及体积小等特点，尤其是读写速度接近机械硬盘的5倍以上。但是闪存具有擦写次数限制的问题，寿命不如机械硬盘，同时，单位存储价格也比较高。

目前，在正常使用中，一般将固态硬盘作为操作系统存储盘，机械硬盘作为数据仓库盘。

（3）只读光盘驱动器

只读光盘驱动器的工作原理与激光唱机的相似，如图1－18所示。信息被刻录在涂层的盘面，并且通过激光束进行检索。

CD 的存储容量通常是 700 MB，标准 DVD 盘片的容量为4.7 GB。

图1－18　光盘及光盘驱动器

光盘驱动器具有不同的速度，目前台式机的 CD 光驱都在 50 倍速以上，另外，由驱动器组成的光盘塔还可容纳多张光盘。驱动器的速度越快，信息读取和传输至计算机的速度就越快；可容纳的光盘数越多，可以检索的数据就越多。

光盘驱动器通过激光束读取数据。取放光盘时，注意手指不要触摸存有数据的光盘面。新型计算机至少配置一个光驱，目前市场上的光盘驱动器往往结合了 CD－ROM、CD－R、CD－RW、DVD－ROM 等多种功能。

（4）刻录光驱

刻录光驱（即刻录机）的外形与只读光盘驱动器的基本相同，它具备将信息录制到光盘上的功能。在向光盘写入信息方面，有以下两种不同类型的技术：一次性写入；多次读/写操作。

（5）磁带机

磁带机通常由磁带驱动器和磁带构成，可用于存储数据，如图1－19所示。

这些磁带机使用容量为 250 MB～80 GB 不同格式的磁带。新型的磁带机使用体积更小并且速度更快的数字式录音磁带（Digital Audio Tape，DAT）格式，它能够存储更大量的数据，并且能以每小时7.2 GB的速度传输数据。

图1－19　计算机用磁带机及磁带

(6) U 盘、闪存卡或记忆卡

U 盘一般用于个人随身小容量可移动的数据存储，存储原理与固态硬盘的类似，优点是体积小、质量小、即插即用、比磁盘稳定性好。

闪存卡（图 1－20）被用于数码照相机或数码摄像机，以增加存储照片和视频的数量，或者作为文件的便携式存储设备，以便将数据传输到计算机。这些记忆卡或闪存卡有各种容量规格，用户可以根据需要进行选择。

图 1－20　各种闪存卡

1.4.2　输入/输出设备

计算机的输入/输出设备用于用户和计算机之间进行通信。通常将输入/输出设备分为以下三类：

①将信息输入计算机中的设备，如键盘、鼠标、扫描仪等。

②将信息从计算机中显示或输出的设备，如显示器、打印机等。

③计算机之间进行通信的设备，如调制解调器和网卡。

可以将输入/输出设备简单定义为：不管类型和规格如何，只要是能将信息输入计算机中的设备，都称为输入设备；不考虑样式如何，只要是能将计算机中的信息输出的设备，都称为输出设备。

1. 显示器

显示器是一种输出设备，用于显示计算机中的信息，如图 1－21 所示。所有的显示器都有一个电源开关和一组用于调整屏幕明暗度和对比度的控制开关。

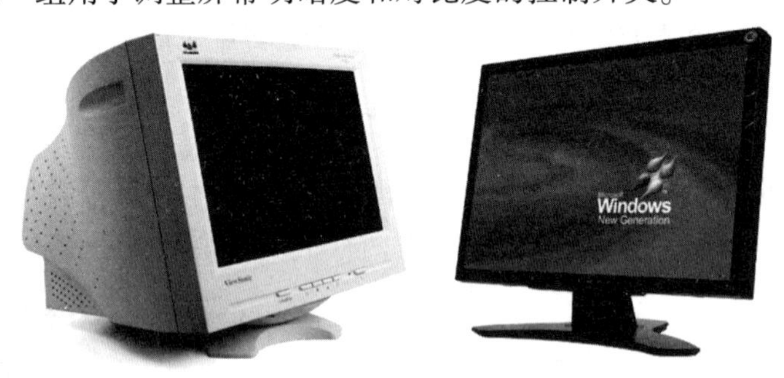

图 1－21　显示器

显示器的型号、分辨率和尺寸多种多样。显示屏越大，呈现的图像就越大。分辨率决定了图片呈现的清晰度和精确度。

纯平显示器因具有大尺寸和可触摸技术而广受欢迎。对于有些显示器，用户可以用手指代替鼠标或键盘在屏幕上进行选择。

如果暂时不需要使用计算机，可以运行屏幕保护程序、调低显示器的明亮度和对比度，或者关闭显示器。

2. 键盘

键盘是一种输入设备，通过键盘可以将信息输入计算机中。键盘主要用来输入文本和数字，也可以在应用程序中输入任务指令。

键盘的类型多种多样，人体工程键盘可减少对手腕的压迫（预防腕管综合征等疾病），如图1－22所示。还有一些键盘配置了额外的按键，让用户在使用时，可以有更多不同的体验。

图1－22　人体工程键盘

无论键盘的类型如何，其所具有的相同的按键都具有相同的功能。

键盘上的输入键用于将文本或命令输入计算机中，其中有些键还可以和其他键配合使用来完成某些特定功能。这些键在配合使用时，需要先按住第一个键，然后再按第二个键。

键盘上的功能键为F1～F12，位于键盘的顶行。应用程序为每个功能键都分配了一个特殊的功能，生成了常用命令的快捷方式。

数字小键盘位于键盘的最右侧。数字小键盘第1行中的NumLock键的作用类似于一个灯的开关。当灯亮时，小键盘就可以用来输入数字；当灯灭时，小键盘就作为光标移动键使用。

3. 鼠标

鼠标（图1－23）是一种输入设备。在平的桌面上移动鼠标时，鼠标球的滚动表现为屏幕上指针的移动。

通常使用鼠标的两个按键来选择或运行屏幕上的内容。

图1－23　鼠标

- 单击：将鼠标指针指向屏幕上的一个对象，通过按下并释放鼠标左键来选择对象。
- 双击：将鼠标指针指向屏幕上的一个对象，快速、连续地按下鼠标左键两次。
- 右击：将鼠标指针指向屏幕上的一个对象，按下并释放鼠标右键。
- 左拖动：按住鼠标左键不放，在屏幕上移动鼠标来选择或移动多个对象。
- 右拖动：按住鼠标右键不放，在屏幕上移动鼠标来复制或移动多个对象。
- 中间滚轮或中间键：用于辅助进行一些操作，如拖动滚动条浏览网页。

4. 打印机

打印机是计算机常用的输出设备之一，用于将计算机处理结果打印在相关介质上。一般来说，按打印元件对纸是否有击打动作，分为击打式打印机与非击打式打印机；按所采用的成像技术，分为色带式、喷墨式、激光式、热敏式、静电式等打印机。

目前打印机的种类有很多，选择哪一种类型的打印机取决于用户的需要，例如，格式纸或支票可能需要点阵打印机，而信件和预算报表等文档可能需要激光打印机。

（1）点阵打印机

一般来说，一台点阵打印机（图 1－24）包含一个由打印针组成的打印头，该打印头在墨带上敲击，打印出文本和图片。9 针打印头的点阵打印机为低分辨率打印机，24 针打印头的点阵打印机为高分辨率打印机。

点阵打印机的优势在于它可以连续使用折叠好的纸张。点阵打印机的价格根据用户所选择的参数而有所不同，并且打印耗材（如墨带、纸张）的价格较喷墨打印机和激光打印机要低。

点阵打印机的劣势在于其仅能打印低分辨率的图片。

（2）喷墨打印机

喷墨打印机（图 1－25）的打印头中有微小的喷嘴，打印机通过它将墨水喷射至打印纸上，打印分辨率一般为 300～4 800 dpi。在打印文字稿件时，喷墨打印机的打印效果很接近激光打印机。

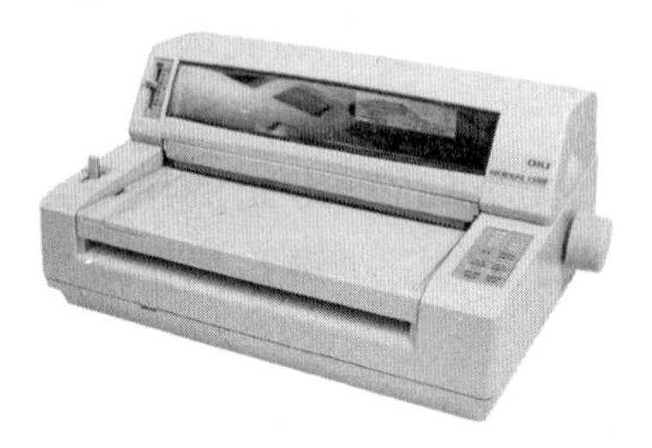

图 1－24　点阵打印机

图 1－25　喷墨打印机

喷墨打印机根据每分钟打印的纸张数量（ppm）来度量打印速度，还有一些喷墨打印机根据每秒打印的字符数量（cps）来度量打印速度。喷墨打印机的平均打印速度为 3 ppm（或 230 cps）。

喷墨打印机的优势就是它比激光打印机要便宜，但却能高质量地打印出黑白或彩色的文本或图片。喷墨打印机的劣势是打印耗材比较昂贵。

（3）激光打印机

激光打印机（图 1－26）通过激光将图像“写”到感光鼓上。感光鼓上被激活的区域会吸收墨粉，以打印文档中的黑色部分。

激光打印机可以满足 300～4 800 dpi 分辨率的打印要求。

激光打印机所需墨粉的价格比较高，但是每一页的实际成本却比较低。

增加激光打印机缓存的容量对提高打印效率有重要的意义。大多数的激光打印机都安装了有助于打印工作的附件，例如，允许用户实现计算机和打印机无线连接的红外端口。

（4）多功能复合打印机

多功能复合打印机（图 1－27）也叫多功能一体机，可以集合打印、传真、扫描或者复

印等常用功能至一个设备中，适合小公司处理日常事务。

图 1 – 26　激光打印机

图 1 – 27　多功能复合打印机

5. 其他输入/输出设备

在计算机上使用的其他类型的输入和输出设备见表 1 – 2。

表 1 – 2　其他常见的输入/输出设备

名称	功　能
绘图板	用于图形设计，通过特殊的笔来记录信息并在绘图时提供了高清晰度
传声器（麦克风）	可以用来录音，并且将声音转化为计算机可以识别的数字格式。可以使用专门的软件进行语音识别，并在语音转换为可显示的文本之前对它进行翻译
音箱	用来播放计算机上保存的数字格式的声音文件
扫描仪	可以对要扫描的对象进行“拍照”，并将它们转换为数字格式的文件
操纵杆	用来玩游戏，根据游戏中的不同需要，可以使用不同类型的操纵杆
数码照相机	自动将照片转换为可以直接发送到计算机上的数字文件
数码摄像机	可以用来拍摄视频图像，并将其转换为数字格式的文件。有些摄像机可以直接和计算机连接，但是有些不可以，因此，需要一个转换设备及专门的软件将摄像机中的视频文件转换为数字格式的文件
条码阅读器	可以减少日常交易中输入的数据量及商品盘点工作量。通过扫描或读取商品条码区间的粗细线来识别商品
投影仪	可以把计算机的视频信号通过转接口后投射到幕布上供用户欣赏和使用
遥控器	演讲者可以使用遥控器控制演示文稿的放映

输入/输出设备还包括那些专门用于工业上的设备，如环境科学设备可以用来测量空气质量、土壤的温度/湿度、天气传感等特殊类型的数据。可以将其和计算机连接并使用特殊的软件对所获取的数据进行分析处理。还有一些设备专为残疾人设计，如语音识别设备可以

将麦克风传出的语音转换为屏幕上显示的文本，屏幕阅读机可以将计算机屏幕上的文本转换为盲文等。

1.5 计算机的软件组成

1.5.1 什么是软件

程序是一系列按照特定顺序组织的计算机数据和指令的集合。由于程序没有固定的物质形态，只有将其安装到计算机才能发挥作用，所以被称为软件。软件通常被划分为系统软件和应用软件。软件包含用于完成特定任务的语句命令，这些命令置于菜单、工具按钮、快捷键及包含很多选项的组合框中，便于用户选择和使用。

这些命令以一系列创建于软件程序中的用于完成规定任务的规则（称为算法）作为基础。这些算法规定了数据输入软件程序的流程和数据输出的格式。使用的软件不同，决定着输出结果是文本、数字、声音还是视频等格式的不同。通常需要硬件支持，以便用户能够看到或听到输出结果。

所有软件在发布之前都经历了一个非常严谨的调试过程。软件的供货商通常根据最常用的任务进行质量控制，使得软件在安装、使用过程中尽可能少地出现问题。

1.5.2 了解操作系统

操作系统或系统环境是一个用来控制人机交互和通信的程序集合。它执行计算机的两个重要功能：

①管理输入设备、输出设备、存储设备等。

②管理文件存储和识别，以便完成任务。

每台计算机都需要有操作系统才能运行，没有操作系统的计算机叫“裸机”，计算机也只有在安装了操作系统的基础上，才能安装其他应用程序。

1. 台式机操作系统

包括 DOS、Windows、UNIX、Linux 和 MacOS 等。

DOS 是早期的操作系统，是磁盘操作系统的代表，如图 1－28 所示。因为运行 DOS 操作系统的计算机只能显示字符内容，通过输入一行命令来执行一个任务，比较难解释。现在的用户都喜欢使用像 Windows 或者 MacOS 这样图形化的操作系统，由于这种类型的操作系统使应用计算机变得容易，所以成为操作系统的标准。随着技术的进步，显示功能得到加强，使利用屏幕完成设计工作变得简单。

图形化用户界面（GUI）允许用户使用鼠标或其他设备完成指向和选择某一个命令的功能，而不必记住该命令的具体内容。这些命令以按钮或描述该命令的图片或符号出现，软件供应商在设计的程序中，也使用同样的按钮/符号/图片来完成同样的功能（如复制、粘贴、粗体、保存、打印等），以便减少用户为学习使用新软件而花费的时间。

```
C:\WINDOWS\system32\cmd.exe
驱动器 C 中的卷是 操作系统
卷的序列号是 A02A-3E1D

C:\ 的目录

2008-04-29  21:22    <DIR>          WINDOWS
2008-04-29  21:27    <DIR>          Documents and Settings
2008-04-29  21:32    <DIR>          Program Files
2008-04-29  21:34                 0 CONFIG.SYS
2008-04-29  21:34                 0 AUTOEXEC.BAT
2008-10-07  09:38    <DIR>          Drv
2008-10-07  09:46    <DIR>          RavBin
2008-10-07  11:10                32 ALCSetup.log
2008-10-27  16:44             2,388 audiosocket.log
2008-10-16  12:50    <DIR>          TDDOWNLOAD
2008-10-17  08:25    <DIR>          办公
2008-10-17  08:45    <DIR>          应用
2008-10-17  08:27    <DIR>          娱乐
2008-10-22  08:52    <DIR>          Downloads
2008-10-22  10:32             1,804 1
2008-10-29  18:00    <DIR>          test
               5 个文件          4,224 字节
              11 个目录 15,867,396,096 可用字节

C:\>
```

图 1－28　DOS 操作界面

微软公司的 Windows 是个人计算机使用的操作系统。Windows 产品支持“所见即所得”的屏幕显示器，并能在文档打印之前进行即时的预览。

MasOS 是苹果公司为 iMac 计算机设计的操作系统。它为用户提供了一个图形化界面，这使应用计算机进行工作既容易又快速，并真正为“所见即所得”程序制定了标准。MasOS 桌面如图 1－29 所示。

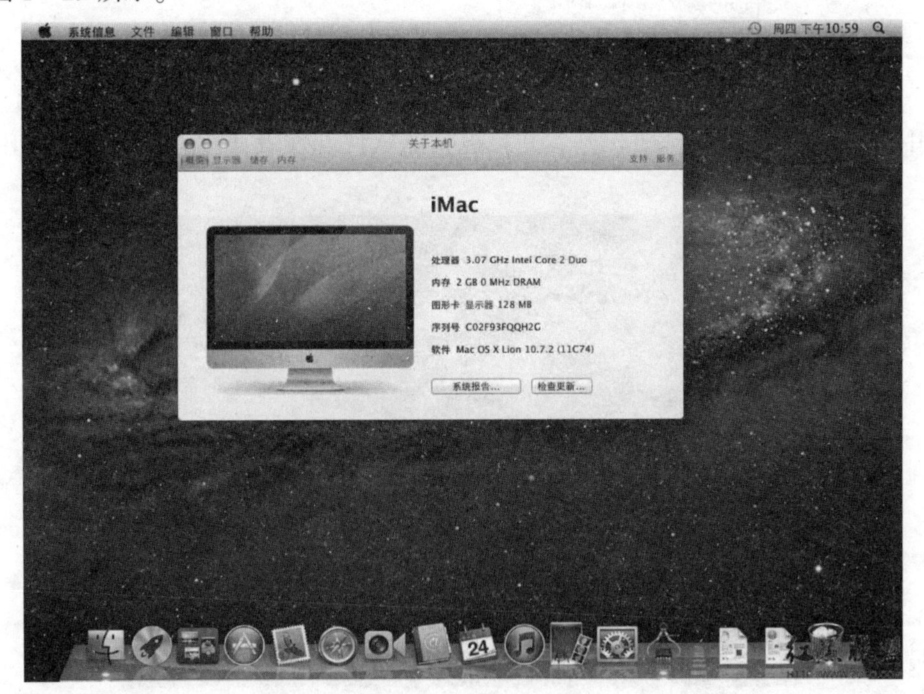

图 1－29　MacOS 桌面

UNIX 操作系统是 20 世纪 70 年代由众多程序员共同开发的，该系统普遍应用于高端服务器。该操作系统的主要缺点是基于命令行来实现控制功能。UNIX 的字符界面如图 1－30 所示。

```
Processes:  33 total, 2 running, 31 sleeping... 89 threads           12:59:51
Load Avg:  0.44, 0.43, 0.46     CPU usage:  2.7% user, 10.8% sys, 86.5% idle
SharedLibs: num =  101, resident = 22.8M code, 1.62M data, 6.38M LinkEdit
MemRegions: num = 2242, resident = 47.8M + 5.44M private, 45.1M shared
PhysMem:  43.8M wired, 72.1M active,  100M inactive,  216M used,  296M free
VM:  930M + 44.8M   7148(0) pageins, 0(0) pageouts

  PID COMMAND      %CPU   TIME   #TH #PRTS #MREGS RPRVT  RSHRD  RSIZE  VSIZE
  345 top          8.9% 0:01.06   1    14    15   220K   324K   476K  1.62M
  339 tcsh         0.0% 0:00.23   1    24    15   436K   652K   908K  5.72M
  338 Terminal     0.8% 0:04.09   4    68   148  1.86M  7.96M  5.81M  59.7M
  301 Navigator    0.0% 6:57.02   9   137   321  16.6M  25.6M  32.6M  98.2M
  277 AudioCDMon   0.0% 0:00.27   1    48    54   572K  5.11M  1.18M  32.4M
  276 Microsoft    0.0% 0:03.55   2    76    82  1.96M  10.0M  3.24M  55.5M
  275 SystemUISe   0.0% 0:03.44   3   123   157  2.49M  8.60M  4.55M  70.3M
  273 Dock         0.0% 0:05.57   2    98   101  1.83M  5.46M  4.43M  48.9M
  268 Finder       0.0% 0:18.86   4   119   233  10.1M  11.6M  12.7M  72.5M
  262 pbs          0.0% 0:12.99   1    28    44  5.52M   824K  6.38M  23.0M
  258 automount    0.0% 0:00.02   2    11    18   164K   388K   320K  2.14M
  247 loginwindo   0.0% 0:11.44   7   147   148  2.89M  5.64M  4.95M  42.2M
  243 cron         0.0% 0:00.04   1     9    15    72K   316K   152K  1.52M
  239 NUMCompati   0.0% 0:00.01   1    20    16   152K   332K   264K  1.34M
  233 SecuritySe   0.0% 0:00.20   1    39    18   300K   596K   648K  2.09M
  228 httpd        0.0% 0:00.01   1     9    65    60K  1.22M   268K  2.38M
  224 httpd        0.0% 0:00.76   1     9    65    52K  1.22M  1016K  2.38M
  212 inetd        0.0% 0:00.01   1     9    13    72K   304K   132K  1.26M
  205 coreservic   0.0% 0:00.42   3    52    31   804K   400K  1.04M  2.75M
  192 lookupd      0.0% 0:00.92   2    11    19   232K   544K   488K  2.39M
  185 netinfod     0.0% 0:00.41   1     8    18   380K   400K   540K  1.79M
  163 CrashRepor   0.0% 0:00.01   1    16    15   156K   312K   124K  1.57M
  157 syslogd      0.0% 0:00.11   1     8    13    80K   304K   156K  1.26M
  127 configd      0.0% 0:01.56   4    86   124   520K   892K  1.46M  3.54M
  102 autodiskmo   0.0% 0:00.68   2    46    18   192K   412K   380K  2.28M
   68 dynamic_pa   0.0% 0:00.00   1    10    15    72K   296K   108K  1.27M
   65 update       1.7% 0:02.56   1     8    13    56K   292K   100K+ 1.25M
   63 Window Man   0.8% 2:22.83   3   158   206  2.53M  8.19M  9.76M  22.9M
   61 ATSServer    0.0% 0:04.80   1    34    93   616K  3.43M  2.61M  16.9M
   41 kextd        0.0% 0:02.53   2    16   125  2.26M   316K  1.74M  3.95M
    2 mach_init    0.0% 0:01.09   1    81    12    52K   316K   140K  1.27M
    1 init         0.0% 0:00.01   1    20    12    48K   304K   252K  1.26M
    0 kernel_tas   0.8% 1:38.62  22     0     -      -      -  35.6M   342M
q[aji446w8y25nc:~] kurtisbr%
```

图 1 – 30　UNIX 的字符界面

Linux 操作系统是基于 UNIX 技术开发的，并且提供了比 UNIX 更多的图形界面。该系统普遍应用于中端服务器或个人工作站，并且被企业软件开发者使用。Linux 桌面如图 1 – 31 所示。

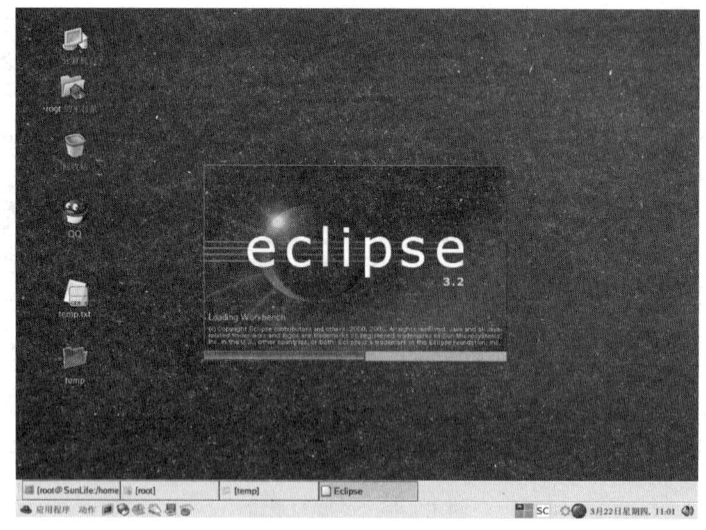

图 1 – 31　Linux 桌面

2. 移动终端操作系统

包括安卓（Android）、iOS 等，如图 1 – 32 所示。

图 1－32　移动终端操作系统

1.5.3　了解应用程序

应用程序用来完成特定的任务，如清算账目、处理文字或起草文件等。应用程序的分类包括文字处理程序、电子表格程序、演示文稿程序、数据库管理软件、图形软件、多媒体程序、电子邮件程序、网络浏览器、工具软件、套装程序、定制程序等。

在这些分类中，有很多软件程序已经得到了整个行业的认同，下面将根据每一个应用软件的类别进行具体描述。

1. 文字处理程序

文字处理程序是最常见的应用软件，它允许用户创建、编辑及保存文档。使用打字机时，用户可能不得不对原有文档进行重新打印，而在使用计算机时，文档可以通过电子的方式进行存储，用户可以很容易地重新找到它，并对其进行修改。很多专业的文字处理程序都具有排版的功能。

微软公司的 Word 是文字处理程序的一个典型实例，它是微软办公软件的一个组成部分，如图 1－33 所示，可用于 PC 和苹果机。

2. 电子表格程序

电子表格程序是一种流行的财务工具，它可以完成数字计算和假设分析。电子表格程序可以显示线图、柱形图和散点图。当用户需要追踪数据或审核信息时，电子表格能够很好地完成这些任务。

使用电子表格管理数据的一个优势，就是可以对数值进行排序、查找，这将有助于用户分析数据。

微软公司的 Excel 就是电子表格程序的典型，它是微软办公软件中的一个组成部分，如图 1－34 所示，可用于 PC 和苹果机。

3. 演示文稿程序

有许多可用来制作幻灯片和新闻稿的演示程序，这些程序可以提供类似手动操作音频、视频设备的特殊效果。用户也可以制作发言稿，并且可以使用不同的信息传送方式，例如，

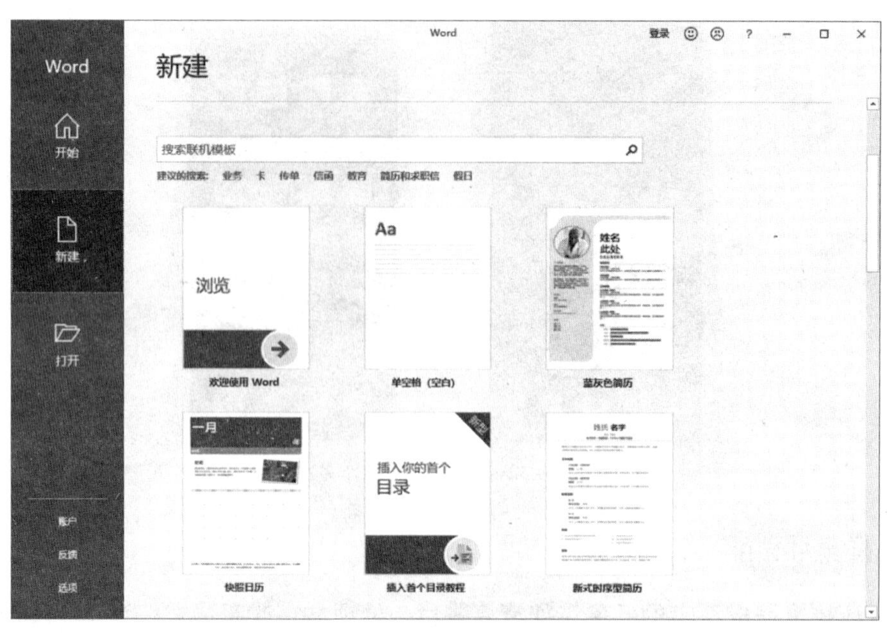

图 1－33　Word 2016 界面

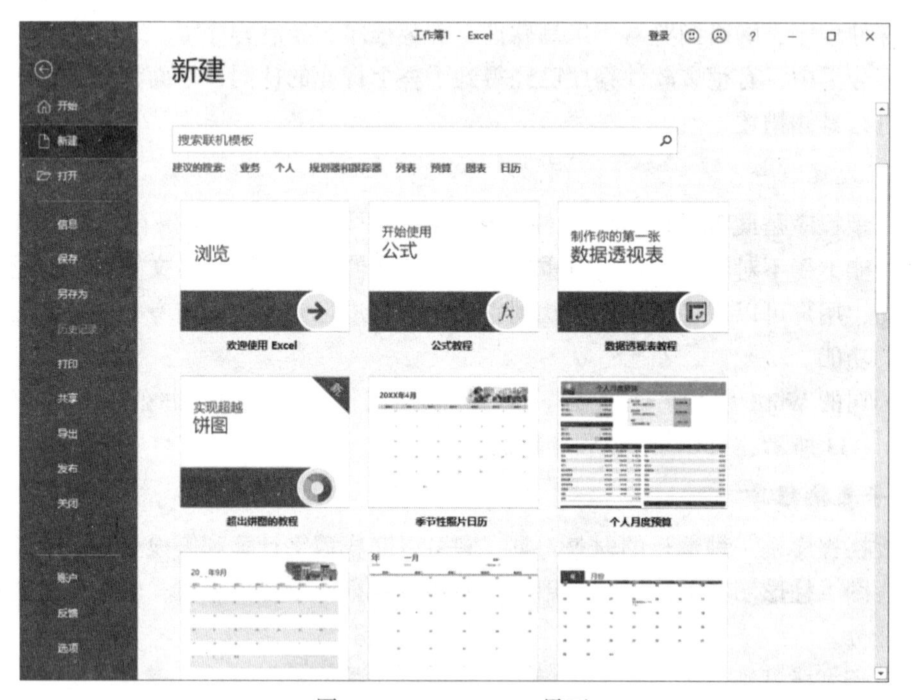

图 1－34　Excel 2016 界面

通过因特网以广播的形式将信息传播给听众，或者制作自动执行程序，并将其置于某台计算机中进行播放，以用于训练或教育目的。用户可以增加、编辑和安排文档，也可以在幻灯片中插入图片、图表或表格。

微软公司版权所有的 PowerPoint 是演示程序的一个典型，它是微软办公软件的一个组成部分，如图 1－35 所示，可用于 PC 和苹果机。

图 1－35　PowerPoint 2016 界面

4. 数据库管理软件

简单地讲，数据库就是一个相关信息的集合。常见的实例有电话簿、存货清单和个人档案。数据库管理软件（DMS）用于帮助操作和管理数据库中的信息。

过去人们对数据储存的需求通常借助档案柜、文件夹及其他的存储工具来实现，无论哪类存储工具，都需要良好的组织并方便使用者按照需求存储信息。

数据库可通过其结构来识别：

- 字段包括若干独立的数据项（如姓名、地址、消费者类型等）。
- 相关字段的集合构成一个记录。
- 所有数据库中的记录构成一张表。

用户可以通过查询命令对表中的任意字段生成报告或视图，设立关键字段或建立表之间的联系，以便生成可以共享多个数据库中表内信息的各种报告。关系型数据库的工作方式是不同数据库间的数据可以通过同名字段建立关联，并共享同名字段的信息。

一个数据库应用软件就是通过档案橱柜、多种类型的文件夹或其他信息存储系统，以各种必需的方式操作那些需要管理并有权使用的信息。

微软公司版权所有的 Access 是数据库管理程序的一个例子，如图 1－36 所示，可应用于 PC 和苹果机。它是一款非常流行的数据库程序，并且只随专业版的办公软件发售。

5. 图形软件

用户可以从多种渠道获得图形（或图片），也可以开发自己的个性化的图片文件用于广告传单、海报、书信文字或者网页等文档中。图形设计程序往往与媒体软件组合在一起，所以用户除了可以处理图片外，还可以制作声音和视频。专用的图形软件与内置的画图程序不同，内置的画图程序没有专用图形设计软件的灵活性。

所有的图形设计程序都是建立在一系列用于制图和绘画的工具集合之上的，包括方形、线形、箭形、圆形或文本等工具。绘画工具一般包括填充颜色、图案，设置线的类型、宽度、

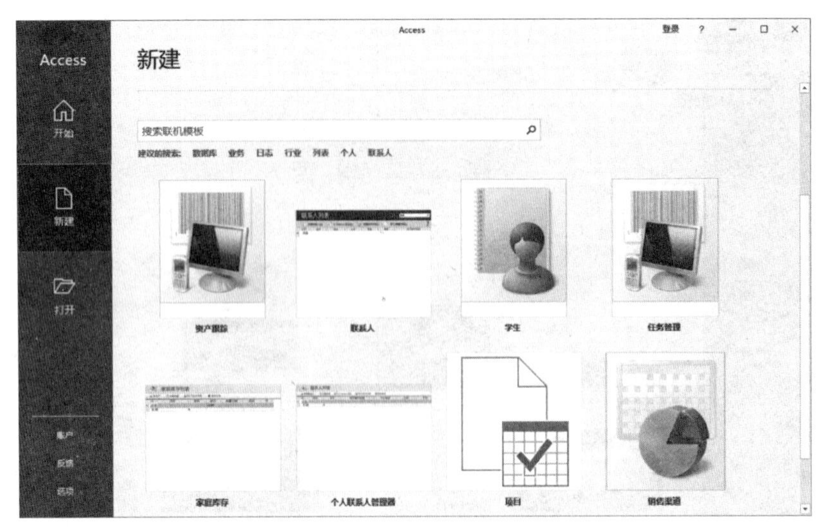

图 1－36　Access 2016 界面

颜色或者箭头类型的工具等。大型的专用图形设计软件提供开发和编辑外形或曲线的选项，并有一系列包括多种功能的增强型工具，如 3D 功能、艺术融合功能等。

绘图软件允许用户将绘图结果以适当的文件格式进行存储，最常用的图形文件格式有 TIFF（Tagged Image File Format）、WMF（Windows Metafile Format）、BMP（Bitmap）、JPEG/JPG（Joint Photographic Experts Group）、GIF（Graphics Interface Format）。

很多图形设计软件被用于广告设计、媒体制作、网页设计，或被出版公司用于设计唯一的并且能引起人们注意的图片，以便应用于市场的广告宣传中，满足公司的需要（如 Logo、产品 ID 等）。

常用的一些图形程序有 Corel 软件公司版权所有的 CorelDRAW、Adobe 公司版权所有的 Illustrator 和 Photoshop 等。其中 Adobe 公司的 Photoshop 程序非常流行，如图 1－37 所示。

另外，Adobe 公司版权所有的 Dreamweaver 是网站设计程序，但它的功能也包括开发可以发布于因特网和企业内部网的图片。

有很多程序瞄准普通用户，如小型公司中需要为网页设计图形、进行产品促销和做报告的人员等。每一款图形设计程序都有相似的工具，另外，某些工具还拥有软件聚焦功能。

6. 多媒体程序

这类程序允许用户扩展图形设计程序的功能并向自己的文件中添加类似视频、音频或动画的媒体控件。这些程序逐渐变得易于使用，同样，多媒体控件也被加入发布于因特网或企业内部网的文档文件中。

视频文件通常采用 MPG/MPEG 或 AVI（包括动画文件）格式，音频文件最常用的是 MP3 或 WAV（Windows Audio Video）格式，这些文件格式可以被所有安装了 Windows Media 或者 Quicktime 软件的计算机正确读取。

Adobe 公司的 Flash 是图形设计程序，如图 1－38 所示，但其将图形设计提到了一个新的水平，例如，添加控件，以便将文件转换成多媒体类型的文件（如动画文件、视频文件、e－learning 文件等）。

图 1－37　Photoshop 界面

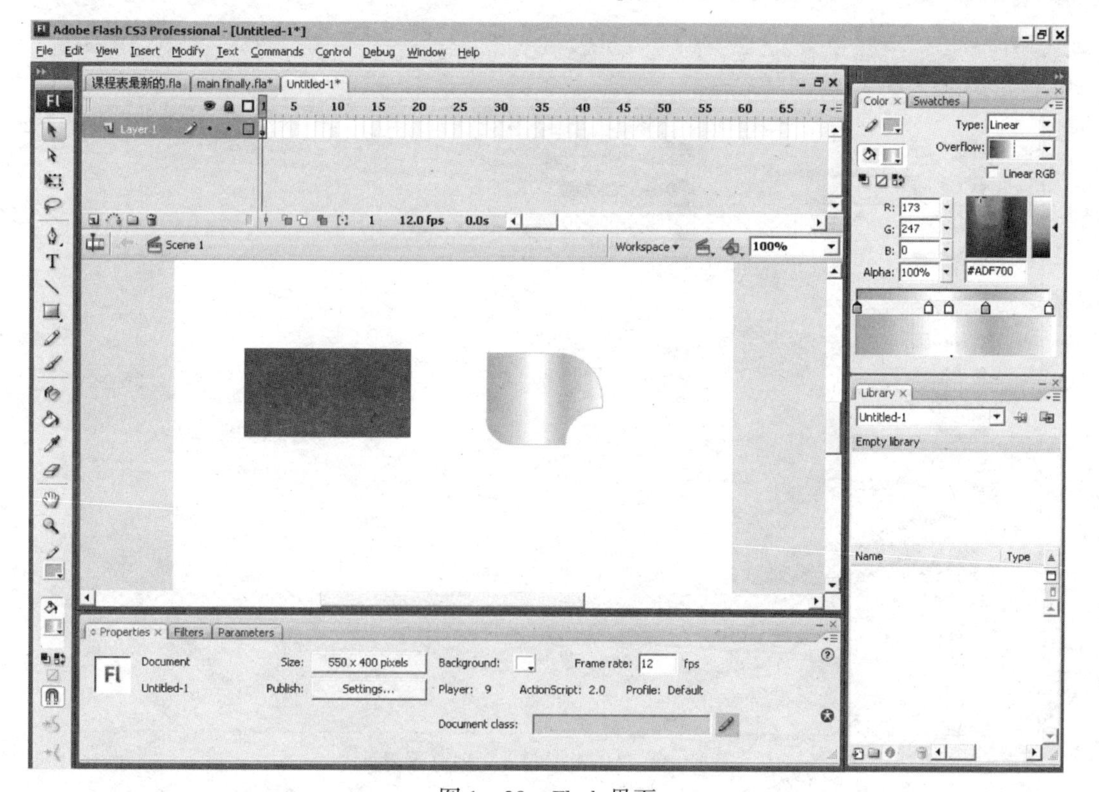

图 1－38　Flash 界面

7. 电子邮件程序

电子邮件（E－mail）程序已经被人们广泛使用，现在的一些 E－mail 程序都比较简单，易操作。发送电子邮件的过程与人工寄信的过程很相似，包括书写信件、写好地址，然后寄出。两者最大的不同是人工寄信需要使用纸、信封、邮票并通过邮局投送信件，而电子邮件只需用户拥有电子邮件程序、正确的 E－mail 地址及通过网络与邮件服务器的一次连接。

电子邮件的用户界面非常友好。目前流行的电子邮件程序都包括充当通信程序的网络浏览器。电子邮件程序的例子包括：

微软公司版权所有的 Outlook Express，随 Windows 操作系统捆绑发售，它可应用于 PC、苹果机和基于 UNIX 系统的计算机。Outlook Express 用于处理电子邮件和进行信息沟通。

微软公司版权所有的 Outlook，是办公软件套件中的程序。Outlook 是一个较大版本的 Outlook Express，包括日历、任务区（未来工作列表）、名片簿或联系人列表、杂志、票据。Outlook 是办公软件中最流行的电子邮件程序之一。

8. 网络浏览器

网络浏览器是一款允许用户连接到因特网并浏览不同公司、组织或个人网站的程序。随着大量用户开始上网及公司和个人纷纷建立自己的网站，浏览因特网已经变得越来越流行。用户可以使用地址或域名在网站之间进行切换。

微软公司的 Microsoft Edge 浏览器是网络浏览器的一个典型，如图 1－39 所示，其随 Windows 10 操作系统捆绑发售，最新的版本可以从微软公司的网站上获取。

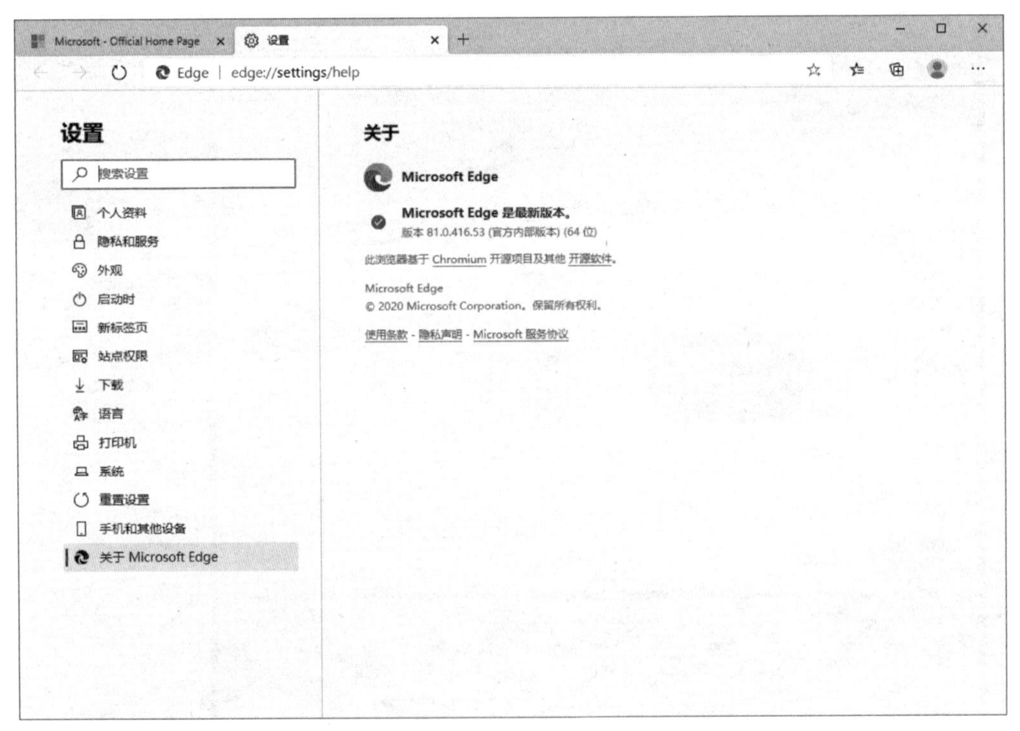

图 1－39　Microsoft Edge 浏览器界面

9. 工具软件

已经应用于计算机系统的工具软件有以下几种：

反病毒保护软件，为计算机购买一款杀毒软件是很有必要的。拥有一款杀毒程序（并保持它随时更新）可以保护系统免遭不必要的计算机病毒侵袭。如金山公司的金山毒霸与360公司的360查杀套装，是非常流行的单机版的反病毒程序。

磁盘压缩程序，这个程序用于清空档案橱柜中的所有文件，重组该档案橱柜顶部附近的橱柜空间，以便恢复和释放剩余的橱柜空间。

磁盘清理程序，这个程序用于减少由计算机或软件程序创建的可能导致程序间发生冲突或占据存储空间的临时文件。为了保持系统的完整性，Windows操作系统中包含一些系统工具，如磁盘碎片整理程序、磁盘清理程序、磁盘备份程序、磁盘扫描程序、显示器资源管理程序等。考虑到系统的需要，以上这些程序一般情况下可以满足系统维护的要求，用户也可以通过购买第三方的产品来扩展工具程序的类型和数量。

文件压缩程序，当用户需要减少一个或多个文件占据的空间时，这个程序是非常有用的。如WinZip公司版权所有的WinZip工具是一个软件压缩程序。WinZip工具也是被使用多年的流行软件。

10. 套装程序

打包在一起销售的程序组被称为套装程序。一般来说，一个办公软件方面的标准套装程序包括文字处理程序、电子表格程序、演示文稿程序、电子邮件程序和一些其他的小程序。扩展功能的专业版本还包括数据库程序、图形程序。一般情况下，购买整个程序组比分别购买其中的每一个程序更节约成本。

下面介绍几款套装程序。

微软公司的Microsoft Office程序是办公领域最为流行的套装程序，此外，还有金山办公的WPS Office程序、金山安全套装、360公司的360安全套装等。

11. 定制程序

定制程序实质上就是根据某一特定公司的需要编写的用于完成特定任务的程序。这种定制程序也许一开始在某个公司使用，但并不排除有相同需求的公司也会购买该程序。

1.6 计算机的使用

1.6.1 启动计算机

开启计算机并加载操作系统的过程称为启动计算机。

计算机主机的电源开关位于机箱，如图1-40所示。显示器的电源一般位于显示器前端的右下角。由于目前计算机的种类繁多，不同的计算机上的开关位置可能略有不同。

并非所有的计算机上都有重启按钮，在首次使用计算机时，一定要确认哪些按钮是可用的。

正确启动计算机的顺序是：打开外部设备电源，如显示器、打印机等，最后打开主机电源；关闭计算机时，顺序相反，先关闭主机电源，再关闭其他外部设备电源。

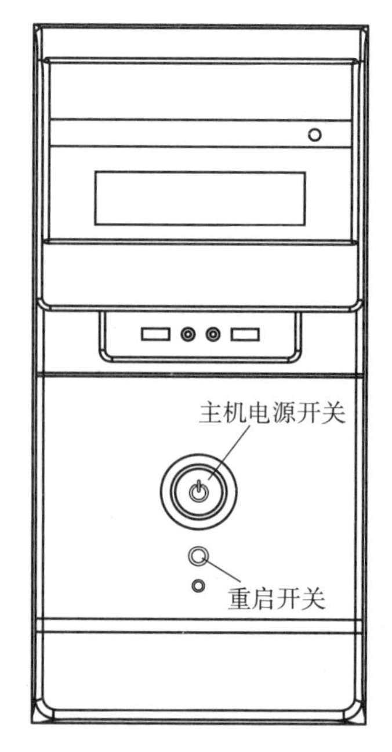

图 1－40　计算机主机面板

计算机接通电源后，BIOS（只读存储器基本输入/输出系统）开始运行，它是永久存储在计算机只读存储器上某个特定区域的小程序。引导程序负责管理计算机的各种主要部件，包括随机存储器及其他一系列连接到计算机上的硬件设备。这时屏幕上会显示几行信息，这是操作系统的自检程序在运行，它负责检查计算机的各个部分是否正常工作。

引导程序的最后一项任务是装载操作系统。计算机首先会在硬盘驱动器中搜索操作系统。如果没有找到硬盘，计算机就会报错，提示没有找到操作系统盘。如果计算机在其中的任何一个盘上找到了可用操作系统，就会把它装入随机存储器并把控制权移交给操作系统。在计算机找到并装载操作系统之前，用户是无法利用计算机完成任何任务的。

如果计算机安装的是 Windows 操作系统，则在计算机装载操作系统并将控制权移交给引导程序之后，操作系统会检查出系统中安装的软件和硬件并识别。这些工作完成后，用户将会看到完整的 Windows 桌面，如图 1－41 所示，计算机启动完成。

图 1－41　Windows 10 桌面

1.6.2　重启计算机

有时计算机会因为一些“小故障”而停止工作，这种情况被称作“挂起”或“中止”，意思是计算机遇到了一些问题而无法正常运行，可以重启计算机。

热启动：是指重新将操作系统装入随机存储器。应该注意的是，进行热启动前，随机存储器上的所有内容都将被删除，换句话说，用户将会丢失计算机挂起前正在处理的数据。

热启动计算机的步骤是：同时按 Ctrl + Alt 组合键，再按 Delete 键，然后立刻放开所有键。

计算机重新启动后，将会回到首次通电时的状态。

冷启动：当计算机出现“死机”情况时，最彻底的解决方法就是关闭电源（按住主机电源开关 5 s 或直接拔掉电源线），这种做法称为冷启动。其原理是用户将电源关闭而使计算机停止运行。在执行冷启动时，应该等待 30 s 后再重新开启电源。如果很快地开启电源，很有可能会使计算机受损。需要注意的是，要尽可能少地使用冷启动。

1.6.3　使用 Reset 按钮

使用 Reset 按钮可以将操作系统重新装入内存，同时，还执行了快速的系统诊断校验。使用 Reset 按钮与冷启动有些类似。

如果要重新启动计算机，在使用 Reset 按钮前，应先试一下热启动是否可以解决问题。这样做的原因是，计算机可以尝试着修复在“死机”或“挂起”前使用的文件。如果这种热启动不奏效，那么就使用 Reset 按钮。只有到了万不得已时，才能使用冷启动，除非用户的计算机上根本就没有 Reset 按钮。

1.6.4　关闭计算机

不再使用计算机时，要用正确的方法关闭计算机，否则，不仅会破坏正在使用的应用程序，也很有可能会损坏系统文件。在关闭系统电源时，一定要确认所有的应用程序都已经关闭。

正确关闭计算机的步骤如下：

①选择“开始”→“关闭计算机”命令。

②弹出“关闭计算机”对话框，选择“关机”选项后，单击“确定”按钮。

③等待 Windows 系统完成关机后，再关闭显示器和其他设备，例如，麦克风、打印机和扫描仪等。

1.7　计算机的选购策略

1. 硬件选购

以目前的微型计算机硬件发展水平来说，CPU、内存、显卡、硬盘这几个部件综合影响着电脑的性能。

CPU 的架构、工艺、主频、二级缓存和三级缓存影响了它处理数据的速度。处理器架构肯定越新越好，制作工艺从早期的微米级到了现在的 7 nm 级别，工艺越小，集合的晶体管数就越多，处理数据能力越强。CPU 的主频，工作频率越高，单位时间内处理的数据就越多，二级和三级缓存越大越好，就是以空间换时间，把需要的数据存储在高速缓存内，高速地给 CPU 传输数据，作为内存与 CPU 之间的一个连接桥梁。

提示：摩尔定律是由英特尔（Intel）创始人之一戈登·摩尔（Gordon Moore）提出来的。当价格不变时，集成电路上可容纳的晶体管数目，约每隔 18 个月便会增加一倍，性能也将提升一倍。换言之，每一美元所能买到的电脑，每隔一年半，性能将翻倍。这一定律揭示了信息技术进步的速度。虽然如今的 PC 生产厂商并非严格遵循此摩尔定律，但已经成为他们追求的一个目标。

内存从开始的 DDR 400 到现在最高的 DDR4 3200，工作频率增加了，传输数据的速度也快了，并且容量越来越大，一般为 8 ~ 32 GB，一次与 CPU 交换的数据更多。

显卡在处理图像和 3D 渲染时，性能影响看高清电影和玩 3D 游戏的速度，原理也和 CPU 差不多，就是电脑单独把图像处理的功能交给显卡，显卡芯片越好，流处理器越多，独立显存带宽越大，工作频率越高，显卡的性能就越好，而作为电脑的一部分，肯定对整体性能有很大的影响。

硬盘是存储大量永久数据的地方，它的读写速度影响电脑的速度。从硬盘读取的数据传给内存，再传给高速缓存，然后由 CPU 处理，作为数据传输的第一关。现在首选固态硬盘，机械硬盘一般作为数据仓库盘。

2. 维护与保养

①计算机在搬运过程中应避免震动，小心轻放。开机状态下，不要移动计算机，以免造成硬件损坏，使程序丢失。

②计算机应置于通风、干燥、非阳光直射的环境中，不得放于灰尘多的地方，以免静电造成计算机损坏。

③工作中切勿频繁冷启动。若需要开、关电源开关，间隔时间必须大于 20 s。

④不要自行打开机箱，否则，不属于保修范围。如有机器故障，找特约维修部修理。

⑤键盘、软盘驱动器、打印机等设备都要求环境干净、灰尘少，因此，应保持计算机工作在干净的环境，避免因灰尘造成计算机不能正常工作。

1.8 计算机发展方向

1.8.1 大数据

可以用几个关键词对大数据做一个界定。

首先，“规模大”，这种规模可以从两个维度来衡量：一是从时间序列累积大量的数据，

二是在深度上更加细化的数据。

其次，“多样化”，可以是不同的数据格式，如文字、图片、视频等；可以是不同的数据类别，如人口数据、经济数据等；还可以有不同的数据来源，如互联网、传感器等。

最后，“动态化”，数据是不停地变化的。

这三个关键词对大数据从形象上做了界定，但还需要一个关键能力，即“处理速度快”。有了这么大规模、多样化又动态变化的数据，但如果需要很长的时间去处理分析，那么不叫大数据。从另一个角度来讲，要实现这些数据快速处理，靠人工肯定是没办法实现的，因此，需要借助机器实现。最终，通过借助机器对这些数据进行快速的处理分析，获取想要的信息或者应用的整套体系，才能称为大数据，如图 1－42 所示。

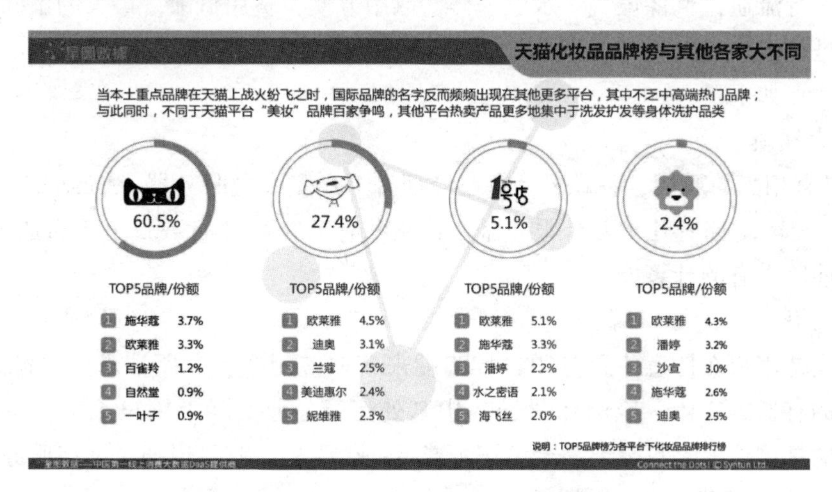

图 1－42　“双十一”网售化妆品品牌大数据分析

大数据能够实现的应用可以概括为两个方向：一是精准化定制，二是预测。

1. 精准化定制

一是个性化产品，比如智能化的搜索引擎，搜索同样的内容，每个人的搜索结果都不同；或者是一些定制化的新闻服务或网络游戏等。

二是精准营销，现在比较常见的互联网营销有百度的推广、淘宝的网页推广等，或者是基于地理位置的信息推送，当用户到达某个地方时，会自动推送周边的消费设施等。

三是选址定位，包括零售店面的选址，或者是公共基础设施的选址。

这些全都是通过对用户需求的大数据分析，然后供方提供相对定制化的服务。

2. 预测

从具体的应用上，也大概可以分为三类：

一是决策支持类的，比如企业的运营决策、证券投资决策、医疗行业的临床诊疗支持，以及电子政务等。

二是风险预警类的，比如疫情预测、日常健康管理的疾病预测、设备设施的运营维护、公共安全，以及金融业的信用风险管理等。

三是实时优化类的，比如智能线路规划、实时定价等。

1.8.2 云计算

云计算（Cloud Computing）是分布式计算、并行计算、效用计算、网络存储、虚拟化、负载均衡、热备份冗余等传统计算机和网络技术发展融合的产物。

云计算是通过使计算分布在大量的分布式计算机上，而非本地计算机或远程服务器中，企业数据中心的运行将与互联网更相似，这使得企业能够将资源切换到需要的应用上，根据需求访问计算机和存储系统。

就像是从古老的单台发电机模式转向电厂集中供电的模式。它意味着计算能力也可以作为一种商品进行流通，就像煤气、水电一样，取用方便，费用低廉。最大的不同在于，它是通过互联网进行传输的。

云计算特点如下：

（1）超大规模

“云”具有相当的规模，谷歌云计算已经拥有100多万台服务器，Amazon、IBM、微软、Yahoo等的“云”均拥有几十万台服务器。企业私有云一般拥有数百上千台服务器。“云”能赋予用户前所未有的计算能力。

（2）虚拟化

云计算支持用户在任意位置使用各种终端来获取应用服务。所请求的资源来自“云”，而不是固定的有形的实体。应用在“云”中某处运行，但实际上用户无须了解，也不用担心应用运行的具体位置。只需要一台笔记本或者一个手机，就可以通过网络服务来实现需要的一切，甚至包括超级计算这样的任务。

（3）高可靠性

“云”使用了数据多副本容错、计算节点同构可互换等措施来保障服务的高可靠性，使用云计算比使用本地计算机可靠。

（4）通用性

云计算不针对特定的应用，在“云”的支撑下，可以构造出千变万化的应用，同一个“云”可以同时支撑不同的应用运行。

（5）高可扩展性

“云”的规模可以动态伸缩，满足应用和用户规模增长的需要。

（6）按需服务

“云”是一个庞大的资源池，按需购买；“云”可以像自来水、电、煤气那样计费。

（7）极其廉价

“云”的自动化集中式管理使大量企业无须负担日益高昂的数据中心管理成本，因此，用户可以充分享受“云”的低成本优势。

（8）潜在的危险性

云计算服务除了提供计算服务外，还提供了存储服务。但是云计算服务当前垄断在私人机构（企业）手中，而他们仅仅能够提供商业信用。对于政府机构、商业机构（特别

像银行这样持有敏感数据的商业机构)，对于选择云计算服务，应保持足够的警惕。一旦商业用户大规模使用私人机构提供的云计算服务，无论其技术优势有多强，都不可避免地让这些私人机构以“数据（信息)”的重要性来挟制整个社会。对于信息社会而言，“信息”是至关重要的。另外，云计算中的数据对数据所有者以外的其他用户是保密的，但是对于提供云计算的商业机构而言，确实是毫无秘密可言。所有这些潜在的危险，是商业机构和政府机构选择云计算服务，特别是国外机构提供的云计算服务时，不得不考虑的一个重要的前提。

“阿里云”平台界面如图1－43所示。

图1－43 “阿里云”平台界面

1.8.3 物联网

物联网（Internet of Things，IoT）是新一代信息技术的重要组成部分，也是“信息化”时代的重要发展阶段。顾名思义，物联网就是物物相连的互联网。这有两层意思：

其一，物联网的核心和基础仍然是互联网，是在互联网基础上延伸和扩展的网络。

其二，其用户端延伸和扩展到了任何物品与物品之间进行信息交换和通信，也就是物物相息。

物联网通过智能感知、识别技术与普适计算等通信感知技术，广泛应用于网络的融合中，也因此被称为继计算机、互联网之后世界信息产业发展的第三次浪潮。物联网是互联网的应用拓展，与其说物联网是网络，不如说物联网是业务和应用。

在物联网应用中，有三项关键技术：

1. 传感器技术

传感器技术是计算机应用中的关键技术。到目前为止，绝大部分计算机处理的都是数字信号。自从有计算机以来，就需要传感器把模拟信号转换成数字信号，这样计算机才能处理。

2. RFID 技术

RFID 技术是一种传感器技术，是融合了无线射频技术和嵌入式技术为一体的综合技术。RFID 在自动识别、物品物流管理方面有着广阔的应用前景。

3. 嵌入式系统技术

嵌入式系统技术是综合了计算机软硬件、传感器技术、集成电路技术、电子应用技术为一体的复杂技术。经过几十年的演变，以嵌入式系统为特征的智能终端产品随处可见，小到人们身边的 MP3，大到航天航空的卫星系统。嵌入式系统正在改变着人们的生活，推动着工业生产及国防工业的发展。

如果把物联网用人体做一个简单比喻，传感器相当于人的眼睛、鼻子、皮肤等感官，网络就是神经系统，用来传递信息，嵌入式系统则是人的大脑，在接收到信息后，要进行分类处理。

物联网用途广泛，遍及智能交通、环境保护、政府工作、公共安全、平安家居、智能消防、工业监测、环境监测、路灯照明管控、景观照明管控、楼宇照明管控、广场照明管控、老人护理、个人健康、花卉栽培、水系监测、食品溯源、敌情侦查和情报搜集等多个领域。图 1－44 所示为物联网智能家居系统。

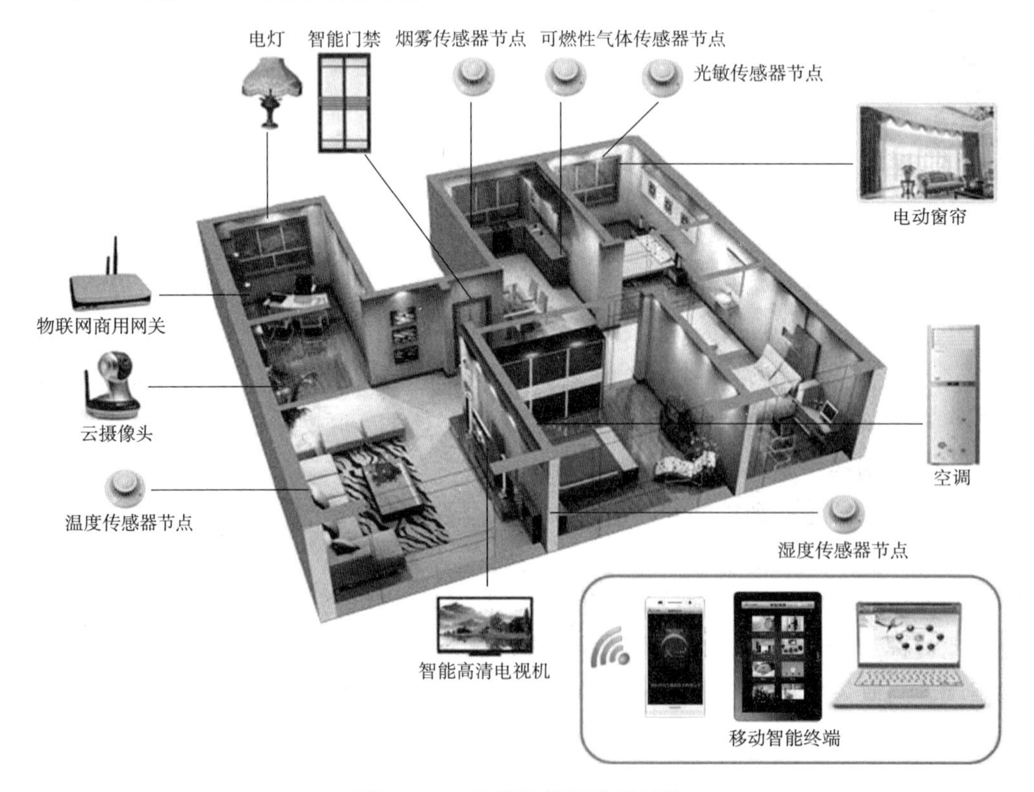

图 1－44　物联网智能家居系统

1.8.4 人工智能

人工智能（Artificial Intelligence，AI）是研究、开发用于模拟、延伸和扩展人的智能的理论、方法、技术及应用系统的一门新的技术科学。人工智能是计算机科学的一个分支，它试图了解智能的实质，并生产出一种新的能以与人类智能相似的方式做出反应的智能机器，该领域的研究包括机器人、语言识别、图像识别、自然语言处理和专家系统等。人工智能从诞生以来，理论和技术日益成熟，应用领域也不断扩大，可以设想，未来人工智能带来的科技产品将会是人类智慧的“容器”。

人工智能是对人的意识、思维的信息过程的模拟。人工智能不是人的智能，但能像人那样思考，也可能超过人的智能。

人工智能是一门极富挑战性的科学，从事这项工作的人必须懂得计算机知识、心理学和哲学。人工智能是所含内容十分广泛的科学，它由不同的领域组成，如机器学习、计算机视觉等，总的说来，人工智能研究的一个主要目标是使机器能够胜任一些通常需要人类智能才能完成的复杂工作。但不同的时代、不同的人对这种“复杂工作”的理解是不同的。

1. AlphaGo

AlphaGo 是一款围棋人工智能程序，由谷歌旗下 DeepMind 公司的戴密斯·哈萨比斯、大卫·席尔瓦、黄士杰与他们的团队开发。其主要工作原理是“深度学习”。2016 年 3 月，该程序与围棋世界冠军、职业九段选手李世石进行人机大战，并以 4∶1 的总比分获胜，如图 1－45 所示。2016 年末 2017 年初，该程序在中国棋类网站上以“大师”（Master）为注册账号与中日韩数十位围棋高手进行快棋对决，连续 60 局无一败绩。不少职业围棋手认为，AlphaGo 的棋力已经达到甚至超过围棋职业九段水平，在世界职业围棋排名中，其等级分曾经超过排名人类第一的棋手柯洁。2017 年 1 月，谷歌 Deep Mind 公司 CEO 哈萨比斯在德国慕尼黑 DLD（数字、生活、设计）创新大会上宣布推出 2.0 版本的 AlphaGo。其特点是摈弃了人类棋谱，只靠深度学习的方式成长起来挑战围棋的极限。

图 1－45　AlphaGo 团队与韩国棋手李世石对弈

2. 谷歌无人汽车

谷歌无人汽车是谷歌公司的 Google X 实验室研发中的全自动驾驶汽车（图 1－46），不需要驾驶者就能启动、行驶及停止。目前正在测试，已驾驶了48万千米。这些车辆使用照相机、雷达感应器和激光测距机来“看”其他的交通状况，并且使用详细地图来为前方的道路导航。

图1-46　谷歌无人汽车

车辆通过车顶上的扫描器发射64束激光射线，激光碰到车辆周围的物体后，又反射回来，这样就计算出了物体的距离。在底部的另一套系统测量出车辆在三个方向上的加速度、角速度等数据，然后结合GPS数据计算出车辆的位置，所有这些数据与车载摄像机捕获的图像一起输入计算机，软件以极高的速度处理这些数据，这样系统就可以非常迅速地做出判断。

阿西莫夫的《我，机器人》一书在1950年年末由格诺姆出版社出版。此书把“机器人学三大法则”放在了最突出、最醒目的地位，而三大法则之间的互相约束，对后世的人工智能创作有一定的指导意义。第一法则：机器人不得伤害人类个体，或者目睹人类个体将遭受危险而袖手不管。第二法则：机器人必须服从人给予它的命令，当该命令与第一法则冲突时例外。第三法则：机器人在不违反第一、第二法则的情况下，要尽可能保护自己的生存。

小　结

本章讲解了各种类型的计算机及其用途，使读者能够掌握、理解个人计算机的重要组成部分：系统单元、中央处理器、内存、输入/输出设备、存储设备。通过本章的学习，使读者能够启动和关闭计算机，了解个人计算机上一些常用的软件。

习　题

一、选择题

1. 个人计算机的4个重要组成部分为硬件、软件、用户和训练。(　　)

A. 正确　　　　B. 错误

2. 在为计算机安装外部设备时，需要内部驱动程序的支持。(　　)

A. 正确　　　　B. 错误

3. 衡量微处理器运算速度的单位是MHz或GHz。(　　)

A. 正确　　　　B. 错误

4. 高速缓冲存储器有助于提高CPU对频繁访问内存的指令和数据的处理速度。(　　)

A. 正确　　　　B. 错误

5. 端口是计算机后部面板上的插口，输入/输出设备通过它连接到计算机上。(　　)

A. 正确　　　　B. 错误

6. 移动硬盘是指可以从一台本地计算机中取走数据并且可以将数据用于另一台计算机的存储设备。(　　)

A. 正确　　　　B. 错误

7. 使用打印机时，应该回收用完的墨盒，而不要对它们进行简单的丢弃处理。(　　)

A. 正确　　　　B. 错误

8. 程序被称为软件，是因为它们只有被安装到计算机中并从操作系统内部开始执行命令时才能发挥作用。(　　)

A. 正确　　　　B. 错误

9. 在开机和重新启动计算机时，操作系统识别安装于计算机中的所有设备，并检查它们是否正常工作。(　　)

A. 正确　　　　B. 错误

10. 启动计算机指的是开启计算机并加载操作系统的过程。(　　)

A. 正确　　　　B. 错误

11. RAM 被认为是不稳定的原因是（　　）。

A. 当计算机断电或重新启动时，RAM 中的信息会消失

B. 它的资源在处理数据时几乎被耗尽

C. Windows 经常会占用很多内存

D. A 和 B

12. 如果暂时不使用计算机，那么需要对显示器进行（　　）处理。

A. 关闭显示器　　　　B. 调低对比度

C. 使用屏幕保护功能　　　　D. 以上任意选项

13. 以下（　　）键可用于结束一行文本的输入、插入一个新的空行或执行输入命令。

A. Esc　　　　B. Enter

C. Tab　　　　D. Ctrl + Enter

14. 要将文件存储于存储设备中的原因是（　　）。

A. 防止计算机关机后数据丢失　　　　B. 将 RAM 中的信息保存于存储设备中

C. 保留一个数据备份　　　　D. 以上都正确

E. 仅有 A 和 C 正确

15. 点阵式打印机的优势是（　　）。

A. 耗材费用低　　　　B. 连续进纸

C. 文本型文档的打印质量高　　　　D. 以上都正确

E. 只有 A 和 B 正确

二、操作题

1. 启动一台个人计算机：

（1）打开电源接线板的开关。

（2）打开外部设备的电源开关，如显示器、打印机等。

（3）打开系统单元（即主机）的电源开关。

（4）查看系统启动时屏幕上显示的信息。

2. 关闭一台个人计算机：

（1）使用操作系统的关机命令关闭系统。

（2）关闭外部设备的电源开关，如显示器、打印机等。

（3）切断电源接线板的电源。

第 2 章

Windows 10 操作系统

情境引入

对公司刚入职的普通新员工或无计算机基础的人员而言，要使用计算机进行工作，需要先熟悉 Windows 工作环境，逐步掌握 Windows 的基本操作，为提高日常工作效率打下基础。本章将介绍 Windows 10 操作系统的基本使用，包括了解 Windows 10 操作系统、使用 Windows 10 桌面、熟悉 Windows 10 窗口和菜单、启动与退出应用程序、获取 Windows 10 帮助信息、Windows 10 系统的启动与退出。

本章学习目标

能力目标：

√ 能熟练地掌握鼠标的单击、右击、双击等操作；

√ 能用多种方法实现关闭计算机；

√ 能设置背景、任务栏和“开始”菜单等；

√ 能设置个人桌面，优化个人桌面。

知识目标：

√ 了解 Windows 10 桌面的相关操作；

√ 了解 Windows 10 中键盘、鼠标的使用方法；

√ 掌握窗口、对话框菜单的使用方法；

√ 掌握程序的启动与退出方法；

√ 掌握获取 Windows 10 的联机帮助信息方法；

√ 掌握 Windows 10 的启动、注销与退出方法。

素质目标：

√ 培养学生之间的协作关系；

√ 培养学生养成正确的开关机操作；

√ 培养学生使用专业术语来描述计算机操作。

2.1　了解 Windows 10 操作系统

2.1.1　Windows 10 的版本

Windows 10 是由美国微软公司开发的应用于计算机、平板电脑和智能手机三大平台的操作系统。为了满足多方不同需求，推出七个版本，分别是家庭版、专业版、企业版、教育版、移动版、移动企业版和物联网核心版。本节以 Windows 10 家庭版进行讲解。

下面介绍各版本的主要功能。

1. 家庭版（Home）

Windows 10 家庭版面向所有普通用户，拥有像微软 Windows Hello、虹膜、Edge 浏览器、Cortana 娜娜语音助手及虚拟桌面等 Windows 全部核心功能。该版本推荐个人或者家庭电脑用户使用。

2. 专业版（Professional）

Windows 10 专业版以家庭版为基础，面向电脑技术爱好者和企业技术人员。其除了拥有 Windows 10 家庭版所包含的功能外，还增添了管理设备和应用，保护敏感的企业数据，支持远程和移动办公，使用云计算技术和 Windows 更新业务等功能。该版本支持大屏平板电脑，笔记本、PC 平板二合一变形本等桌面设备。

3. 企业版（Enterprise）

Windows 10 企业版是以专业版为基础，面向企业用户，专为企业用户设计了如无须 VPN 即可连接的 Direct Access，支持应用白名单的 AppLocker，用来防范针对设备、身份、应用和敏感企业信息的现代安全威胁等先进功能。该版本推荐企业用户使用。

4. 教育版（Education）

Windows 10 教育版以企业版为基础，面向学校职员、管理人员、教师和学生，具备企业版中的安全、管理和连接功能。除了更新选项方面的差异之外，教育版基本上与企业版相同。该版本推荐学校、教育机构使用。

5. 移动版（Mobile）

Windows 10 移动版是面向如智能手机和小尺寸平板电脑等尺寸较小、配置触控屏的移动设备。其除了具有与 Windows 10 家庭版相同的通用 Windows 应用外，还向用户提供了全新的 Edge 浏览器及针对触控操作优化的 Office 和 Outlook 办公软件，搭载移动版的智能手机或平板电脑可以连接显示器，向用户呈现 Continuum 界面等功能。该版本支持用户把智能手机当作 PC 使用。

6. 移动企业版（Mobile Enterprise）

Windows 10 企业移动版以 Windows 10 移动版为基础，面向大型企业用户，采用了与企业版类似的批量授权许可模式，它将提供给批量许可用户使用，增加了企业管理更新，以及

及时获得更新和安全补丁软件的方式。该版本推荐企业用户使用。

7. 物联网核心版（IoT Core）

Windows 10 物联网核心版是专为嵌入式设备构建的 Windows 10 操作系统版本，支持树莓派 Pi2 与 Intel MinnowBoard Max 开发版。和电脑版系统相比，这一版本在系统功能、代码方面进行了大量的精简和优化。该版本主要是面向小型、低成本的物联网设备。

2.1.2 Windows 10 的特点

Windows 10 操作系统与以往版本相比，具有以下特点：

1. 兼容性增强

对固态硬盘、生物识别、高分辨率屏幕等都进行了优化支持与完善。

2. 安全性增强

除了继承旧版 Windows 操作系统的安全功能之外，还引入了 Windows Hello、Microsoft Passport、Device Guard 等安全功能。

3. 新技术融合增强

在易用性、安全性等方面进行了深入的改进与优化。对云服务、智能移动设备、自然人机交互等新技术进行融合。

4. 跨平台性增强

Windows 10 操作系统不仅运行于个人电脑端，还能够运行在手机等移动设备终端，成为一个多平台的操作系统。

5. 游戏性能增强

Windows 10 操作系统内部拥有最新的 DX12 技术，比上一个版本的 DX11 的性能有了 10%~20% 的提升，游戏性能大大提升。

2.1.3 Windows 10 的运行环境

安装和运行 Windows 10 需要满足以下最低硬件需求：

①处理器：1 GHz 或更快的处理器或系统单芯片 SOC。

②RAM：1 GB（32 位）或 2 GB（64 位）。

③显卡：DirectX 9 或更高版本（包含 WDDM 1.0 驱动程序）。

④硬盘空间：16 GB（32 位操作系统）或 20 GB（64 位操作系统）。

⑤显示器：要求分辨率在 1 024 × 768 像素及以上（低于该分辨率则无法正常显示部分功能），或可支持触摸技术的显示设备。

2.2 Windows 10 的启动、注销与退出

2.2.1 Windows 10 的启动

首先开启主机电源和显示器电源开关，系统自检通过后，自动启动 Windows 10 欢迎界面，若只有一个用户且没有设置用户密码，则直接进入系统桌面；若系统存在多个用户且设置了用户密码，则需要选择用户并输入正确的密码才能进入系统。

2.2.2 Windows 10 的注销

Windows 10 是一个多用户操作系统，每个用户都拥有自己设置的工作环境。当其他用户需要使用该计算机时，可采用“注销”或“切换用户”方式进行用户切换或登录。“切换用户”命令可以在不关闭当前用户运行程序的情况下，切换到其他用户。“注销”命令关闭当前用户运行的程序，保存用户账户信息和数据，并结束当前用户的使用状态。注销后，其他用户可以登录而无须重新启动计算机。

注销操作的步骤为：单击 Windows 10 系统的“开始”菜单，然后单击“登录用户”图标，这时会出现如图 2 - 1 所示的“更改账户设置”“锁定”和“注销”三个选项，单击“注销”完成操作。

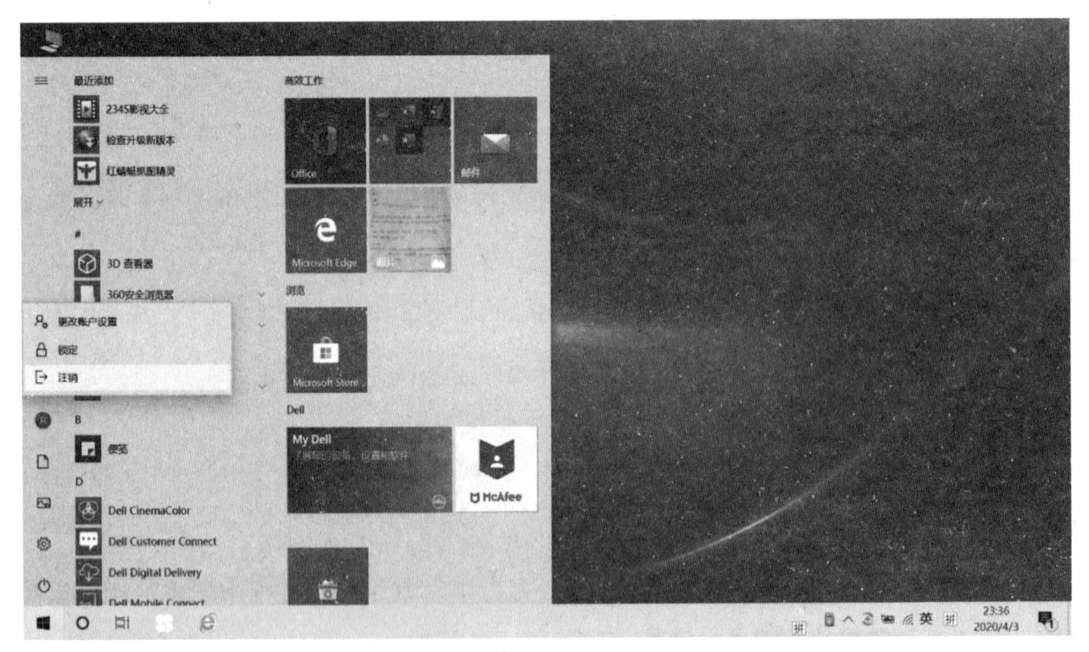

图 2 - 1 “开始”菜单

2.2.3 Windows 10 的退出

在退出 Windows 10 并关闭或重新启动计算机时，必须先按照正常的方式退出所有正在

运行的应用程序，然后再正确地退出 Windows 10 系统，否则，有可能造成数据丢失或程序文件的损坏。

退出 Windows 10 的操作步骤为：单击“开始”菜单，再单击“电源”图标，这时会出现“睡眠”“关机”和“重启”三个选择项，单击“关机”选项即可，如图 2－2 所示。

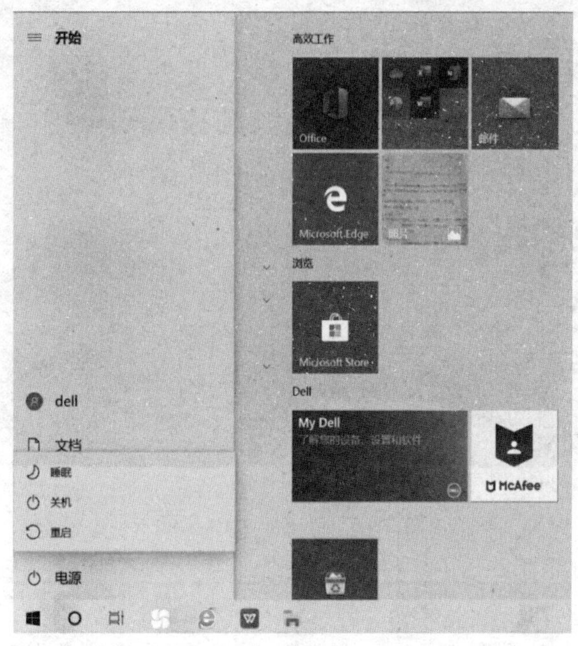

图 2－2　“电源”选项

2.3　认识 Windows 10 桌面

“桌面”是用户和计算机进行交流的窗口，上面可以存放用户经常用到的应用程序和文件夹图标，用户可以根据自己的需要在桌面上添加各种快捷图标，使用时双击该图标就能够快速启动相应的程序或文件。

Windows 10 操作系统正常启动后，用户在屏幕上即可看到 Windows 10 桌面。在默认情况下，Windows 10 的桌面是由桌面图标、鼠标指针和任务栏 3 个部分组成，如图 2－3 所示。

2.3.1　桌面图标和快捷方式

把 Windows 10 系统的各种组成元素，包括程序、驱动器、文件夹、文件等，称为对象，图标就是代表这些对象的小型图形标识，如图 2－4 所示。双击这些图标即可快速打开其所代表的对象。

1. 设置桌面图标

Windows 10 操作系统安装完毕之后，只在桌面上保留了“回收站”一个图标，这时用户可以在桌面空白区域单击，在弹出的快捷菜单中选择“个性化”，然后在“设置”窗口中单击左侧的“主题”，在右侧“相关设置”下，单击“桌面图标设置”。用户根据自己的使用需求，选择希望显示在桌面上的图标，然后单击“应用”和“确定”按钮完成操作。常用的桌面主要图标的具体说明见表 2－1。

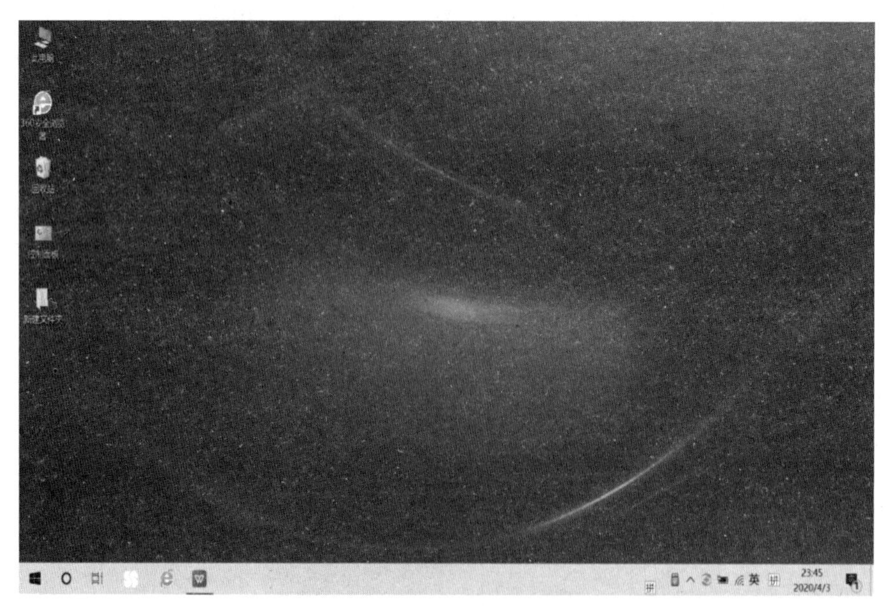

图 2－3　Windows 10 桌面

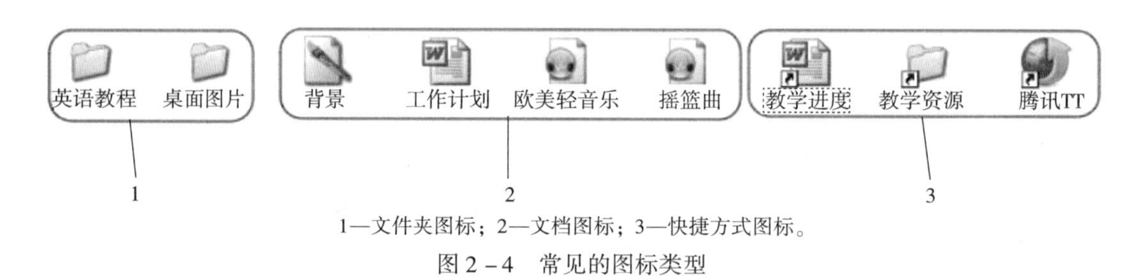

1—文件夹图标；2—文档图标；3—快捷方式图标。

图 2－4　常见的图标类型

表 2－1　桌面主要图标

桌面主要图标	说　明
此电脑	主要用于对计算机的所有资源进行管理，包括磁盘管理、文件管理、配置计算机软件和硬件环境等
控制面板	用户查看并操作基本的系统设置，比如添加/删除软件、控制用户账户、更改辅助功能选项
回收站	用于暂时存放被删除的文件或其他项目，利用它可以恢复文件或其他项目，回收站被清空后，则被删除的文件或其他项目就将被彻底删除

2. 设置桌面图标大小

设置桌面图标大小的方式：在桌面空白区域单击，在弹出的快捷菜单中选择“查看”，在“查看”菜单中有大图标（R）、中等图标（M）和小图标（N）三种形式，在这里用户

可以根据需求进行图标大小的选择，如图 2 – 5 所示。

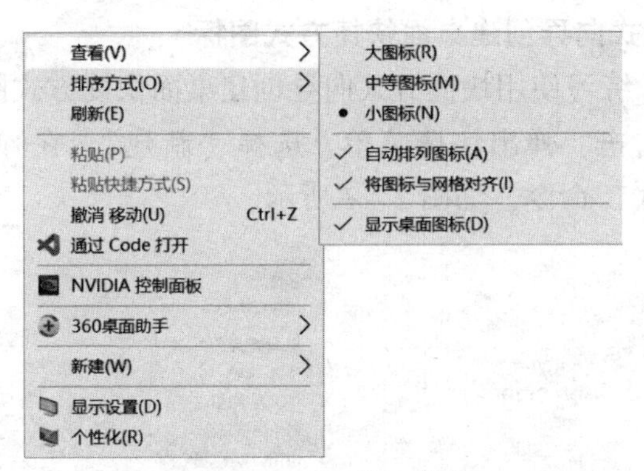

图 2 – 5　“查看”菜单

3. 排列桌面图标

设置桌面图标排列的方式：

①在桌面空白区域右击，在弹出快捷菜单中选择“查看”。

②在“查看”菜单中有“自动排列图标”“将图标与网格对齐”和“显示桌面图标”三个选项，默认情况下是要勾选“显示桌面图标”选项的，否则，桌面图标都不显示；如果图标是不规则排列的，选择“自动排列图标”，图标就会一行一列排得很整齐；如果不勾选“自动排列图标”，而是选中“将图标与网格对齐”，桌面图标就会像网格对齐一样，只是图标之间的间隙变大了，如图 2 – 5 所示。

③这三个选项可以同时选中，也可以选中两个，但是让前两个起作用的前提是必须选择“显示桌面图标”。

微课 2 – 1
显示桌面图标

练习 1　显示桌面图标

按下面的操作步骤练习显示桌面图标：

①在桌面空白区域右击，在弹出的快捷菜单中选择“个性化”命令。

②在“设置”窗口中单击左侧的“主题”，在右侧“相关设置”下，单击“桌面图标设置”。

③在“桌面图标设置”对话框中选中期望在桌面上显示的系统图标，如图 2 – 6 所示。

④单击“确定”和“应用”按钮。

图 2 – 6　“桌面图标设置”对话框

4. 创建桌面快捷方式图标

在 Windows 10 操作系统中，用户可根据需要在桌面上添加各种对象的快捷方式图标，使用时，只需双击该图标就能够快速启动相应的程序或文件。在桌面上创建快捷方式有很多方法，较为常用的有使用快捷方式向导、直接拖放方式和使用“发送到”命令。

练习 2　使用快捷方式向导创建桌面快捷方式图标

微课 2－2
使用快捷方式向导创建桌面快捷方式图标

按下面的操作步骤，练习使用快捷方式向导创建桌面快捷方式图标：

①在桌面空白区域右击，弹出快捷菜单，选择“新建”，在弹出的级联菜单中选择“快捷方式”命令，如图 2－7 所示。

图 2－7　快捷菜单“新建”命令的级联菜单

②系统弹出“创建快捷方式”对话框，如图 2－8 所示。

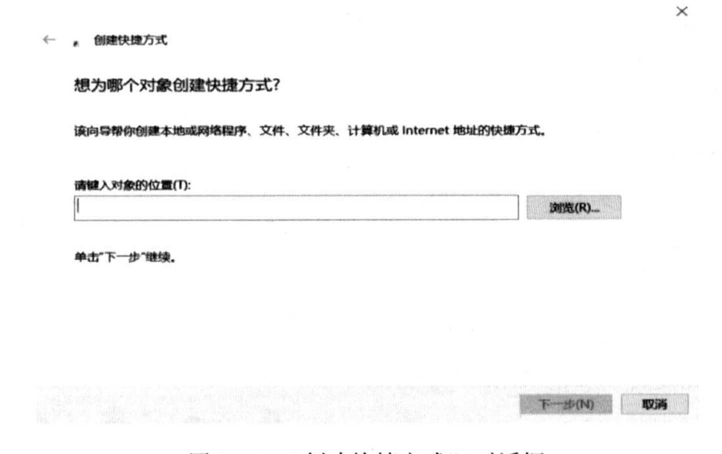

图 2－8　“创建快捷方式”对话框

③在对话框中单击“浏览”按钮，弹出“浏览文件或文件夹”对话框。

④在该对话框中，定位到记事本程序所在的位置（C:\Windows\System32），单击该程序文件图标（notepad），如图 2－9 所示。

⑤单击“确定”按钮，返回“创建快捷方式”对话框，系统自动将该程序的路径和文件名填入项目位置文本框。如图 2－10 所示。

⑥单击“下一步”按钮，在“键入该快捷方式的名称”文本框内输入“记事本”，如图 2－11 所示。

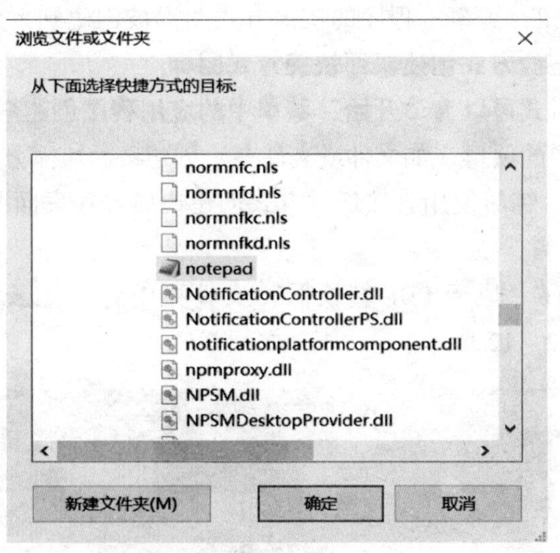

图2－9　“浏览文件夹”对话框

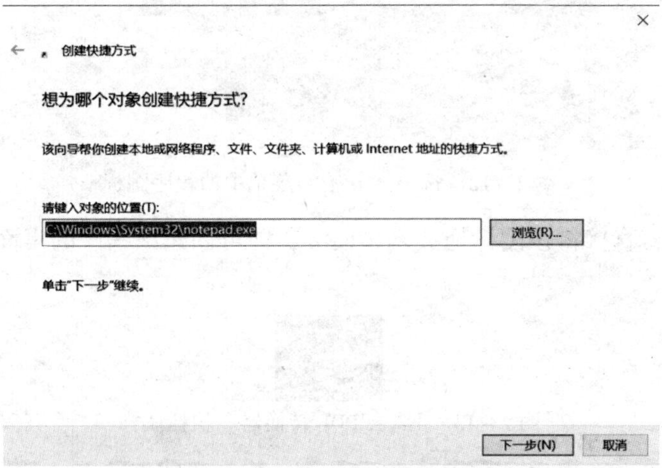

创建快捷方式

想为哪个对象创建快捷方式?

该向导帮你创建本地或网络程序、文件、文件夹、计算机或 Internet 地址的快捷方式。

请键入对象的位置(T):

C:\Windows\System32\notepad.exe　浏览(R)...

单击"下一步"继续。

下一步(N)　取消

图2－10　键入对象位置

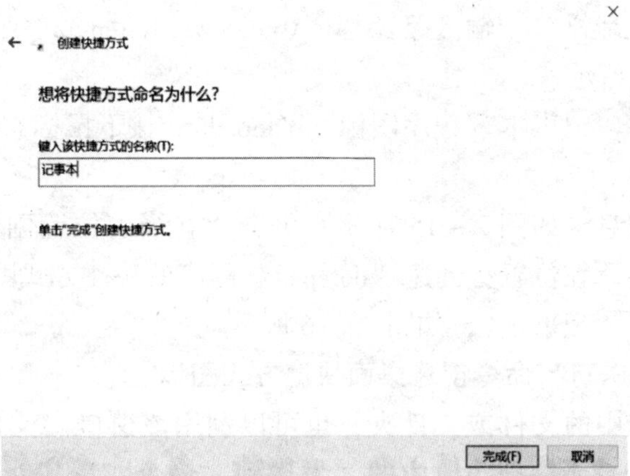

创建快捷方式

想将快捷方式命名为什么?

键入该快捷方式的名称(T):

记事本

单击"完成"创建快捷方式。

完成(F)　取消

图2－11　键入该快捷方式名称

⑦单击“完成”按钮，记事本程序的快捷方式图标被创建到桌面。

练习3　使用直接拖放方式创建桌面快捷方式图标

微课2-3
使用直接拖放方式创建桌面快捷方式图标

用户使用直接拖放方式可以为“开始”菜单中的应用程序创建桌面快捷方式，也可以为某窗口中的项目（如文件或文件夹）创建桌面快捷方式。

按下面的操作步骤，练习使用直接拖放方式创建快捷方式桌面图标：

①单击“开始”菜单。

②在所有程序中选择“风云PDF转换器”文件夹中的“风云PDF转换器”程序图标，如图2-12所示。

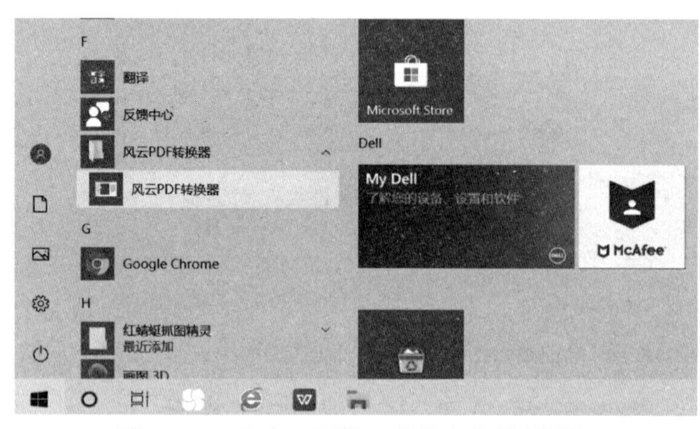

图2-12　选中“开始”菜单中的程序图标

③按住Ctrl键，直接将该图标拖放到桌面上，即可创建该程序的桌面快捷方式图标，如图2-13所示。

图2-13　“风云PDF转换器”快捷图标

按下面的操作步骤，练习为某窗口中的项目（如文件或文件夹）创建桌面快捷方式。

①双击桌面上“此电脑”图标，打开“此电脑”窗口。

②在该窗口的“地址栏”中输入路径“C:\Windows\System32”，会显示“System32”文件夹窗口，如图2-14所示。

③选中该窗口中的“记事本”程序图标（notepad），按下鼠标右键并拖曳该图标到桌面上，释放鼠标右键。

④系统弹出提示信息，如图2-15所示，单击“在当前位置创建快捷方式”命令，则在鼠标所在位置将创建“notepad”程序的快捷方式图标。

⑤将该图标改名为“记事本”，如图2-16所示。

微课2-4
使用“发送到”命令创建桌面快捷方式图标

练习4　使用“发送到”命令创建桌面快捷方式图标

对于位于某个窗口中的文件或文件夹，也可以利用该窗口“文件”菜单中的“发送到”命令或者快捷菜单中的“发送到”命令，为其创建桌面快捷方式。

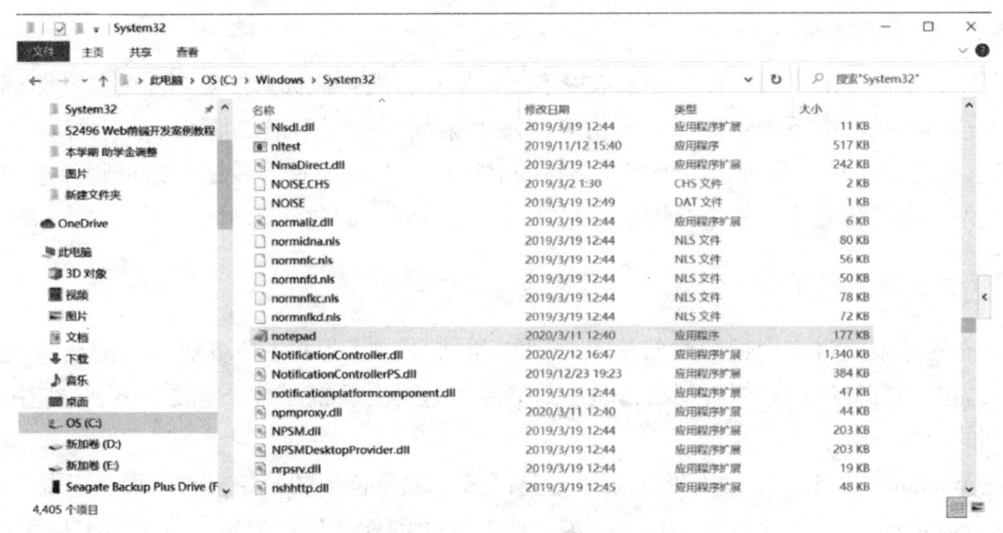

图 2－14　“System32” 文件夹窗口

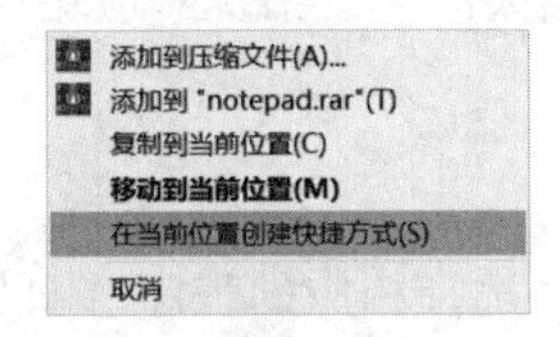

图 2－15　系统提示信息

图 2－16　记事本的快捷方式

按下面的操作步骤，练习使用 “发送到” 命令创建桌面快捷方式图标：

①双击桌面上 “此电脑” 图标，打开 “此电脑” 窗口。

②双击 “本地磁盘(E:)” 图标，弹出 “本地磁盘(E:)” 窗口。

③在该窗口中，右键单击 “工作目录” 文件夹图标。

④在弹出的快捷菜单中，选择 “发送到” 级联菜单中的 “桌面快捷方式” 命令，如图 2－17 所示，即可创建该文件夹的桌面快捷方式。该文件夹的桌面快捷图标如图 2－18 所示。

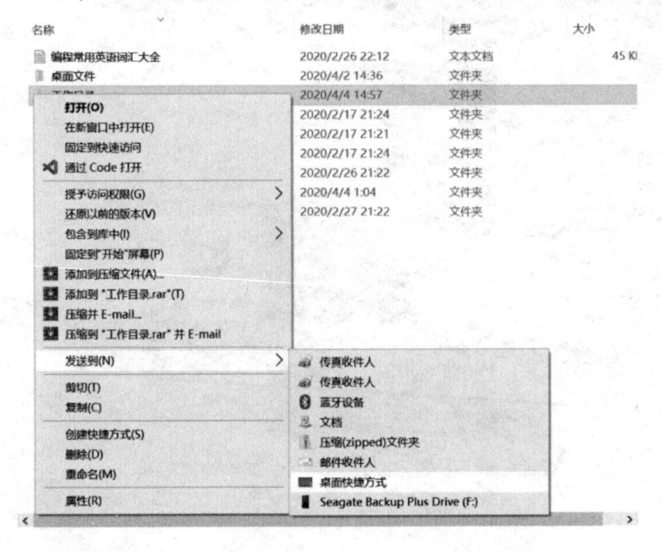

图 2－17　利用 “发送到” 命令创建桌面快捷方式

图 2－18　文件夹快捷图标

5. 删除桌面图标

要删除不需要的桌面图标，可采取以下几种操作方式：鼠标单击要删除的桌面图标，使之处于选中状态，按下 Delete 键；右击要删除的桌面图标，出现快捷菜单，选择菜单中的“删除”命令。上述操作都会出现确认删除的对话框，单击“是”按钮，即可删除选中的图标。此外，也可将要删除的图标用鼠标左键直接拖放到“回收站”中。

2.3.2 动态磁贴的使用

动态磁贴就是将应用通知最新信息与图标相结合，提供了一种更加高效的信息查阅方式，人们无须打开应用就能看到自己关注的最新信息，之后根据自身需要，再点进应用了解更详细的内容。

在 Windows 10 系统的“开始”菜单右侧区域，就是自带的开始屏幕，而“开始”屏幕上显示的那些图标，就叫磁贴，其中内容会动态变化的就是动态磁贴。如天气、应用商店、资讯等，当用户设置了动态磁帖，就会动态地显示当天的天气情况和应用商店、资讯的一些信息。

1. 动态磁贴的启用

动态磁贴的启用非常简单，单击“开始”菜单，选择相应的程序“日历”，右击，在弹出的快捷菜单中，单击“固定到‘开始’屏幕”，如图 2－19 所示。

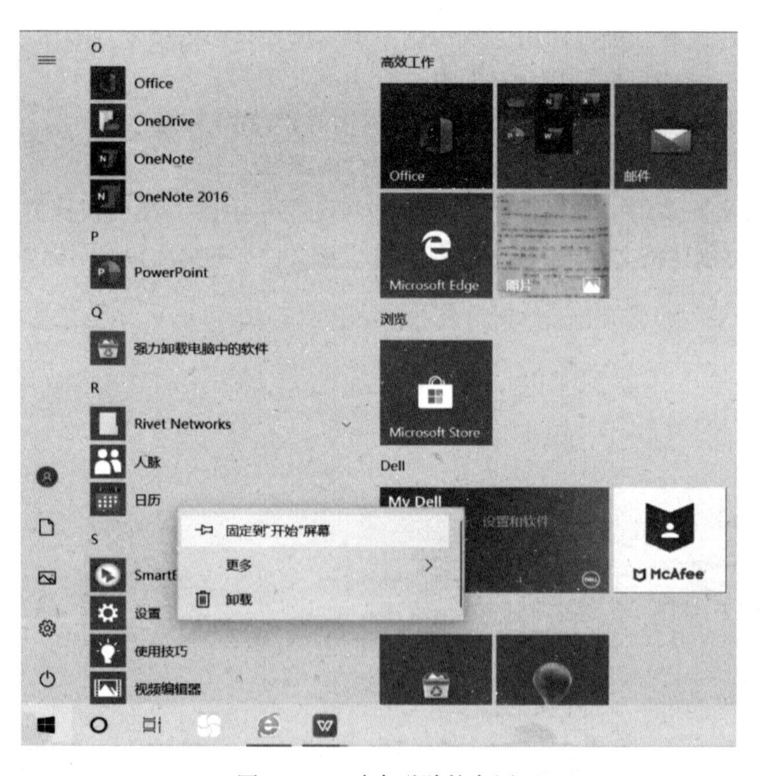

图 2－19　动态磁贴的启用

2. 动态磁贴的解除

在“开始”屏幕区，选择“日历”动态磁贴，单击鼠标右键，在弹出的快捷菜单中，单击“从‘开始’屏幕取消固定”，可以解除该动态磁贴，如图 2－20 所示。

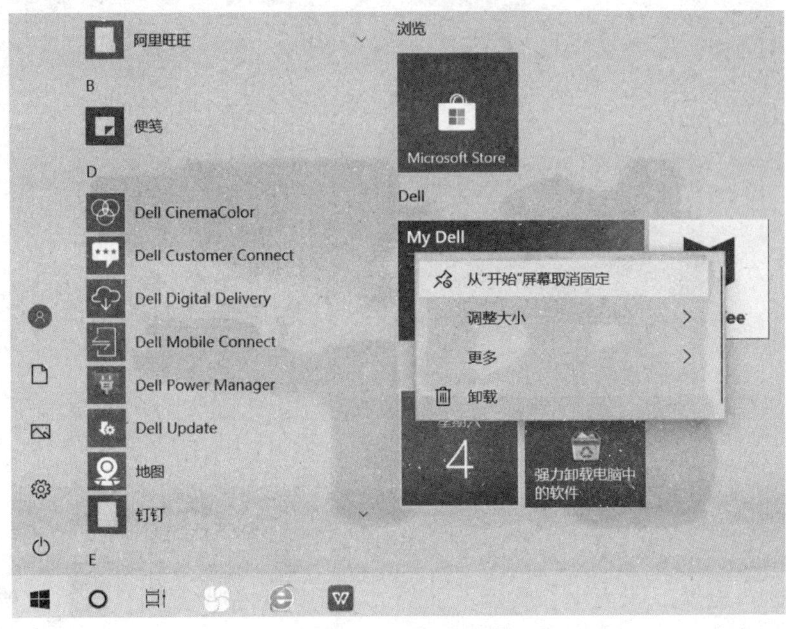

图 2－20　动态磁贴的解除

3. 动态磁贴的解除关闭

在“开始”屏幕区，选择“日历”动态磁贴，单击，在弹出的快捷菜单中，单击“更多”，在级联单中单击“关闭动态磁贴”，可以关闭该动态磁贴，如图 2－21 所示。

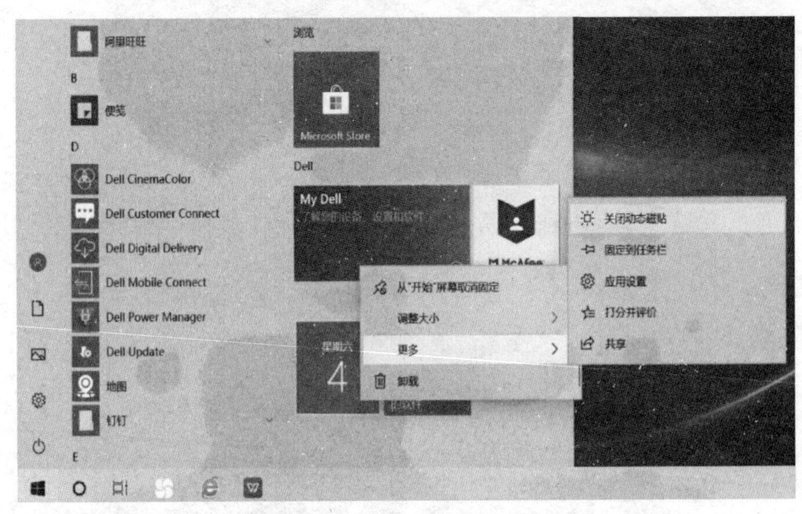

图 2－21　动态磁贴的关闭

微课 2－5
设置动态磁贴
显示图片

练习 5　设置动态磁贴显示图片

设置动态磁贴显示图片的方法步骤如下：

①在“开始”菜单中单击“照片”命令。

②在打开的“照片”对话框中，单击右上角的“设置”按钮，如图2－22所示。

图2－22 “照片”对话框

③在打开的“设置”页面中，找到下面的“外观”磁贴设置项，选择“单张照片”。

④单击下面的“选择图片”按钮。

⑤在弹出的相册中找到需要设置为显示的图片。

⑥再打开Windows 10的动态磁贴，就可以看到已设置的图片了，如图2－23所示。

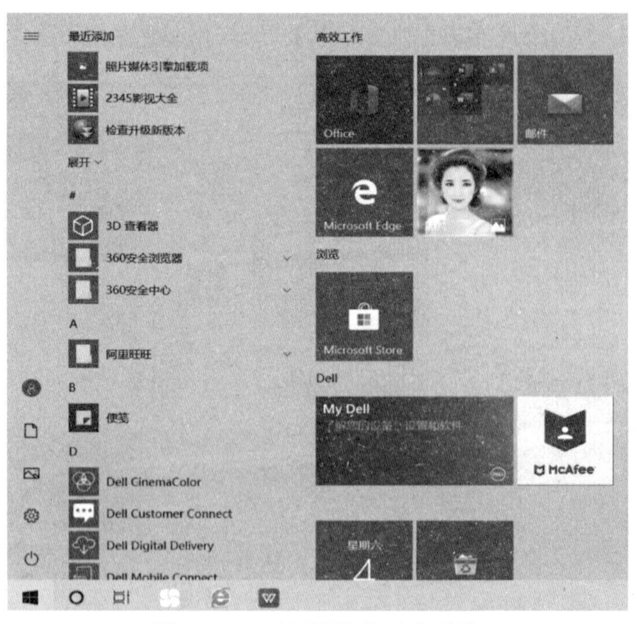

图2－23 显示图片的动态磁贴

2.3.3 个性化设置

在 Windows 10 操作系统中，用户可以按照自己的偏好更改计算机的“背景”“颜色”“锁屏界面”“主题”“开始”和“任务栏”，以此在计算机上添加个性化设置。

在计算机上进行个性化设置的方法：

一种是在桌面的空白区域右击，在弹出的快捷菜单中选择“个性化”菜单，弹出“个性化”窗口，如图 2－24 所示。

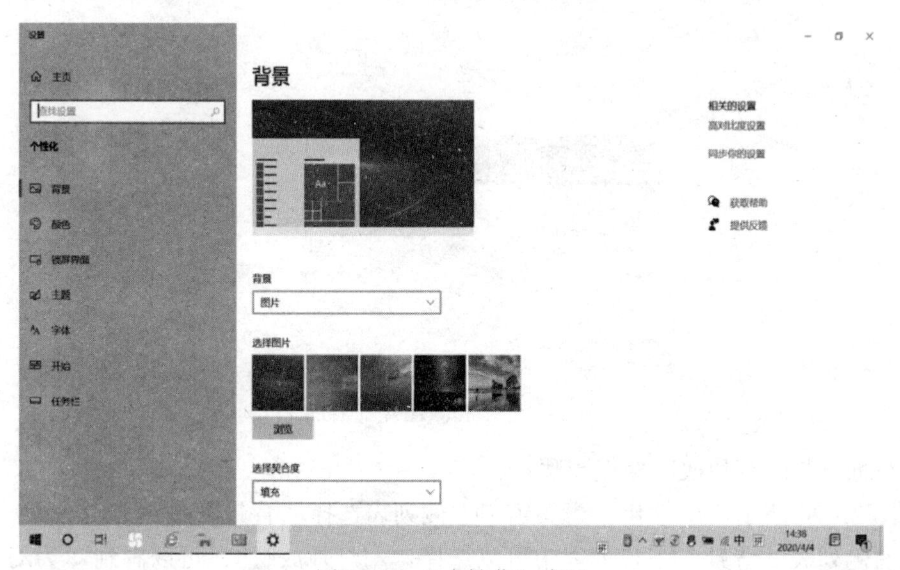

图 2－24 “个性化”窗口

另一种是在 Windows 10 系统的控制面板中单击“外观和个性化”，却找不到“个性化和外观”设置窗口，这时，用户需要运行命令才能打开，如图 2－25 所示。

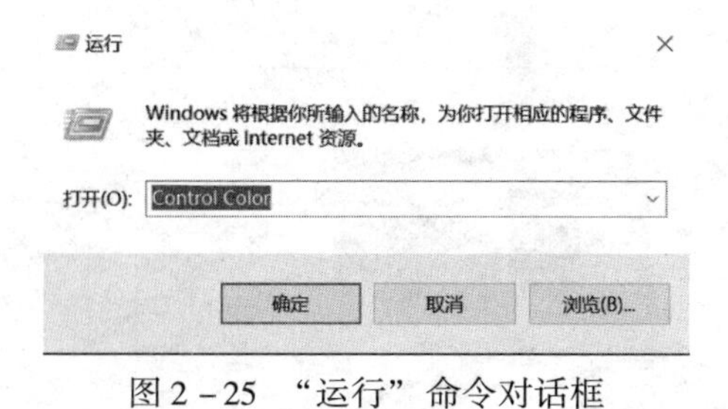

图 2－25 “运行”命令对话框

1. 背景

Windows 10 提供了各种桌面的颜色和背景方案，用户可根据自己的喜好进行选择，从而使用户的桌面外观更加漂亮和更具个性化。

设置桌面背景图片操作步骤：

①在图 2－25 所示的“个性化”设置窗口左侧列表选择“背景”按钮。

②在右侧列表“背景”下拉列表中可以选择“图片”“纯色”或者“幻灯片放映”参数。

③选择“图片”，可以选择系统默认的图片，也可以通过单击“浏览”按钮进行图片添加。

④在“选择契合度”下拉列表中根据用户实际需求进行选择，如图 2－26 所示。

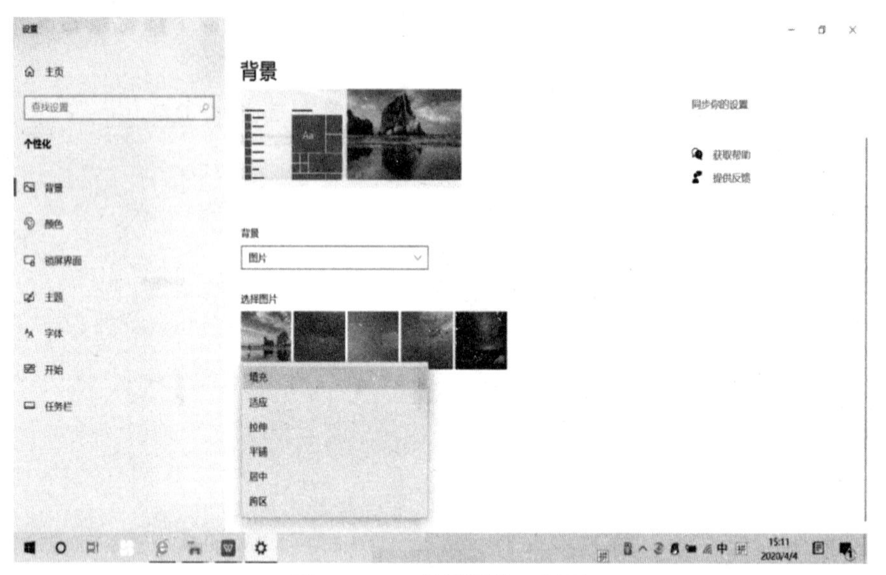

图 2－26 “背景图片”界面

设置桌面背景幻灯片放映操作步骤：

①在图 2－24 所示“个性化”设置窗口左侧列表选择“背景”按钮。

②在右侧列表“背景”下拉列表中可以选择“幻灯片放映”，可以看到“为幻灯片选择相册”“图片切换频率”“无序播放”等相关设置。

③在“为幻灯片选择相册”下单击“浏览”按钮，添加被选中的图片文件夹。

④在“图片切换频率”下选择“10 分钟”，即可完成操作，如图 2－27 所示。

图 2－27 “背景幻灯片放映”界面

2. 颜色

设置个性化窗口颜色操作步骤如下：

①在图 2－24 所示“个性化”设置窗口左侧列表选择“颜色”按钮，如图 2－28（a）所示。

②在右侧列表的颜色界面中，可以为 Windows 系统选择不同的颜色，也可以单击“自定义颜色”按钮，在打开的对话框中自定义自己喜欢的主题颜色，如图 2－28（b）所示。

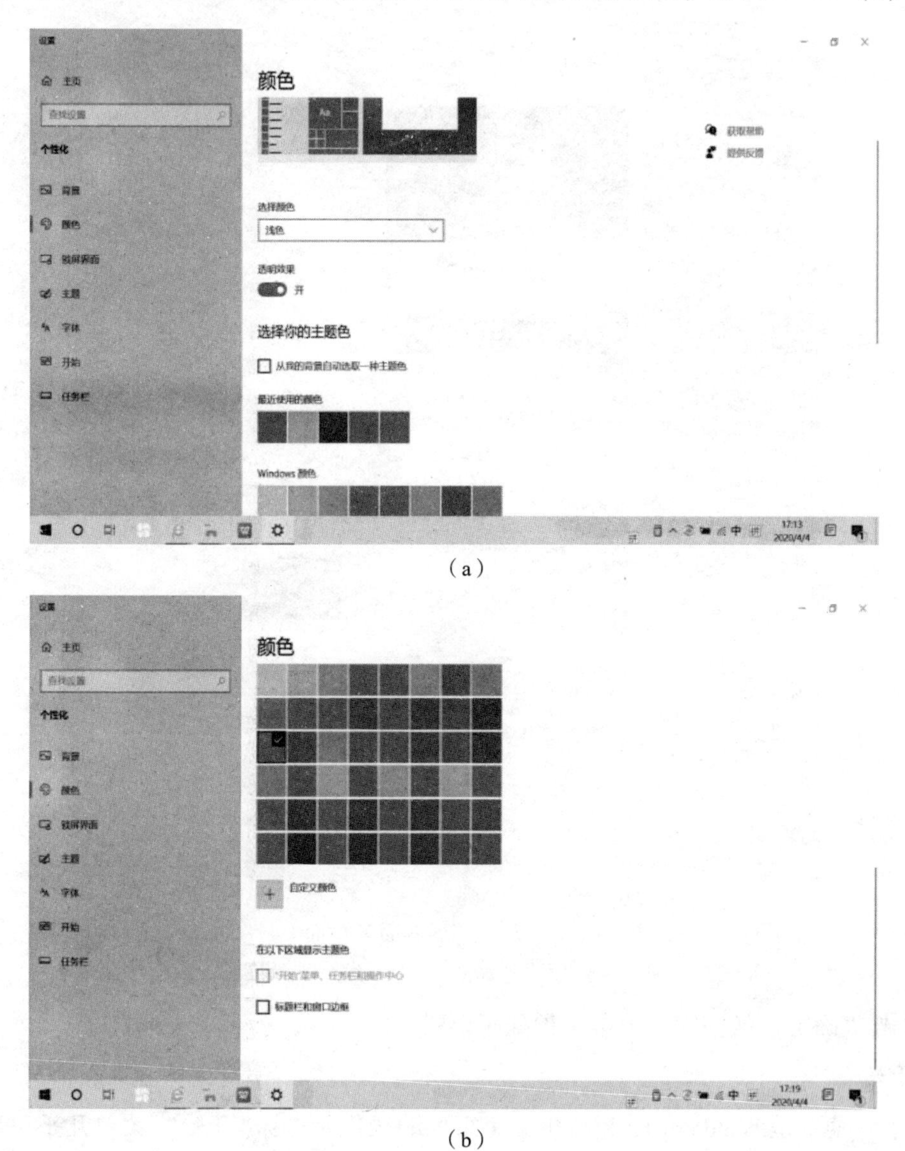

（a）

（b）

图 2－28　“颜色”界面

（a）设置颜色；（b）设置主题颜色

3. 锁屏界面

设置锁屏界面的操作步骤如下：

①在图 2 – 24 所示“个性化”设置窗口左侧列表选择“锁屏界面”按钮。这里主要针对锁屏界面的图片和“屏幕保护程序”进行设置。

②在右侧列表的锁屏界面中，可以选择系统默认的图片，也可以单击“浏览”按钮，将本地图片设置为锁屏界面，如图 2 – 29（a）所示。

③在锁屏界面下方单击“屏幕保护程序设置”，弹出“屏幕保护程序设置”对话框，用户根据自己的喜好设置屏幕保护程序，如图 2 – 29（b）所示。

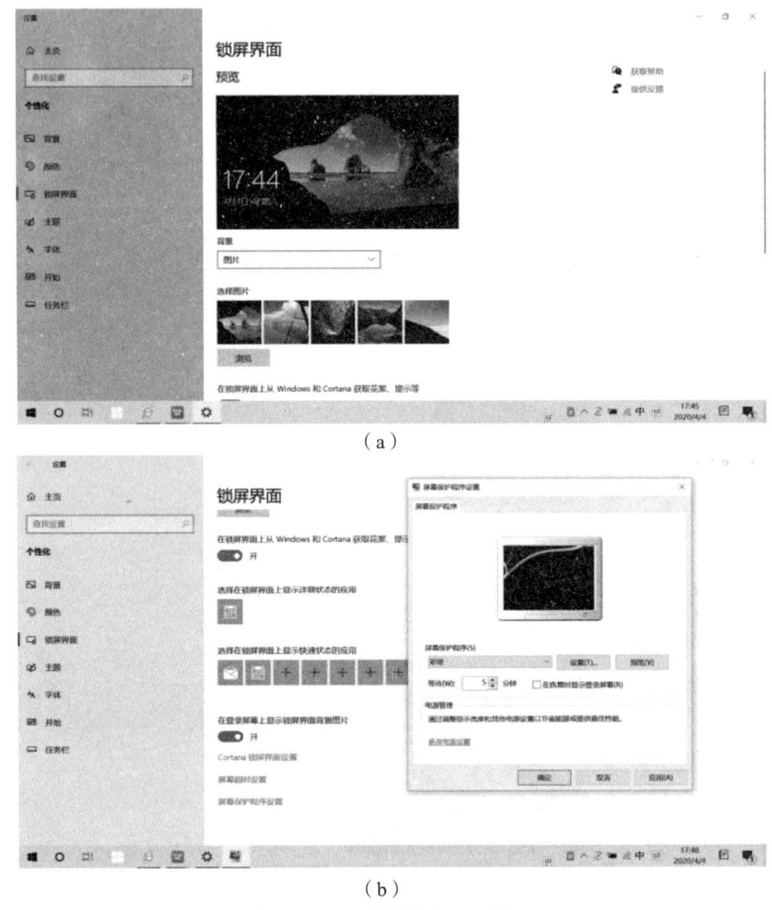

（a）

（b）

图 2 – 29 “锁屏界面”界面

（a）锁屏界面的图片；（b）屏幕保护程序设置

④单击“确定”按钮完成屏幕保护程序设置。

4. 开始

“开始”菜单是 Windows 10 系统中一个重要的操作元素，“开始”菜单几乎可以作为用户进行任何操作的起点。用户可以由“开始”菜单启动各种应用程序，并从中找到 Windows 10 的所有设置项。单击位于任务栏最左侧的■按钮，即可弹出“开始”菜单。

Windows 10“开始”菜单整体可以分成两个部分：左侧为常用项目和最近添加使用过的项目的显示区域，还能显示所有应用列表等；右侧则是用来固定图标的区域，如图 2 – 30 所示。

图 2－30　“开始”菜单界面

Windows 10 的“开始”菜单更加智能化，提供了更多的“个性化”设置，操作步骤如下：

①在图 2－24 所示“个性化”设置窗口左侧列表选择“开始”按钮。

②打开“在‘开始’菜单上显示更多磁贴”开关。

③打开“显示最近添加的应用”开关。

④可以将“使用全屏开始屏幕”关闭，如果将此项打开，Windows 10“开始”菜单会被更改为 Win8 操作系统的全屏风格。

⑤单击“选择哪些文件夹显示在‘开始’菜单上”。默认情况下，“开始”菜单左下角是由“所有程序”“电源”“设置”和“文件资源管理器”构成的，但实际上，除了“电源”和“所有程序”外，其他的都可以由用户自定义设置。

微课 2－6
设置“开始”
菜单多栏分组
并更改磁贴尺寸

⑥用户根据需要选择文件夹即可，如图 2－31 所示。

练习 6　设置“开始”菜单多栏分组并更改磁贴尺寸

按下面的操作步骤，练习设置“开始”菜单多栏分组并更改磁贴尺寸：

①在图 2－24 所示“个性化”设置窗口左侧列表选择“开始”按钮。

②打开“在‘开始’菜单上显示更多磁贴”开关，“开始”菜单右侧磁贴区域中，每一组的范围被扩大，如图 2－32 所示。

③单击“开始”菜单，在“所有应用”中选中“3D 查看器”应用。

④右击，选择“固定到开始屏幕”，然后将其拖放到分组中空闲出来的列位置，如图 2－33 所示。这样，一个磁贴分组里就可以放更多的应用磁贴。

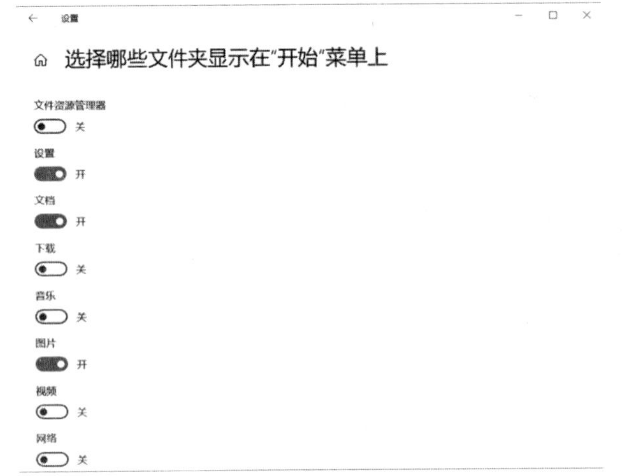

图 2－31　设置“文件夹”显示在开始菜单上

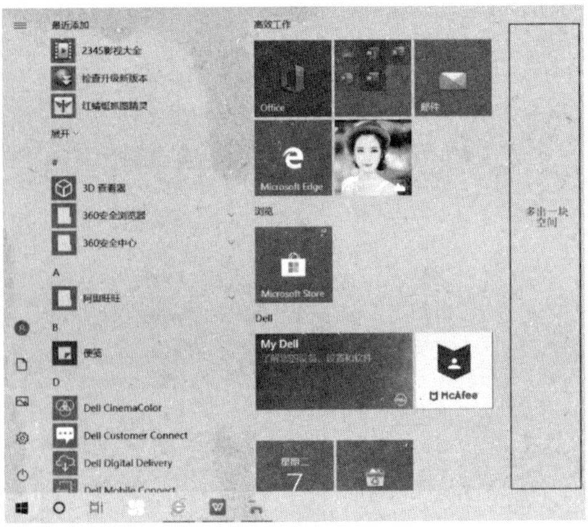

图 2－32　设置磁贴界面

⑤在磁贴区，选中“3D 查看器”和“Microsoft Store”，分别单击，在弹出的快捷菜单中选择“调整大小”，在下一级子菜单中选择“宽”，这时“3D 查看器”应用磁贴的宽度和“Microsoft Store”磁贴的宽度一致了，两个正好占满了多出来的空间，如图 2－34 所示。

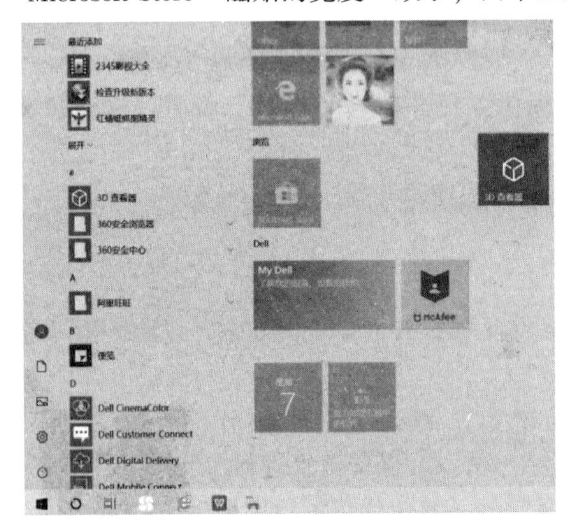

图 2－33　设置磁贴分组界面

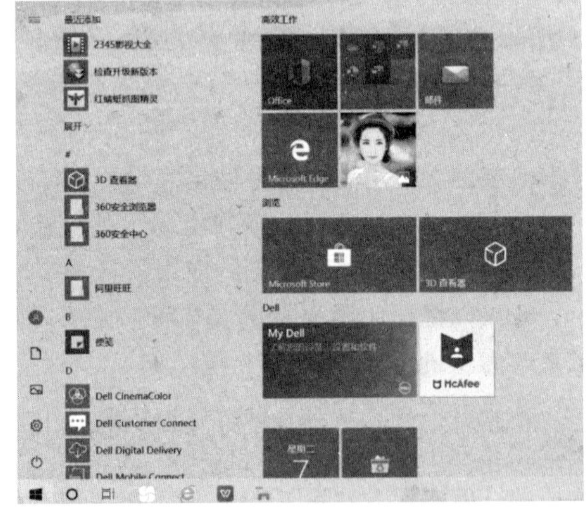

图 2－34　设置磁贴尺寸大小

2.3.4　任务栏

“任务栏”的初始位置位于 Windows 桌面的底部，主要用来管理当前正在执行的程序或任务。

1. “任务栏”的组成

“任务栏”是由“开始”按钮、Cortana 搜索、“任务视图”按钮、任务区、通知区域和“显示桌面”按钮（单击可快速显示桌面）6 个部分组成的，如图 2－35 所示。各组成区域的含义及作用见表 2－2。

1—“开始”按钮；2—“Cortana 搜索”按钮；3—“任务视图”按钮；
4—任务区；5—通知区域；6—“显示桌面”按钮。

图 2－35　任务栏

表 2－2　“任务栏”的组成区域

组成区域	说　明
“开始”按钮	通过“开始”按钮启动各种应用程序
“Cortana 搜索”按钮	“Cortana 搜索”是 Windows 10 的新增功能，单击“Cortana 搜索”按钮，在该界面中可以通过打字或语音输入方式帮助用户快速打开某一个应用，也可以实现聊天、看新闻、设置提醒等操作
“任务视图”按钮	“任务视图”也是 Windows 10 的新增功能，可以让一台计算机同时拥有多个桌面
任务区	任务区主要放置固定在任务栏上的程序，以及当前正打开着的程序和文件的任务按钮，用于快速启动相应程序，或在任务窗口间切换。任务按钮还新增加了一些功能，如分组管理、窗口预览、任务按钮的跳转列表、程序项的锁定和解锁
通知区域	该区域显示的是一些在系统启动后自动执行且后台运行的应用程序的图标，如“时钟显示”“音量控制”“网络连接”“杀毒软件监控程序”等，双击该区域的图标会打开相应的程序窗口。用户可自定义在该区域显示或隐藏哪些图标
“显示桌面”按钮	单击任务栏的“显示桌面”按钮，可以快速回到系统桌面

2. “任务栏”的设置

(1) 调整任务栏的位置

任务栏可以从默认的屏幕底部位置移动到屏幕的任意其他三边。操作方法是：首先确定任务栏处于非锁定状态，然后在任务栏的空白区域按下鼠标左键，拖动任务栏到达屏幕上所要放置的位置，释放鼠标左键。

(2) 调整任务栏的大小

操作方法是：首先确定任务栏处于非锁定状态，将鼠标指针悬停在任务栏的边缘，当鼠标指针显示为双箭头形状时，按下鼠标左键拖动任务栏边缘到合适位置后，释放鼠标左键。

(3) 任务栏的锁定与解锁

如果不希望任务栏被随意地移动或更改，可以锁定任务栏。操作方法是：在任务栏的空白处右击，弹出快捷菜单，如图 2－36 所示，选择“锁定任务栏”命令，使该选

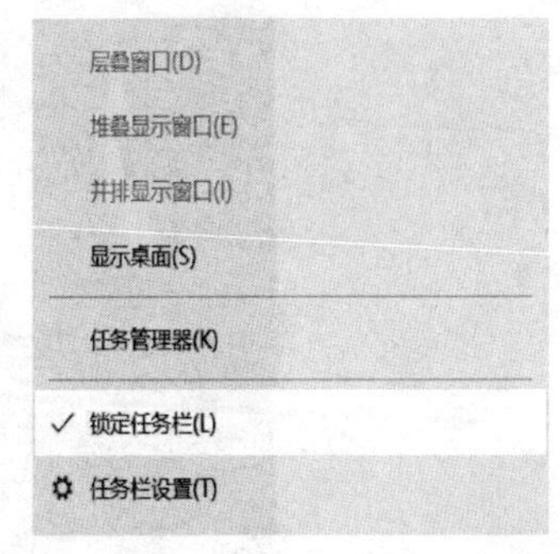

图 2－36　“任务栏”的快捷菜单

项前面显示“√”，则任务栏处于锁定状态。

如果需要对任务栏的大小、位置进行调整，或是对任务栏上各区域的大小进行调整时，则必须先对任务栏进行解锁。操作方法是：在任务栏的快捷菜单中，再次选择“锁定任务栏”命令，取消该选项前面的“√”，则任务栏处于解锁状态。

（4）显示与隐藏工具栏

任务栏内部集成了一组工具栏，主要包括地址、链接、语言栏、桌面和快速启动等。用户可根据需要选择将哪些工具栏显示在任务栏中。操作方法是：在任务栏的空白处右击，在弹出的快捷菜单中选择“工具栏”命令，弹出级联菜单，如图 2－37 所示，单击需要的工具栏名称，使该选项前面显示“√”，即可将该工具栏显示在任务栏中。同样，如果要隐藏某个工具栏，则重复上述操作，取消该工具栏选项前面的“√”即可。

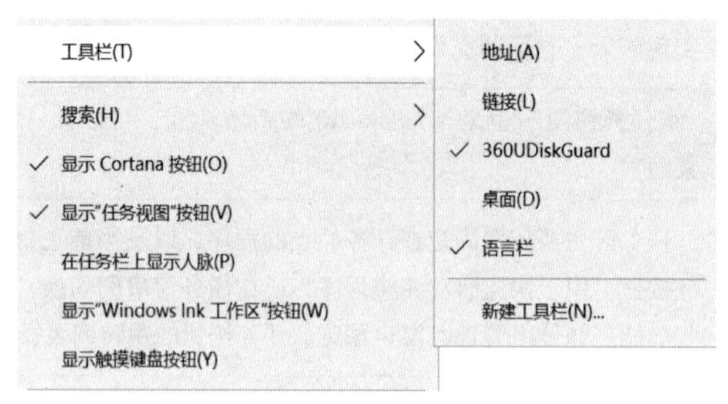

图 2－37 “任务栏”的“工具栏”子菜单

（5）“任务栏”设置

用户可以对“任务栏”进行个性化设置。操作方法是：在任务栏的空白处右击，弹出快捷菜单，选择“任务栏设置”命令，或者在图 2－25 所示的“个性化”设置窗口左侧列表选择“任务栏”按钮，打开“任务栏”设置对话框，如图 2－38 所示，在这里根据用户情况自行选择。选项卡中各设置项的作用见表 2－3。

图 2－38 “任务栏”设置对话框

表 2-3　“任务栏”选项卡的主要设置项

主要设置项	作　　用
锁定任务栏	用于锁定任务栏的大小和位置
自动隐藏任务栏	当鼠标从任务栏上移开时，自动隐藏任务栏
屏幕上任务栏的位置	包括底部、靠左、靠右、顶部
合并任务栏按钮	分三种情况：始终合并按钮、任务栏已满时、从不
通知区域	可以选择隐藏或显示在任务栏上的程序图标和通知
人脉	在任务栏上显示联系人

练习 7　设置如何调整“任务栏”透明度

按下面的操作步骤，练习设置如何调整“任务栏”透明度：

①在图 2-25 所示“个性化”设置窗口左侧列表中选择“颜色”按钮。

②在“颜色”设置界面可以设置用户所喜欢的任务栏颜色，也可以选择自定义颜色，选好颜色后，找到下面的“透明效果”，如图 2-39 所示。

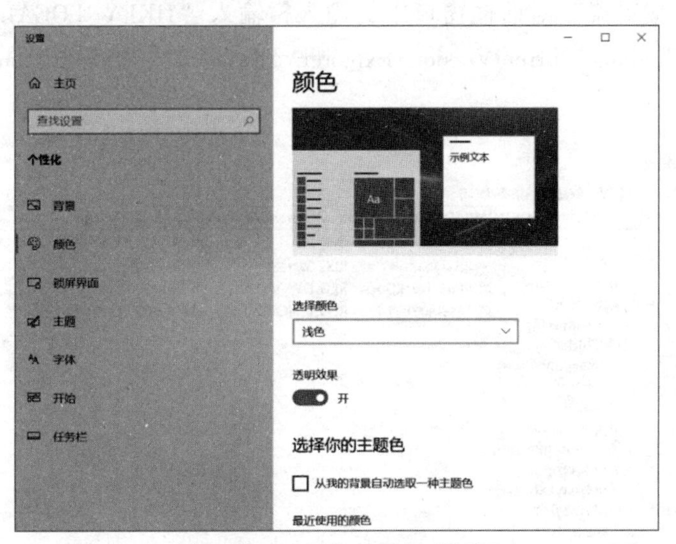

图 2-39　“颜色”设置对话框

③按 Win + R 组合键打开“运行”窗口，在“运行”窗口“打开”后面输入“regedit”，如图 2-40 所示。

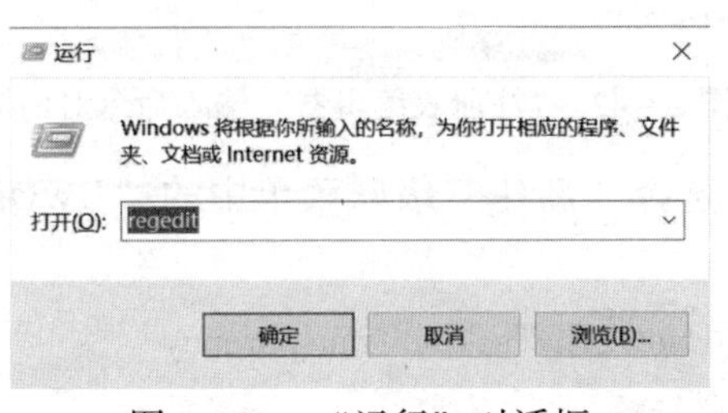

图 2-40　“运行”对话框

④单击“确定”按钮，打开“注册表编辑器”对话框，如图2-41所示。

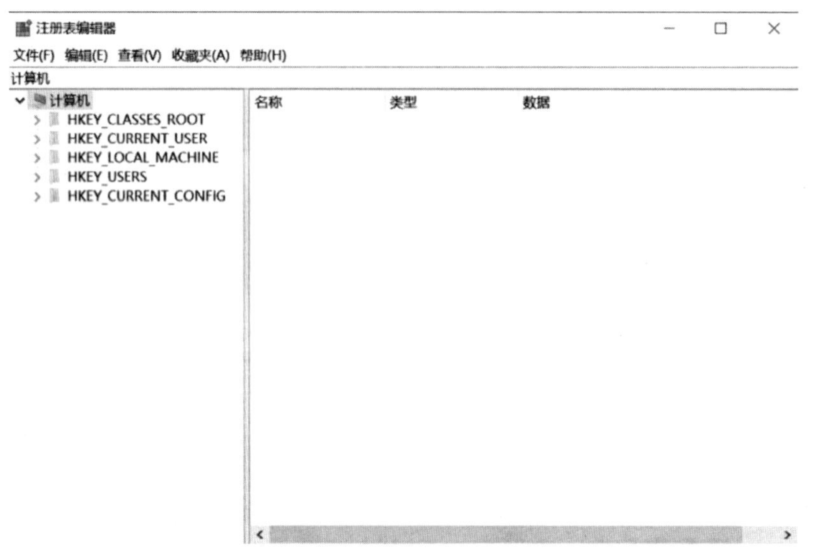

图2-41 “注册表编辑器”对话框

⑤在“注册表编辑器”对话框窗口中的输入栏输入“HKEY_LOCAL_MACHINE\SOFTWARE\Microsoft\Windows\CurrentVersion\Explorer\Advanced”，然后按Enter键，如图2-42所示。

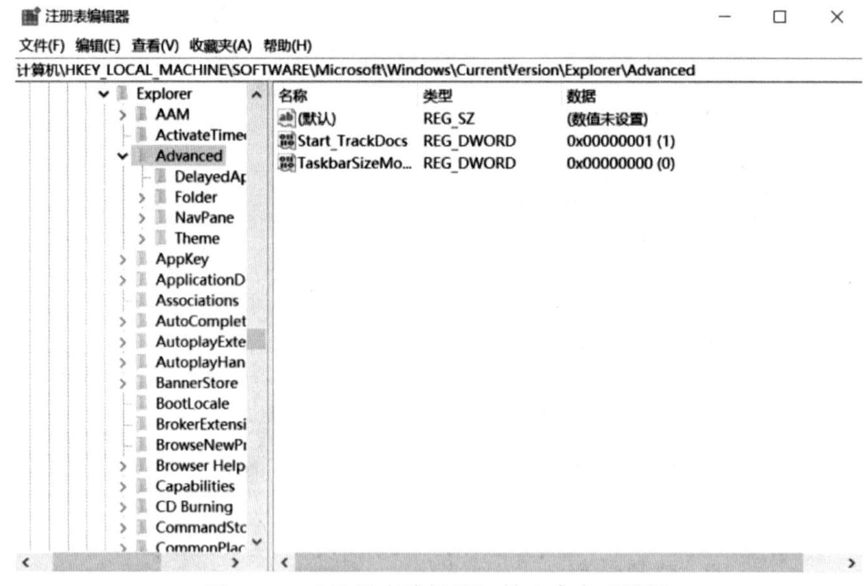

图2-42 “注册表编辑器”输入命令对话框

⑥在右侧空白处右击，选择“新建”级联菜单中的“DWORD（32位）值”，如图2-43所示。

⑦新建值后，命名为“UseOLEDTaskbarTransparency”。

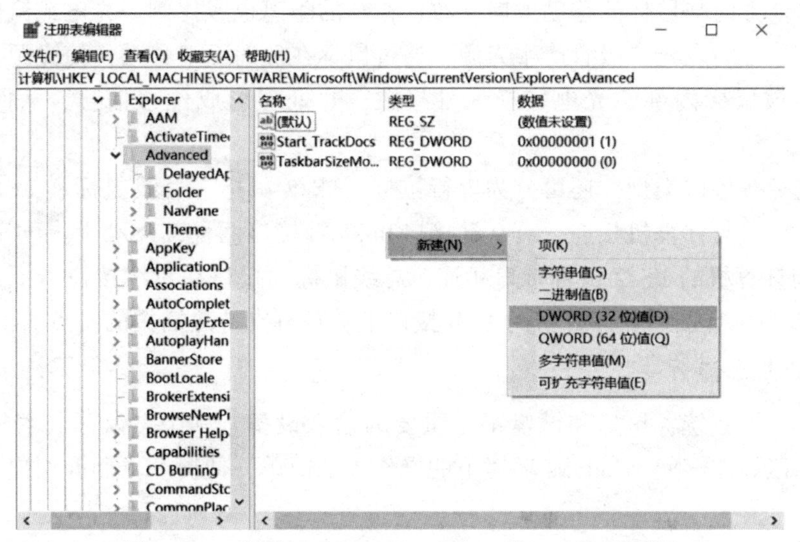

图 2-43　新建“DWORD（32 位）值”命令对话框

⑧双击打开这个值，将数值数据设置为 1～9，这里数值数据设置为 1，如图 2-44 所示。

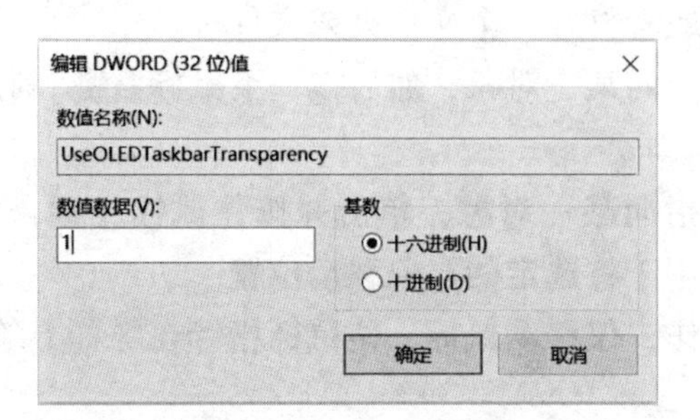

图 2-44　“编辑 DWORD（32 位）值”对话框

⑨单击“确定”按钮，并关闭注册表编辑器。

⑩计算机重启后，就可以看到透明度变化了。

2.4　鼠标与键盘的基本操作

2.4.1　鼠标的使用

1. 鼠标

鼠标是计算机最常见的输入设备之一，也是计算机显示系统纵横坐标定位的指示器，通过鼠标可以方便、准确地移动计算机屏幕上的光标进行定位。鼠标的使用使计算机的操作更加形象直观、简便快捷，用于替代通过键盘输入的烦琐的操作指令，提高工作效率。

鼠标按其工作原理，可以分为机械式鼠标和光电式鼠标。机械式鼠标对光标的控制是依靠鼠标下方的一个可以滚动的小球，通过鼠标在桌面移动时小球产生的转动来控制光标的移动。光标的移动方向与鼠标的移动方向一致，移动的距离也成比例。光电式鼠标对光标的控制是依靠鼠标下方的发光二极管产生光源，通过鼠标在反射面上移动，使光源发出的光线经反射面反射后被鼠标内部的光电转换元件接收，并处理形成位移信号，从而控制光标的移动。

此外，鼠标按接口类型，还可分为串行鼠标、PS/2 鼠标、总线鼠标和 USB 鼠标。串行鼠标是通过串行口与计算机相连，有 9 针接口和 25 针接口两种；PS/2 鼠标通过一个 6 针微型 DIN 接头与计算机的 PS/2 鼠标接口相连；总线鼠标的接口在总线接口卡上；USB 鼠标通过一个 USB 接头，直接插在计算机的 USB 接口上，具有支持热插拔的特点。

2. 鼠标的基本操作

对于 Windows 系统，鼠标和键盘都是重要的输入设备。其中，鼠标起着极其重要的作用，通过使用鼠标能够使 Windows 环境下的操作更加简单、便捷。下面介绍鼠标的一些基本操作。

①指向：将鼠标指针移动到屏幕的某一对象上。

②单击：将鼠标指针指向某一对象，然后按一下鼠标左键。通常用于选定一个项目。

③双击：将鼠标指针指向某一对象，然后快速按两下鼠标左键。通常用于启动一个项目，如启动一个应用程序或者打开一个文件夹或文件等。

④右击：将鼠标指针指向某一对象，然后按一下鼠标右键。通常用于调用所选定对象的快捷菜单。

⑤拖动：将鼠标指针指向某一对象，单击并按住鼠标左键，将该对象移动到所需的位置，然后放开鼠标左键。用于将选定的对象移动位置。

⑥移动：没有按键动作，仅移动鼠标，使鼠标指针在屏幕上随之移动。

3. 鼠标的设置

在 Windows 10 中，用户可以根据自己的习惯和喜好，对鼠标进行相应的设置。鼠标设置的操作方法是：在桌面空白处右击，在弹出的快捷菜单中单击“个性化”，在弹出的窗口中，找到并单击“主题”，选择并单击页面右边的“鼠标光标”，弹出“鼠标 属性”对话框，如图 2－45 所示。该对话框中主要包括“鼠标键”“指针”“指针选项”“滑轮”和“硬件”等选项卡，用户可以根据需要选择相应的选项卡，对其中的设置项目进行设定。

（1）“鼠标键”选项卡

在“鼠标属性”对话框中，单击“鼠标键”选项卡，如图 2－46 所示。

该选项卡提供以下设置项：

“鼠标键配置”设置项：选中该区域的“切换主要和次要的按钮”复选框，可交换鼠标键左右键的功能，以方便左手习惯的用户使用计算机。

“双击速度”设置项：通过拖动该区域的“速度”滑块，可调整鼠标双击速度的快慢，以适应不同用户的操作习惯。

“单击锁定”设置项：选中该区域的“启用单击锁定”复选项，可使在选中对象时，不必持续按住鼠标即可拖动该对象，到达需要的位置后，单击鼠标左键释放该对象。

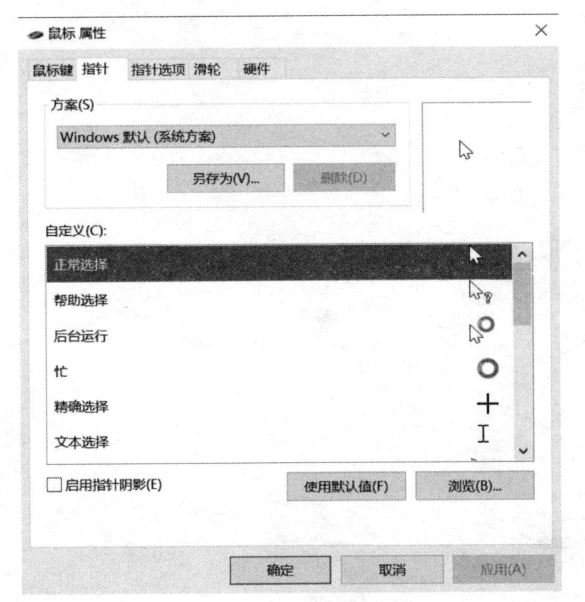

图 2－45 “鼠标 属性”对话框

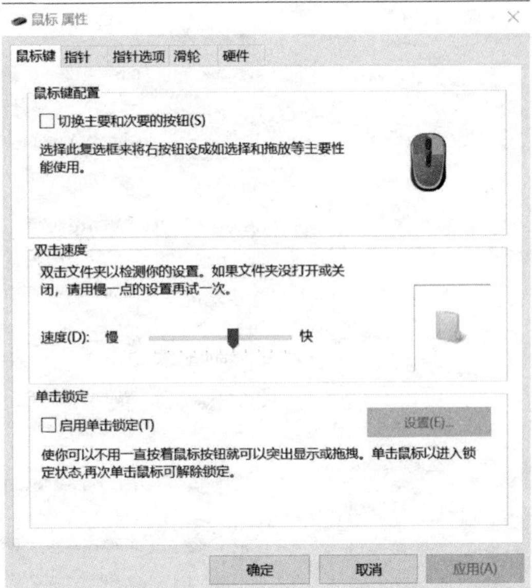

图 2－46 “鼠标键”选项卡

（2）“指针”选项卡

在“鼠标 属性”对话框中，单击“指针”选项卡，如图 2－45 所示。

该选项卡提供以下设置项：

“方案”列表框：Windows 10 为用户提供了多种鼠标指针方案，用户可根据自己的喜好在该列表框中选择所需的指针方案。

“自定义”列表框：用户可在该列表框选择当前指针方案中的任意一种鼠标指针，单击“浏览”按钮，在弹出的“浏览”对话框中提供了各种形状的鼠标指针样式，双击所需的样式，返回“指针”选项卡，单击“应用”按钮，即可实现对所选定的鼠标指针的自定义设置。

（3）“指针选项”选项卡

在“鼠标 属性”对话框中，单击“指针选项”选项卡，如图 2－47 所示。

该选项卡提供以下设置项：

“移动”设置项：通过拖动该区域的“速度”滑块，可调整鼠标指针移动速度的快慢。

“贴靠”设置项：选中该区域的“自动将指针移动到对话框中的默认按钮”复选项，可设置鼠标自动抓取当前对话框中的默认按钮（如“确定”或“应用”）。

“可见性”设置项：在该区域中，选中的“显示指针轨迹”复选项，可以启动指针轨迹，同时，还可以拖动该选项下的滑块，调整指针轨迹的长度；选中“在打字时隐藏指针”复选项，可设置在打字时隐藏鼠标指针；选中“当按 Ctrl 键时显示指针的位置”复选项，可实现在鼠标不运动时，使用户更容易地找到鼠标指针。

（4）“硬件”选项卡

在“鼠标 属性”对话框中，单击“硬件”选项卡，对话框如图 2－48 所示。

图 2－47 “指针选项”选项卡

在该选项卡的“设备”列表框中，显示当前系统所安装的鼠标设备，列表框下方显示该鼠标设备的相关信息（制造商、位置和设备状态）。单击“属性”按钮，弹出该鼠标的属性对话框。在该对话框的“驱动程序”选项卡中，用户可以对该鼠标设备的驱动程序进行查看、更新、恢复和删除等操作，如图 2－49 所示。

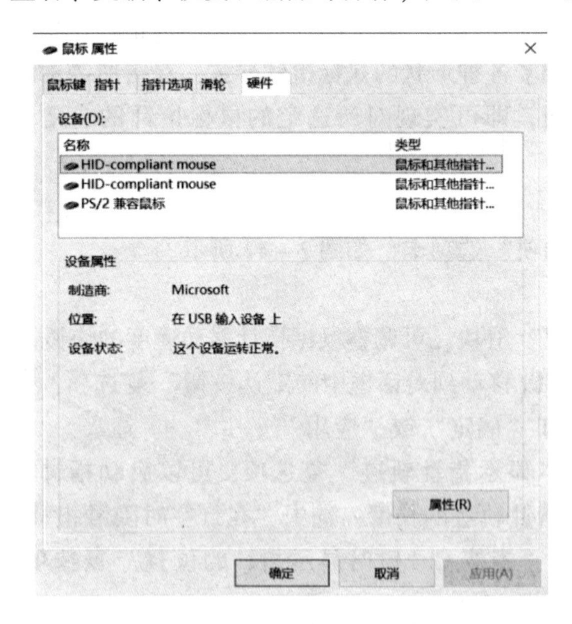

图 2－48 “硬件”选项卡

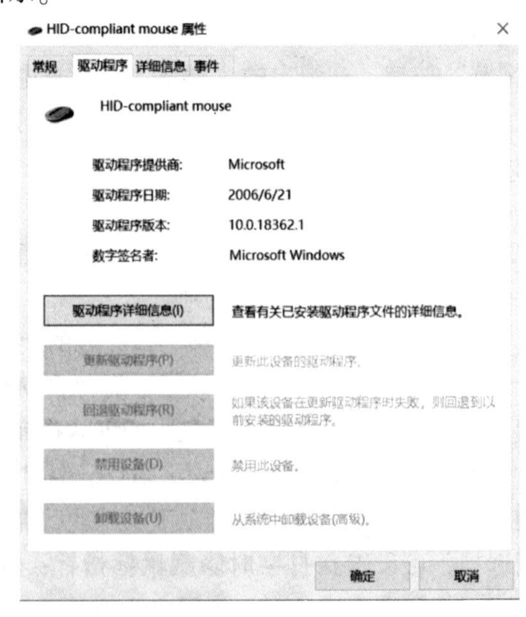

图 2－49 鼠标的“驱动程序”选项卡

2.4.2 键盘的使用

1. 键盘

键盘是计算机最常见，也是最主要的输入设备。它广泛应用于微型计算机和各种终端设备上，计算机用户可通过键盘向计算机输入各种指令、数据，指挥计算机工作。一般台式机键盘可以根据键盘的按键数目、键盘的接口及键盘外形进行分类。

（1）按照键盘的按键数目分类

根据键盘的按键数目，键盘可以分为86键、101键、104键和107键键盘。其中，86键键盘是早期的键盘，共有86个按键；101键键盘是在86键键盘的基础上，将一些常用键和数字键分离出来组成数字键区；104键键盘是在101键键盘基础上，为Windows 9X平台增加了3个快捷键，分别是2个Windows功能键和1个菜单键；107键键盘比104键键盘增加了Sleep键（休眠）、Wakeup键（唤醒）和Power键（电源）3个按键。

（2）按照键盘的接口分类

根据键盘的接口，键盘可以分为AT接口、PS/2接口和USB接口3种键盘。AT接口键盘多用于早期采用AT主板的计算机上，目前基本被淘汰；PS/2接口是当前台式机主板所必备的标准配置接口，其PS/2键盘接口为紫色，以区别于PS/2鼠标接口，后者为绿色，PS/2接口键盘是当前主流的键盘类型；USB接口键盘具有支持热插拔的特点。

（3）按照键盘的外形分类

根据键盘的外形，键盘可分为标准键盘和人体工程学键盘。标准键盘即目前普遍使用的普通键盘；人体工程学键盘是在标准键盘上将指法规定的左手键区和右手键区这两大板块左右分开，并形成一定角度，使操作者不必有意识地夹紧双臂，保持一种比较自然的形态，对于习惯盲打的用户，可以有效地减少左右手键区的误击率，此外，人体工程学键盘还在键盘的下部增加护手托板，给以前悬空手腕以支持点，以减少由于手腕长期悬空导致的疲劳。

2. 键盘的快捷键操作

在Windows 10系统中，系统还为键盘定义了许多快捷键。因此，用户利用键盘的快捷键，也可以完成窗口的切换、菜单操作、对话框操作及应用程序的启动等工作。下面介绍Windows 10中一些常见的键盘快捷键，见表2-4。

表2-4 键盘的常见快捷键

快捷键	功能
Alt + Space	打开控制菜单
Alt + Esc	切换到上一个应用程序
Alt + F4	关闭当前窗口
Enter	确认
Esc	取消

续表

快捷键	功　　能
Tab	对话框选项的切换
Alt + Tab	按顺时针方向选择切换的窗口
Alt + Tab + Shift	按逆时针方向选择切换的窗口
Alt + 菜单项字母	打开窗口菜单
Ctrl + Esc	打开“开始”菜单
Ctrl + Space	中英文输入法切换
Ctrl + Shift	各种输入法之间切换
NumLock	打开（或关闭）键盘右侧的数字键区
PrintScreen	系统屏幕截图，将屏幕画面存入剪切板
Alt + PrintScreen	将当前窗口画面存入剪切板
Shift + Space	半角/全角切换
Ctrl + .	中英文标点切换

3. 键盘的设置

在 Windows 10 中，用户也可以根据自己的使用习惯对键盘进行相应的设置。键盘设置的操作方法是：右击“开始”按钮，选择“设置”，在弹出的“设置”对话框中单击“主页”；单击“轻松使用”，在左侧列表中选择“键盘”，如图 2－50 所示，在右侧列表中就可以根据需要进行设置了。

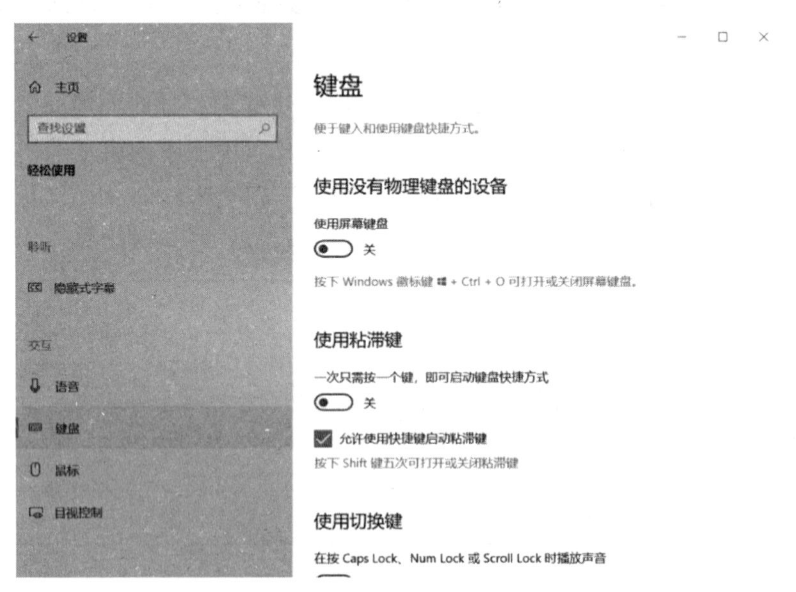

图 2－50　键盘设置对话框

如果需要“高级键盘设置”，滑动右侧面板的滚动条，找到“键入设置”选项，单击进入，在左侧列表中单击“输入”，滑动右侧面板的滚动条，找到“高级键盘设置”，单击进入，用户可以根据需要进行设置了，如图 2－51 所示。

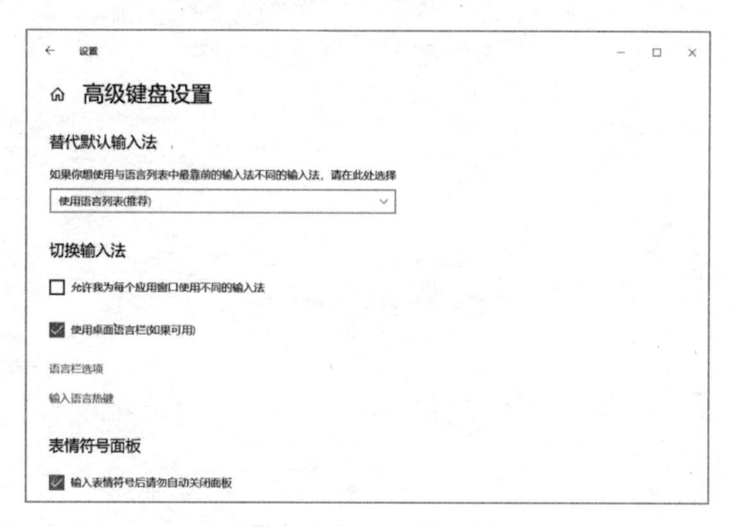

图 2－51　“高级键盘设置”对话框

2.5　认识窗口、菜单与对话框

2.5.1　认识窗口

窗口是桌面内的框架，是用于显示文件和文件夹内容，或是运行应用程序并显示其操作界面的矩形工作区域，窗口是 Windows 10 系统的主要操作界面。

通常情况下，窗口与应用程序是一一对应的关系，每运行一个应用程序，就会在桌面上创建一个相应的程序窗口，每个窗口都有其特定的内容和与之相对应的一组操作。用户可根据需要同时打开多个应用程序窗口。

1. 窗口的组成结构

如上所述，每个应用程序都有一个对应的窗口，如果用户没有特殊指定，窗口将按默认的方式显示，每个窗口都有很多相同的元素，但不一定完全相同。图 2－52 所示是 Windows 10 的窗口示例。

2. 窗口组成要素的说明

窗口通常包括图 2－52 所示的一些基本的组成要素，下面对其进行简要的说明。各组成要素的说明见表 2－5。

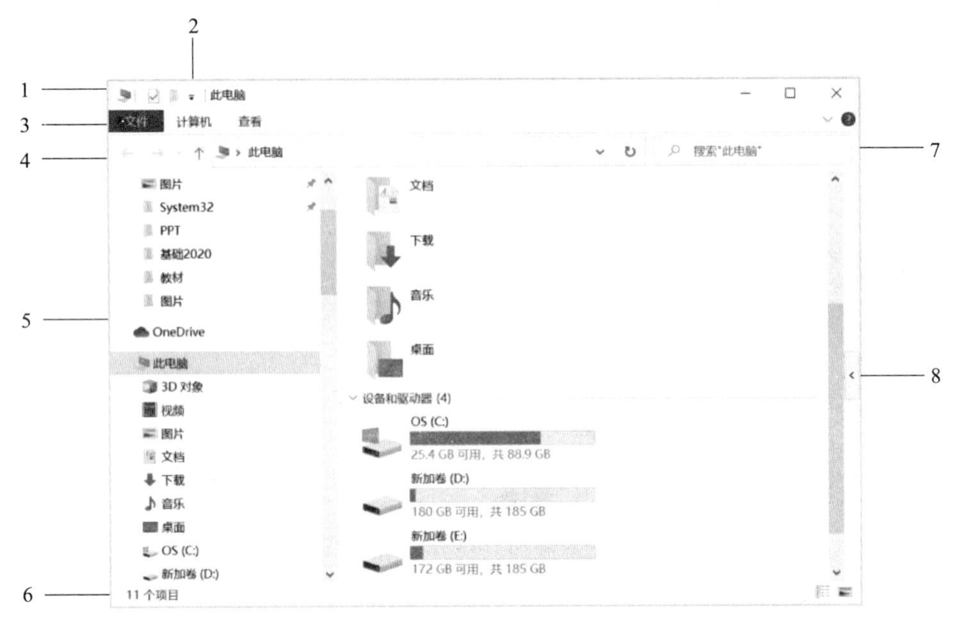

1—标题栏；2—快速访问工具栏；3—菜单栏；4—地址栏；5—导航窗格；6—状态栏；7—搜索栏；8—工作区。

图 2－52　窗口的基本组成

表 2－5　窗口组成要素

窗口组成要素	说　明
标题栏	标题栏的左端是“控制菜单”按钮，用于对窗口进行移动、调整大小和关闭等操作；中间是标题，用于显示当前窗口的名称；其右端有 3 个按钮，分别是“最小化”“最大化”和“关闭”按钮
快速访问工具栏	单击快速访问工具栏的小三角按钮，会弹出添加、删除工具的菜单，如单击“撤销”，该工具就会添加到快速访问工具栏上
菜单栏	位于标题栏的下方，其中包含该窗口的所有操作命令，不同类型的窗口具有不同的菜单命令，单击某个菜单项后，会弹出下拉式菜单，选择其中的命令项即可执行相应的操作
地址栏	位于菜单栏下方，在地址栏中输入位置路径，可以跳转到该位置
导航窗格	给用户提供了树状结构文件夹列表，从而方便用户快速定位所需的目标，其主要分成收藏夹、库、计算机、网络四大类
状态栏	位于窗口的底部，用来显示与当前操作有关的状态信息；在状态栏的右侧，第一个图标为“列表”，详细显示窗口内容，第二个是“缩略图”，显示内容
搜索栏	用于在计算机中搜索各种文件
工作区	在窗口中所占的比例最大，用于显示应用程序操作界面或文件中的内容

2.5.2　认识对话框

对话框是窗口的一种特殊形式，它通常用于人机对话的场合，用来向用户提供某些信息或是要求用户输入相关信息或设置参数。对话框与普通窗口相比较，一般都没有菜单栏和状态栏，并且其窗口的大小固定不变，不能进行调整。不同的对话框的结构不尽相同，如图2－53所示。对话框常见的组成元素及其含义见表2－6。

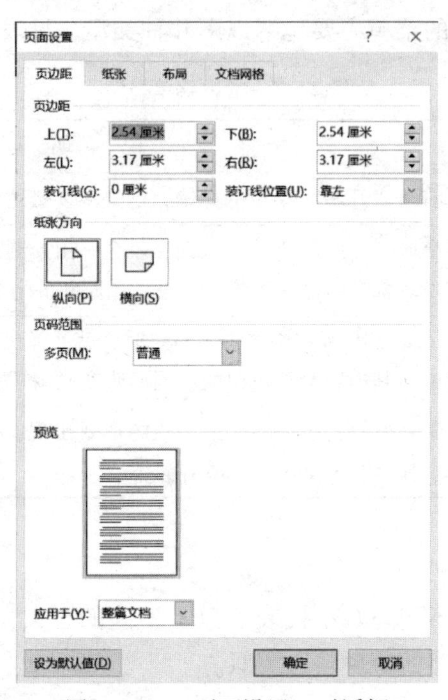

图2－53　“页面设置”对话框

表2－6　对话框组成元素

对话框组成元素	说　　明
标题栏	位于对话框顶部，其左端为对话框名称，右端为“帮助”和“关闭”按钮
标签及选项卡	有些对话框由多个选项卡组成，各个选项卡相互重叠，以减少对话框所占空间，每个选项卡都对应一个标签名称，单击标签可实现选项卡之间的切换
文本框	文本框是用来输入文本或数值的区域
下拉列表框	可以让用户从列表中选取要输入的对象。单击下拉列表中的下三角按钮，展开列表，从中可以选择需要的列表选项，但不能直接修改其中的内容，如果列表框上面有文本框，也可以直接键入选项的名称或值
数字微调框	用于输入数值，可单击微调框右侧的增减按钮来改变框内数值大小
命令按钮	单击命令按钮，会立即执行一个命令，对话框中常见的命令按钮有“确定”和“取消”两种。如果命令按钮呈灰色，表示该按钮当前不可使用，如果命令按钮后有省略号“…”，表示单击该按钮时，将会弹出一个对话框

2.5.3 认识菜单

菜单是提供给用户的一组相关操作和命令的列表，选择菜单上的菜单项，即可执行与之对应的操作命令。

1. Windows 10 的常见菜单类型

Windows 10 系统中常见的菜单主要包括以下几种类型，见表 2－7。

表 2－7 常见菜单类型

常见菜单类型	说 明
“开始”菜单	参看前面“开始”菜单的介绍，这里不再赘述
控制菜单	单击窗口的“控制菜单”按钮，就会弹出控制菜单，通过选择上面的菜单项，即可实现对窗口的移动、改变大小、还原和关闭等控制操作
快捷菜单	在 Windows 10 系统中右击某对象时，就会弹出一个带有关于该对象的常用命令的菜单（其内容会随对象的不同而改变），称为快捷菜单
文档窗口菜单 应用程序菜单	两者十分类似，通常都以菜单栏的形式出现，每个菜单项下都有对应的下拉子菜单，其涵盖了该窗口的所有命令

2. 菜单项的相关说明

菜单中菜单项所呈现的不同外观，代表了以下不同的含义，见表 2－8。图 2－54 所示为文档窗口的菜单，应用程序的菜单与之类似。

表 2－8 菜单项不同外观的含义

菜单项的外观	说 明
菜单项后 带省略号（…）	表示选择此菜单项后将出现对话框，要求用户提供执行此操作所需要的信息
菜单项后 有“↴”或“▼”符号	表明该项有下一级子菜单（鼠标停留在此项即可弹出）
菜单项前 有“•”符号	表明该选项为单选项，且该选项正在起作用。这种单选选项组中只能且必须有一个选项被选中
菜单项前有“√”符号	表明该选项为复选项，且该选项正在起作用。再次选择该选项，“√”符号会消失，表明该选项不再起作用
菜单项以暗淡色或 灰底字符显示	表示该菜单项在当前环境下暂时无法使用
菜单项的最右边如果有 其他键符或组合键符	表示该菜单项的快捷键

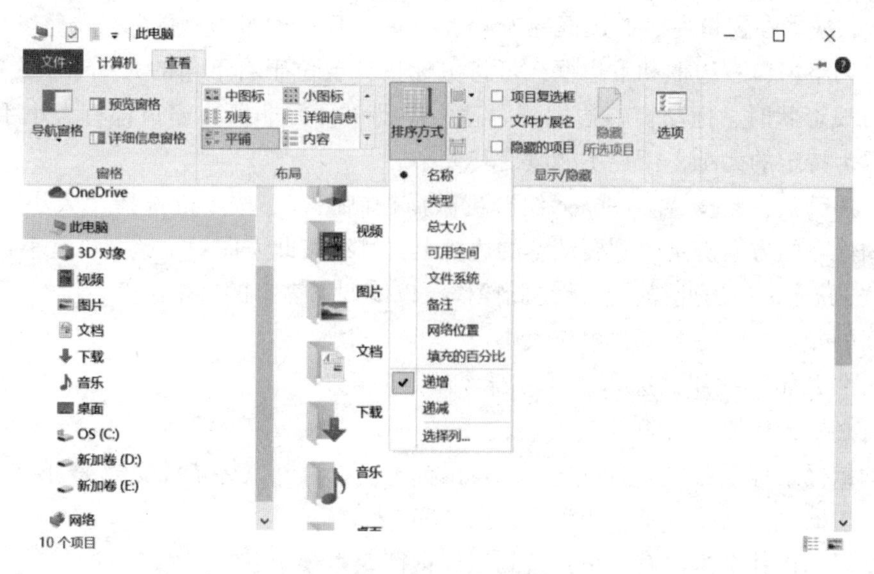

图 2－54　窗口菜单

2.5.4　窗口基本操作

在 Windows 10 系统中，用户可根据需要对进行窗口进行各种操作，主要包括打开窗口、关闭窗口、移动窗口、调整窗口大小、切换窗口和排列窗口操作。

练习 8　移动窗口

用户可以使用鼠标或键盘将窗口移动到屏幕上的任何位置。在移动窗口之前，必须将该窗口还原到最大化以外的大小，因为最大化的窗口已经占据了整个屏幕而不能再被移动。

如果使用鼠标，则将鼠标指针定位在窗口标题栏上，按下鼠标左键，拖动窗口到目标位置，然后松开鼠标左键即可。

如果使用键盘，则按 Alt + Space 组合键激活控制图标，按↓键选择“移动”命令并按 Enter 键，此时鼠标指针改变为四个箭头的形状，使用键盘的方向键可移动窗口到目标位置，然后按 Enter 键结束该操作。

按下面的操作步骤练习移动窗口：

①单击“开始”按钮，选择“Windows 附件”中的“记事本”。

②如有必要，还原“记事本”窗口。

③将鼠标指针定位在“记事本”窗口的标题栏上。

④拖动窗口至桌面上的新位置。

⑤练习移动窗口至桌面上的不同位置。

⑥关闭“记事本”窗口。

练习 9　调整窗口大小

有时需要调整窗口的大小，用户可以通过鼠标或键盘来控制窗口的大小。

如果使用鼠标，将鼠标指针定位在窗口边框的任意位置，当鼠标指针在窗口上、下边框变为↕形状，或者在窗口左、右边框变为↔形状时，可以通过拖动鼠标来调整窗口的大小。

要同时调整窗口右边框和下边框，可将鼠标指针定位于右下角的大小手柄▦上，当鼠标指针变为↘形状时，拖动窗口边框到合适大小即可。并非所有窗口都有大小手柄，某些窗口被设置为特定的大小，用户不能改变其大小。

如果使用键盘，则按 Alt + Space 组合键激活控制图标。按↓键选择“大小”命令，并按键。使用恰当的方向键定位到要调整的边框上，继续按此方向键调整窗口大小直到符合要求，然后按 Enter 键退出此操作。重复此操作，以便调整窗口的每个边框。

按下面的操作步骤练习调整窗口大小：

①单击“开始”按钮，选择“计算器”命令。

②如有必要，还原“计算器”窗口。

③移动鼠标指针至窗口的右边框，保持鼠标不动，直到鼠标指针变为↔形状。

④拖动边框，使之距屏幕右边界大约 2. 5 cm。

⑤移动鼠标指针至窗口右下角，直到鼠标指针变为↘形状。

⑥拖动鼠标直至窗口大小约为原来的 1/2。练习重新改变窗口大小至不同尺寸。注意窗口的水平方向和垂直方向的大小是如何同时变化的。

⑦关闭“计算器”窗口。

练习 10　切换窗口

当用户同时打开多个窗口时，经常需要在窗口之间进行切换。但在同一时刻只能有一个窗口处于激活状态，该窗口称为活动窗口。用户可以通过鼠标或键盘在多个窗口之间进行切换。Win7 窗口切换让系统更加人性化。

1. 通过任务栏中的按钮切换

如果使用鼠标，用鼠标单击任务栏上要激活的窗口的标题按钮，或者直接单击想要激活的窗口的任意位置即可。

2. 按 Alt + Tab 组合键切换

按下 Alt + Tab 组合键，屏幕上将出现任务切换栏，系统当前打开的窗口都以缩略图的形式在任务切换栏中排列出来，此时按住 Alt 键不放，再反复按 Tab 键，将显示一个白色方框，并在所有图标之间轮流切换，当方框移动到需要的窗口图标上后释放 Alt 键，即可切换到该窗口。

按下面的操作步骤练习窗口的切换操作：

①在桌面上，并先后双击“此电脑”“控制面板”和“回收站”，同时打开上述 3 个窗口。

②按下 Alt + Tab 组合键，显示窗口切换界面。

③按住 Alt 键不放并反复按 Tab 键，将选择方框移动到“此电脑”窗口图标上。

④同时松开上述两个按键，将“此电脑”窗口切换为活动窗口。

⑤练习按 Alt + Esc 组合键，直接在上述打开的窗口之间进行切换。

⑥关闭打开的所有窗口。

练习 11　排列窗口

对于同时打开的多个窗口，Windows 10 系统中提供了三种排列的方式，分别是层叠窗口、堆叠显示窗口和并排显示窗口。排列窗口可在任务栏的空白区域右击，在弹出的快捷菜单上根据需要选择“层叠窗口”“堆叠显示窗口”或“并排显示窗口”命令即可。在选择了某项排列方式后，在任务栏快捷菜单中会出现相应的撤销该选项的命令。

按下面的操作步骤练习排列窗口：

①在桌面上，并先后双击“此电脑”“控制面板”和“回收站”，同时打开上述 3 个窗口。

②在任务栏空白区域右击，在弹出的快捷菜单上选择“层叠窗口”命令排列窗口。

③在任务栏空白区域右击，在快捷菜单上选择“撤销层叠所有窗口”命令，取消窗口排列。

④练习堆叠显示和并排显示窗口操作。

⑤关闭打开的所有窗口。

微课 2 –7
设置“开始”
菜单多栏分组
并更改磁贴尺寸

练习 12　分屏功能

分屏是同一个电脑屏幕上显示不同的内容，让用户在工作时不局限于一个屏幕。Windows 10 是美国微软公司研发的跨平台及设备应用的操作系统，操作简单，功能强大。

按下面的操作步骤练习分屏功能：

①单击任务栏上的“任务视图”按钮或按下 Alt + Tab 组合键，屏幕上将出现操作记录时间线，系统当前和稍早前的操作记录都以缩略图的形式在时间线中排列出来，如图 2 –55 所示。

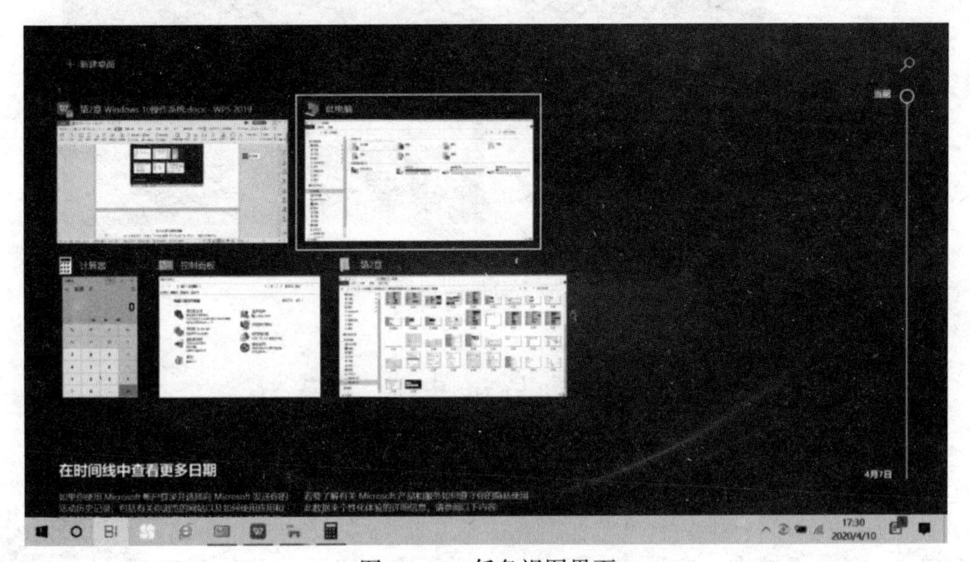

图 2 –55　任务视图界面

②选择某一个窗口，右击，在弹出的快捷菜单中右击“左侧贴靠”“右侧贴靠”和“移动到”等菜单，如图 2 –56 所示。

③单击“左侧贴靠”，完成分屏操作，如图 2 –57 所示。

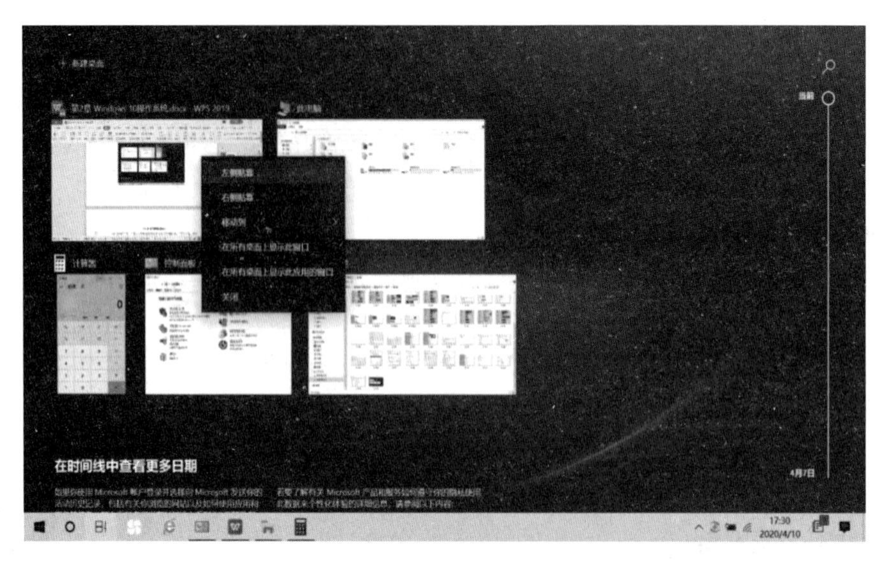

图 2－56　弹出快捷菜单界面

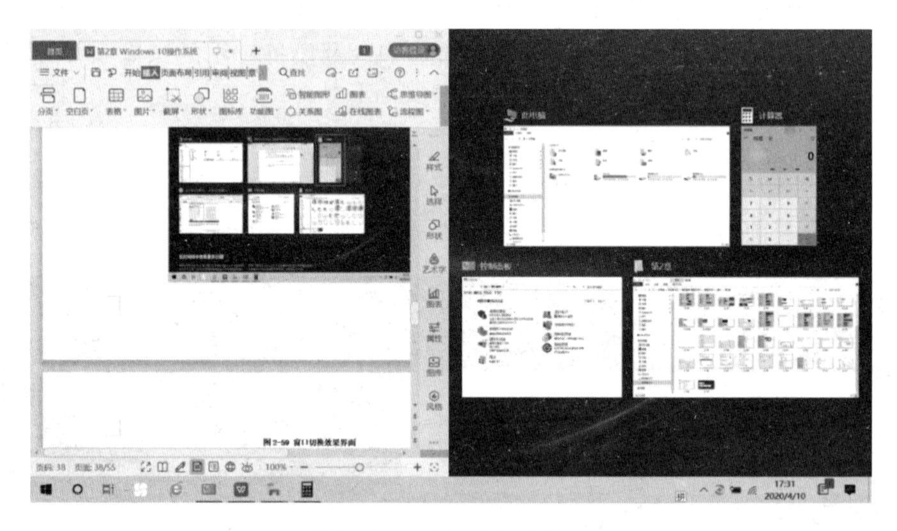

图 2－57　分屏效果图界面

2.6　启动与退出应用程序

2.6.1　启动应用程序

微课 2－11
启动退出应用程序

在 Windows 10 系统中，启动或运行一个应用程序可以采取多种方式，其中比较常用的方法是：通过“开始”菜单启动程序、使用桌面快捷方式启动程序、使用任务按钮区启动程序和使用“运行”命令启动程序。下面分别加以介绍：

1. 通过“开始”菜单启动应用程序

在 Windows 10 系统中安装的所有应用程序，除了特殊指定的以外，一般情况下都会在“开始”菜单的“所有程序”级联菜单中创建自己的快捷方式。因此，通过“开始”菜单启动应用程序是一个非常方便快捷的常规方法。

操作方法是：单击任务栏上的“开始”按钮，打开“开始”菜单，此时可以先在“开始”菜单左侧的高频使用区查看是否有需要打开的程序选项，如果有，则选择该程序选项启动。如果高频使用区中没有要启动的程序，则在“所有程序”列表中依次单击展开程序所在的文件夹，选择需执行的程序选项启动程序。如图 2－58 所示。

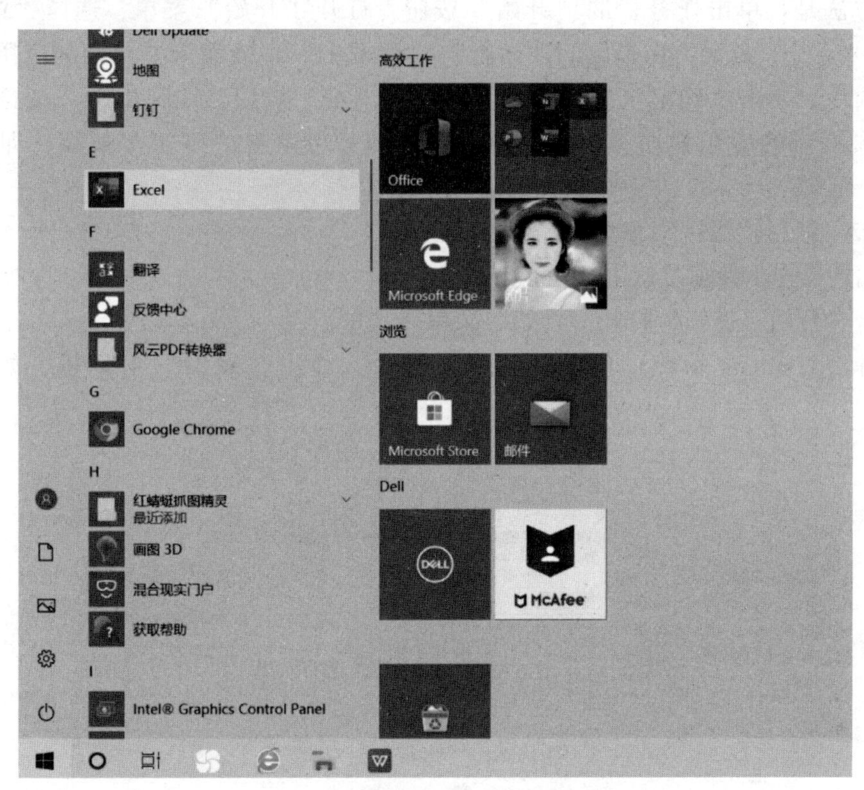

图 2－58　“所有程序”级联菜单

2. 使用桌面快捷方式启动程序

在 Windows 10 系统中，一些应用程序在安装过程中会自动创建该程序的桌面快捷方式，如图 2－59 所示。运行这类应用程序，只需要双击该程序的桌面快捷方式图标即可。用户也可以自己根据的需要，为经常使用的应用程序创建桌面快捷方式，以便需要时快速启动。

3. 使用任务按钮区快速启动程序

在 Windows 10 系统中，一些应用程序在安装过程中会在任务栏的任务按钮区创建该程序的快捷方式，如图 2－60 所示。运行这类应用程序，只需要在快速启动工具栏中单击该程序的快捷方式图标即可。同样，用户也可以自己根据需要，将经常使用的应用程序的快捷方式创建到快速启动工具栏中，以便需要时快速启动。

图 2-59　应用程序桌面快捷方式

图 2-60　任务按钮区

4. 使用“运行”命令启动程序

如果要启动某个应用程序，而该程序在“开始”菜单的“所有程序”级联菜单中并没有相应的快捷方式，则可以使用“运行”命令来执行该程序。

操作方法是：单击任务栏的“开始”按钮，打开“开始”菜单，选择“Windows 系统”中的“运行”命令，在弹出的“运行”对话框中，直接输入要启动的应用程序所对应的启动命令，单击“确定”按钮；或者单击“浏览”按钮，在弹出的“浏览”对话框中查找到要运行的应用程序，单击“打开”按钮，再单击“确定”按钮，即可启动该程序。

练习 13　使用“运行”命令

按下面的操作步骤练习使用“运行”命令：

①单击“开始”按钮，打开“开始”菜单。

②选择“Windows 系统”中的“运行”命令，弹出“运行”对话框，如图 2-61 所示。

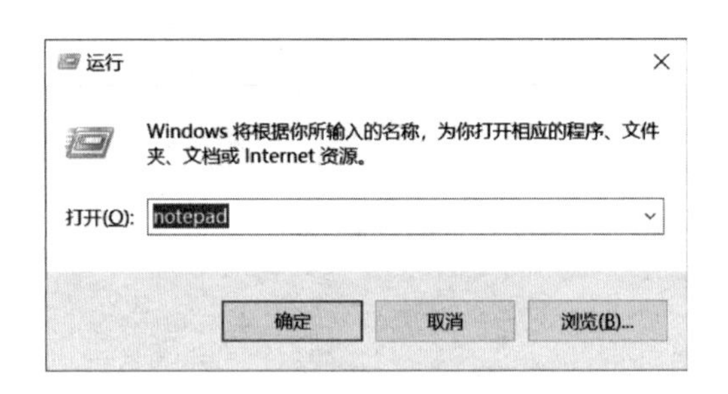

图 2-61　“运行”对话框

③输入命令“notepad”，单击“确定”按钮，“记事本”程序将在桌面上打开。

④关闭“记事本”程序。

⑤单击“开始”按钮，再次执行“运行”命令。

⑥在弹出的“运行”对话框中，单击“浏览”按钮，弹出“浏览”对话框。

⑦在“查找范围”下拉列表中，定位到 C:\Windows\System32 文件夹下，单击选中该文件夹下的“画图”程序图标（文件名为 mspaint. exe），如图 2-62 所示。

⑧单击“打开”按钮，返回到“运行”对话框，“画图”程序的启动命令自动填入“打开”文本框中，如图 2-63 所示，单击“确定”按钮，“画图”程序将在桌面打开。

⑨关闭“画图”程序。

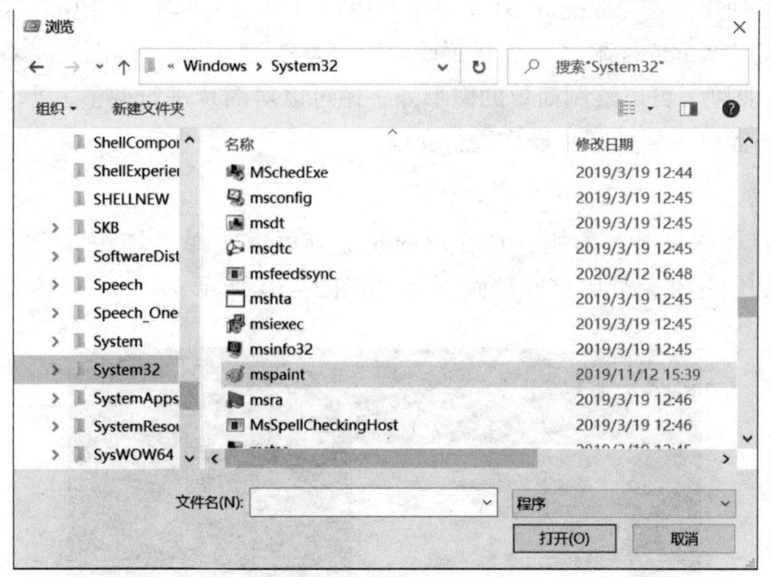

图 2－62　“浏览”对话框

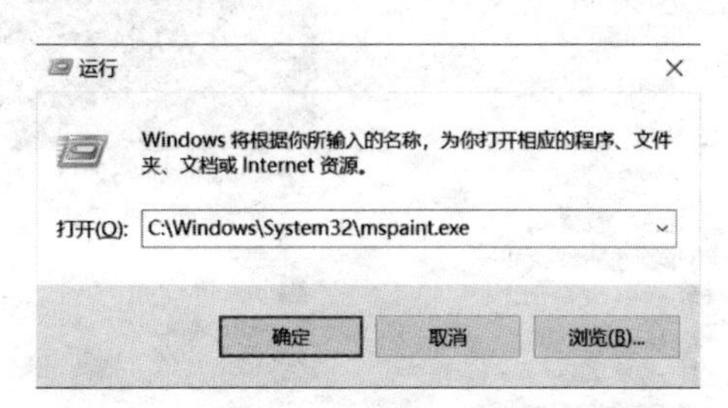

图 2－63　“运行”命令的“浏览”对话框

2.6.2　退出应用程序

退出应用程序是指正常地结束一个应用程序的运行，具体操作方法包括以下几种：

方法 1：按下 Alt＋F4 组合键，可关闭当前处于激活状态的应用程序窗口，即退出该应用程序。

方法 2：单击应用程序窗口的“关闭”按钮。

方法 3：选择应用程序窗口菜单中的“文件”→“退出”命令。

方法 4：双击应用程序窗口的控制菜单按钮，或者单击控制菜单按钮后，选择“关闭”命令。

2.7　使用 Windows 10 中的附件

2.7.1　画图工具

“画图”工具一直是 Windows 平台上最经典的图像修改工具，在没有安装第三方软件的情况下可以应急使用。在 Windows 10 系统中，用户可以通过单击“开始”菜单，在弹出的快捷菜单中找到“Windows 附件”级联菜单中的“画图”，打开“画图”工具。

“画图”工具除了可以绘制简单的图形外，还可以对图片进行调整大小、裁剪、加文字标注等操作。下面对主要的图片操作进行介绍：

1. 调整图像

①首先选择一张图片，右击，在弹出的快捷菜单中选择“打开方式”级联菜单中的“画图”，也可以直接在附件中打开“画图”，如图 2－64 所示。

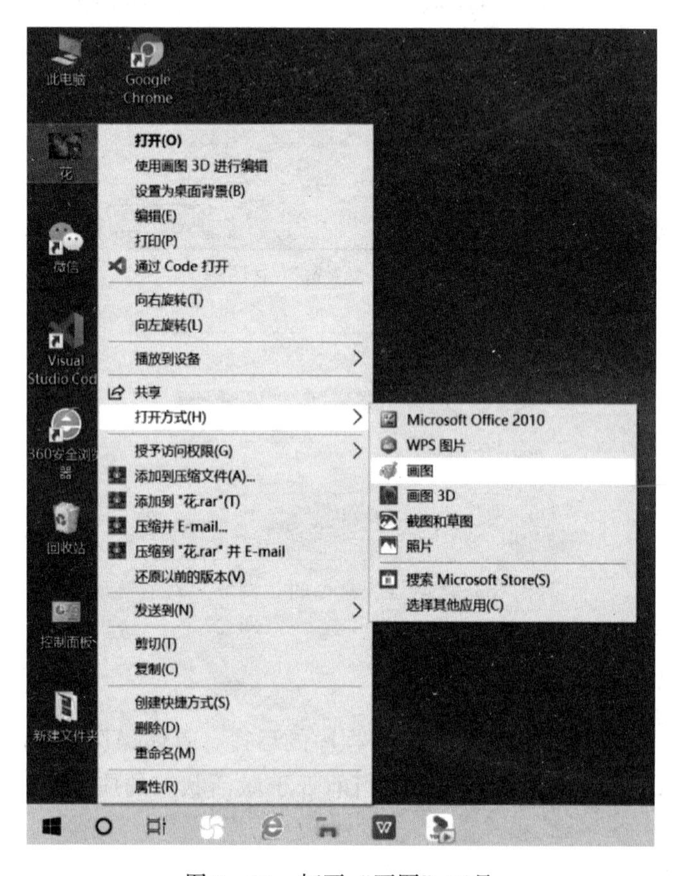

图 2－64 打开“画图”工具

②打开“画图”工具之后，单击工具栏上的“重新调整大小”按钮，弹出“调整大小和扭曲”对话框，如图 2－65 所示。

③在“调整大小和扭曲”对话框中，用户可以按百分比或者像素来重新设置图片的宽高，可以选择保持纵横比，保持图片不变形。

④用户也可以在“倾斜（角度）”中根据需要设置水平或垂直的角度，完成图片调整大小的操作。

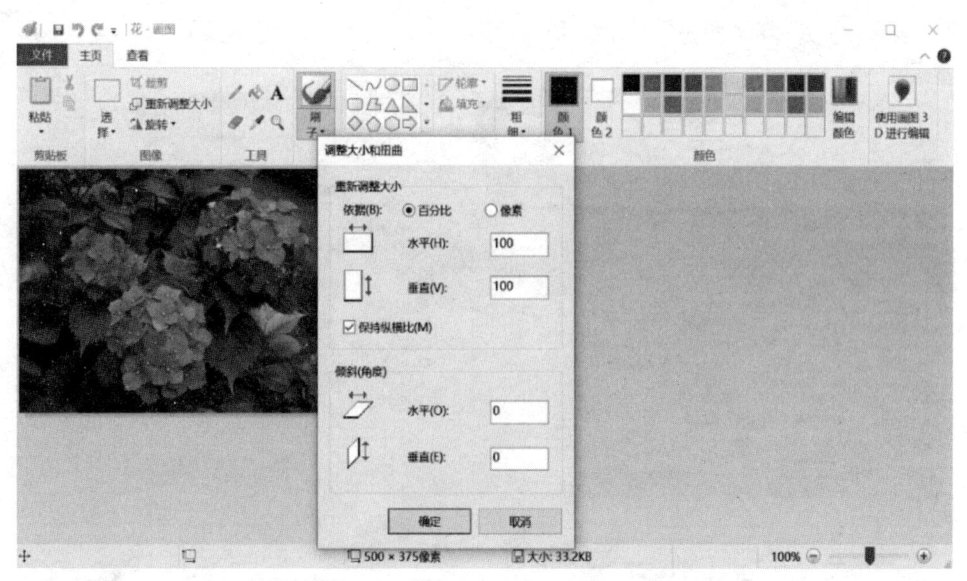

图 2 – 65　打开“调整大小和扭曲”对话框

2. 裁剪图像

①打开“画图”工具之后，单击工具栏上的“选择”按钮，弹出“选择形状”子菜单，如图 2 – 66 所示。

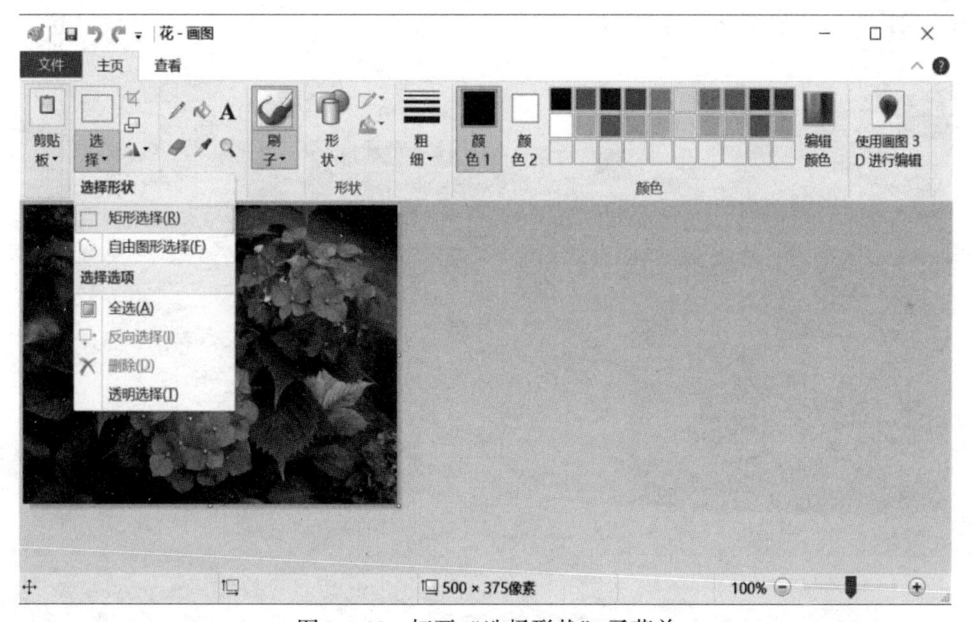

图 2 – 66　打开“选择形状”子菜单

②确定图片要保留的区域，单击“矩形选择”，按矩形对图片进行裁剪，如图 2 – 67 所示。

③单击工具栏上的“裁剪”，就完成了图片裁剪操作。

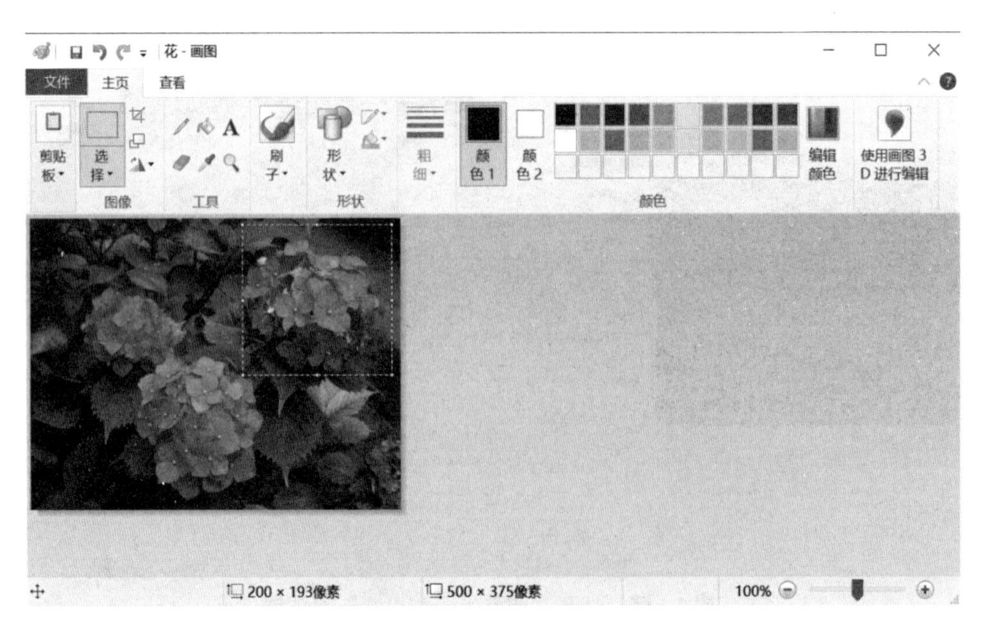

图 2 – 67 “矩形选择”界面

3. 添加文字

①打开“画图”工具之后，单击工具栏上的文字工具“A”按钮，在想要添加文字的地方单击一下即可，如图 2 – 68 所示。

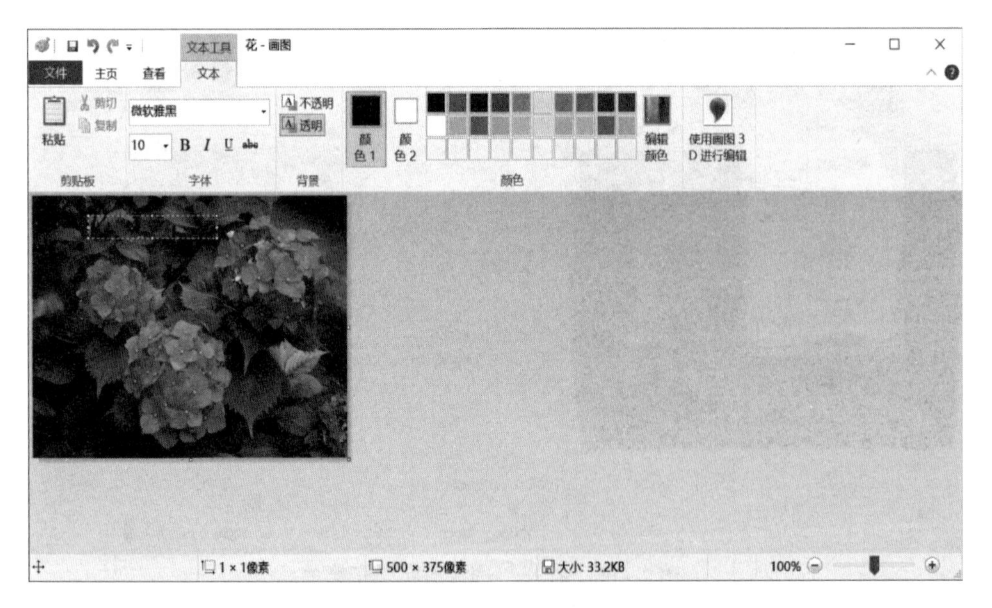

图 2 – 68 文字工具“A”界面

②添加了文字以后，用户可以在“文本”编辑栏对字体的大小及颜色等进行调整，如图 2 – 69 所示。

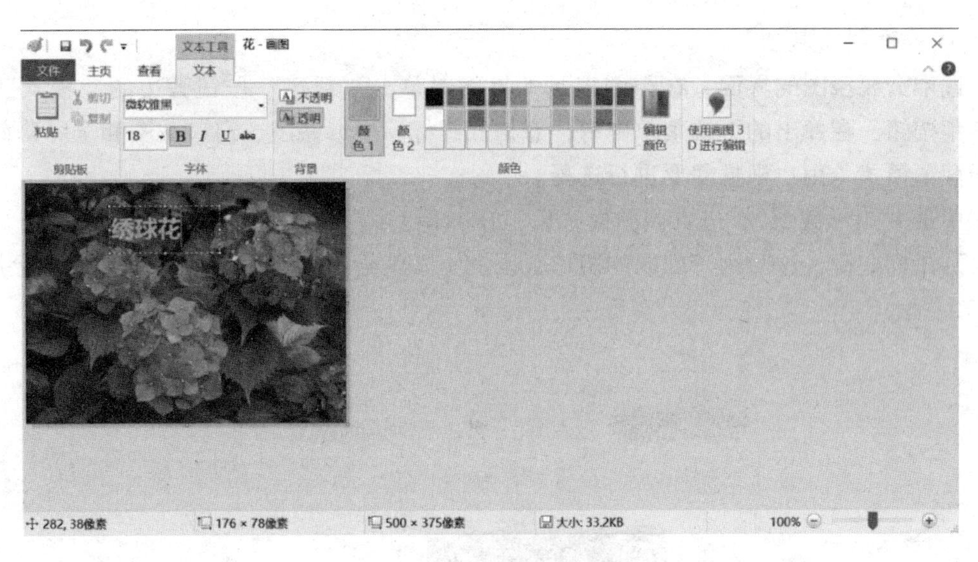

图 2－69　添加文字效果图

2.7.2　截图工具

截图工具是 Windows 10 内置的一个截图小工具，占用内存小，操作简单便捷。具体操作方法如下：

1. 启动截图工具

①方法一：单击“开始”菜单，在“所有程序”中找到“Windows 10 附件”中的“截图工具”命令，即可启动截图工具，如图 2－70 所示。

②方法二：在任务栏中单击“Cortana 搜索栏”，语音输入“打开截图工具”，搜索后，就能够打开截图工具了，如图 2－71 所示。

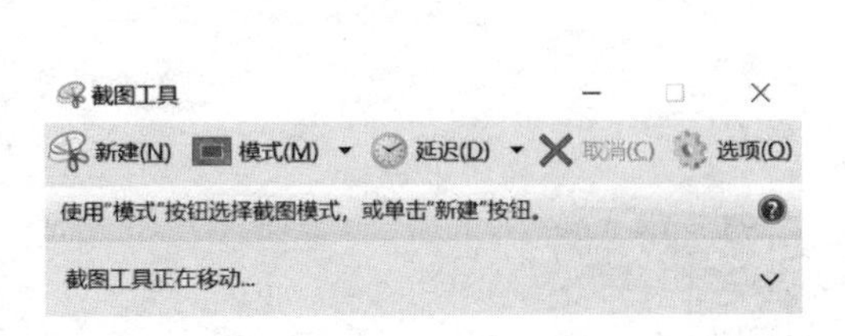

图 2－70　“截图工具”对话框

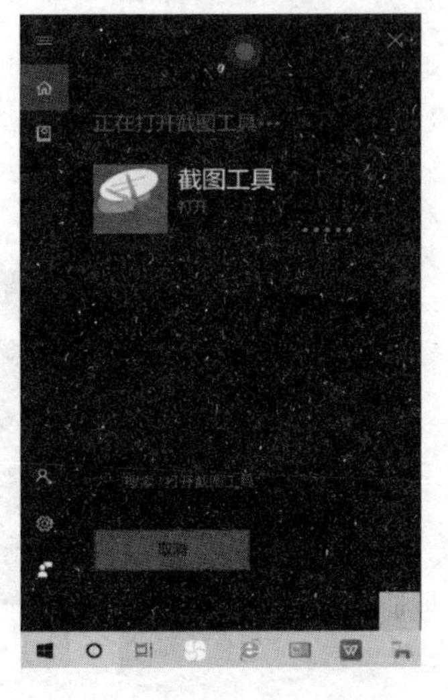

图 2－71　“Cortana”搜索对话框

2. 使用截图工具

①选中需要截图的界面，在截图工具的界面上单击“新建”按钮旁边的“模式”右边的小三角按钮，在弹出的下拉菜单中有任意格式图标、矩形截图、窗口截图和全屏幕截图四种选择截图模式，用户根据需要进行选择。

②单击“矩形截图”，进入截图模式后，在屏幕上用户想截取的位置描画出一个矩形之后，松开鼠标左键，这时用户截取的矩形范围的屏幕就会自动保存在截图工具的面板上，如图2－72所示。

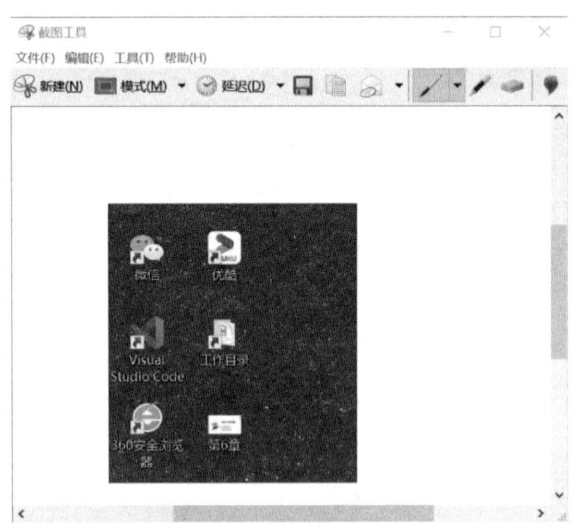

图2－72 “矩形截图”界面

③截图的同时，用户还可以即兴涂鸦，在菜单栏中，单击“工具”，在弹出的子菜单中选择不同颜色的画笔进行涂鸦；如果对某一部分的操作不满意，可以单击“橡皮擦”工具将不满意的部分擦去，如图2－73所示。

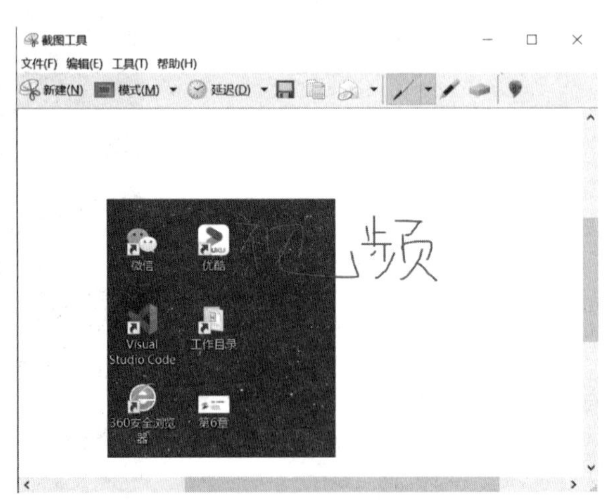

图2－73 “涂鸦”界面

④单击“文件”菜单中的“另存为”保存截图。

2.7.3 OneNote

OneNote 是 Windows 10 系统自带的一款功能非常强大的笔记软件，用户只需要使用一个账号就能将在不同设备上记录的笔记进行同步。

①在“开始”菜单中单击“OneNote”命令，打开“OneNote”对话框，如图 2－74 所示。

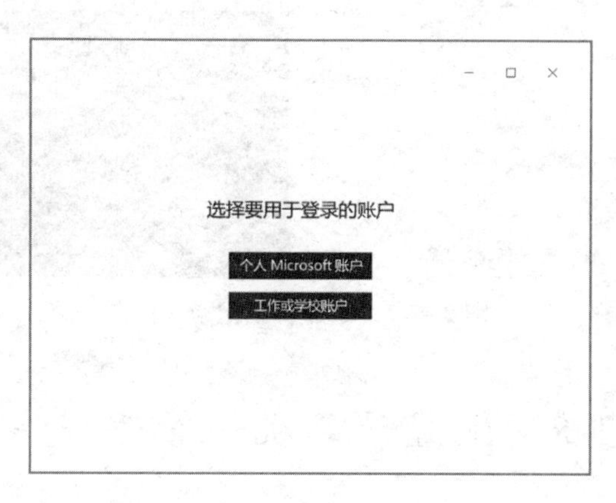

图 2－74 “OneNote”对话框

②要想使用 OneNote 功能，必须选择用于登录的账户，单击“个人 Microsoft 账户”，可以使用电子邮箱进行注册，如图 2－75 所示。

③单击“下一步”按钮，按照提示操作完成注册。

④使用注册的 Microsoft 账户，登录“OneNote”主界面，如图 2－76 所示。

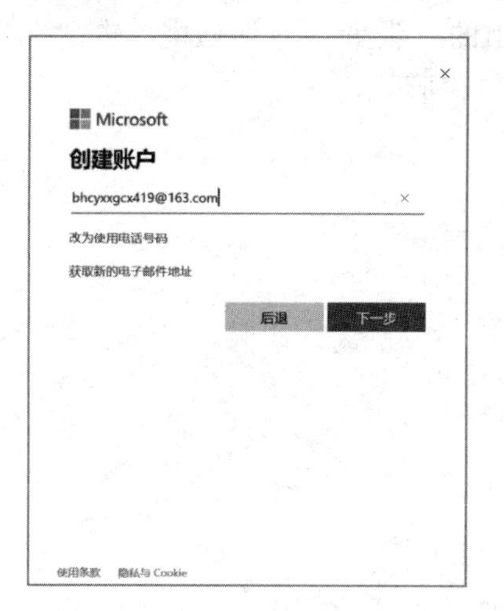

图 2－75 “OneNote”注册对话框

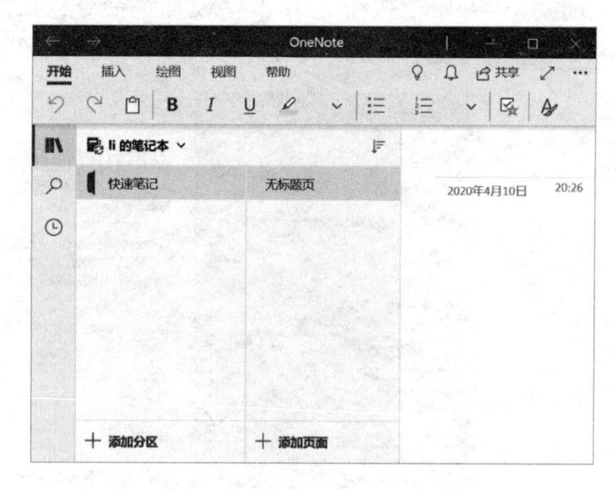

图 2－76、“OneNote”主界面

⑤任务窗格默认为“快速笔记”，在右边的编辑区添加日记记录，记录内容可以是文字、图片、表格、绘图、文件等，如图 2－77 所示。

图 2－77　添加日记记录界面

2.8　配置计算机和管理程序

2.8.1　Windows 10 用户管理

Windows 10 系统是多用户多任务操作系统，能让不同的用户在同一台计算机上使用不同的用户名登录到系统中进行操作。

1. 创建本地用户账户

①选择“开始”按钮，单击“设置”命令，在弹出的“设置”对话框中单击“账户”命令，在左侧列表中单击“家庭和其他用户”，如图 2－78 所示。

图 2－78　“家庭和其他用户”界面

②选择“将其他人添加到这台电脑”。

③选择“我没有此人的登录信息”，然后在下一页上选择“添加一个没有 Microsoft 账户的用户”。

④输入用户名、密码和密码提示，或选择安全问题，然后选择“下一步”按钮，完成操作，如图 2－79 所示。

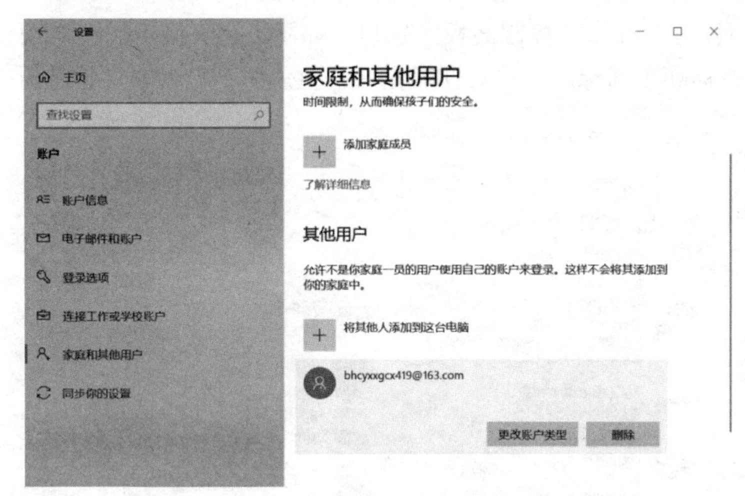

图 2－79　创建本地用户账户界面

2. 将本地用户账户更改为管理员账户

①在“家庭和其他用户”下面，选择账户所有者姓名“bhcyxxgcx419@ 163. com”，然后选择“更改账户类型”。

②在“账户类型”下，选择“管理员”，如图 2－80 所示。

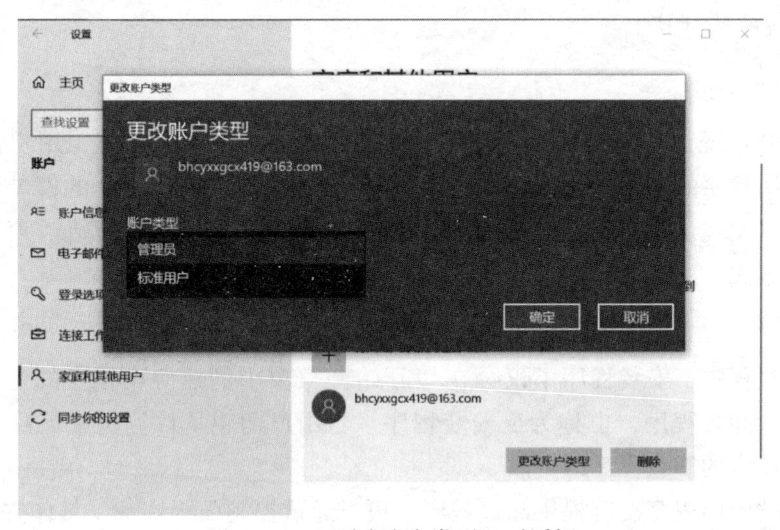

图 2－80　“更改账户类型”对话框

③单击“确定”按钮，使用新管理员账户登录。

2.8.2 使用控制面板

控制面板中几乎包含了所有关于 Windows 外观和工作方式的设置，使用户可以对 Windows 进行设置，使其适合用户自己的使用偏好。

访问控制面板的方法：在“开始”菜单的右侧列表中单击“Windows 系统”，在级联菜单中选择“控制面板”，打开“控制面板”窗口，如图 2－81 所示。控制面板的查看方式有多种：类别、大图标和小图标。用户可使用窗口右上角的下拉列表切换查看方式。

图 2－81 “控制面板”对话框

2.8.3 安装和卸载程序

1. 安装程序

Windows 10 系统自带的应用程序往往不能满足用户的需要，为此，用户需要另外安装应用程序。应用程序的安装包中通常包括名为 Setup. exe 或 Install. exe 的安装程序，运行其安装程序，即可安装该应用程序。在安装过程中，安装程序会在“开始”菜单中创建该应用程序的快捷方式，以便用户运行。

2. 卸载程序

程序安装过程中，安装程序不仅会在“开始”菜单中创建应用程序的快捷方式，还会安装应用程序的卸载程序，也称为反安装程序。当用户期望从计算机中删除某个应用程序时，只需运行相应的卸载程序即可。

如果安装的应用程序没有提供卸载程序，可以通过控制面板卸载。具体方法如下：打开控制面板中的“程序和功能”，选中需要卸载的程序，单击上面的“卸载”按钮即可，如图 2－82 所示。

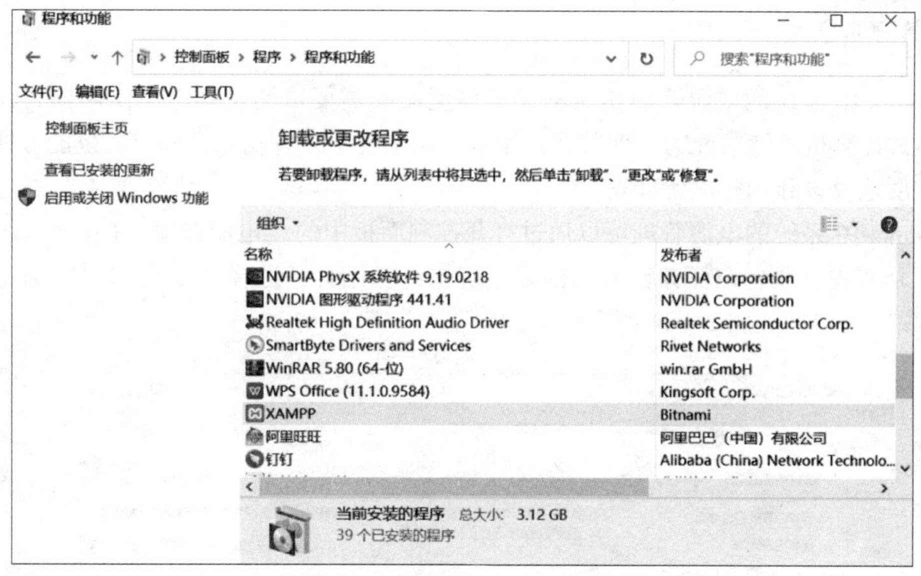

图2-82　通过控制面板卸载程序

2.8.4　设置系统显示语言

用户可以更改 Windows 10 用户界面中显示文本的语言。Windows 10 操作系统中有些显示语言是默认安装的，如果使用其他语言，则需先安装其他语言。

在安装其他语言后，更改显示语言时，可以右击"开始"按钮，单击"设置"，在弹出的设置对话框中选择"时间和日期"，如图2-83所示。在"日期和日期"界面左侧列表中，选择"区域"，从"国家或地区"选择某个国家；在左侧列表选择"语言"，从"Windows 显示语言"列表中选择某个国家语言，完成操作。

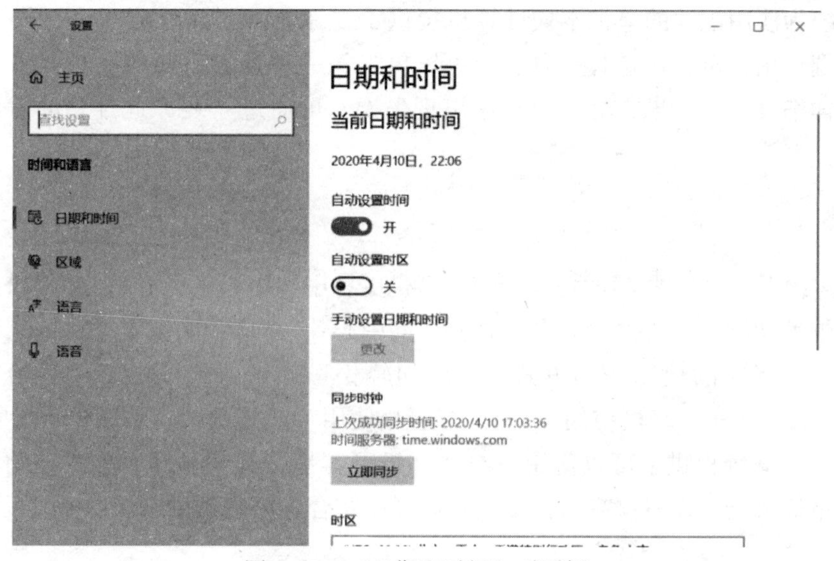

图2-83　"日期和时间"对话框

2.8.5 管理电源

Windows 10 系统的电源管理功能不仅可根据实际需要灵活设置电源使用模式，用于提升笔记本式计算机的续航能力，使其在使用电池的情况下发挥功效，同时，也能方便用户更快、更方便地设置和调整电源计划。

Windows 10 系统的电源管理可以通过打开控制面板中的“电源选项”（在“大图标”查看方式下）实现，或者在任务栏通知区域中右击电源图标，选择“电源选项”命令，打开“电源选项”窗口，如图 2－84 所示。

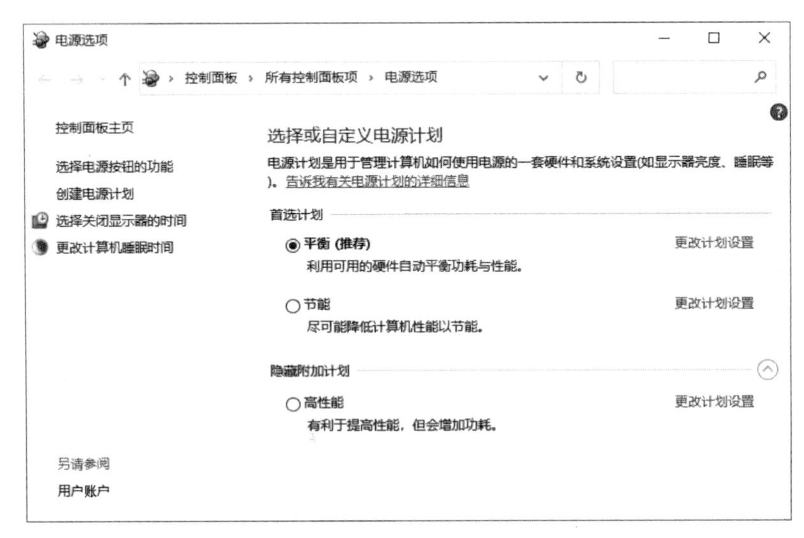

图 2－84 “电源选项”对话框

在图 2－84 所示的“电源选项”对话框中，可以看到 Windows 10 系统中自带的电源管理计划。系统为使用电池的笔记本式计算机提供了“平衡”“高性能”和“节能”等多个电源使用计划。用户可直接选择一种，也可以单击每一种计划后面的“更改计划设置”来查看和修改详细设置。如果在修改过程中出现失误，可通过“还原此计划的默认值”选项进行恢复。

2.8.6 辅助功能

Windows 10 提供了一些辅助功能，使计算机更易用和用起来更舒适。“轻松使用”用于设置可用的辅助功能的中心位置。在“轻松访问中心”，可以找到设置 Windows 10 中包含的辅助功能设置和程序的快速访问方式，要访问轻松访问中心，可右击“开始”按钮，在“设置”对话框中选择“轻松使用”，打开“轻松使用”设置面板，如图 2－85 所示。

Windows 10 系统提供了可以使用户与计算机更容易交互的程序，这些辅助功能与语音识别技术、鼠标大指针设置、高对比度主题设置相结合，可以帮助有特殊需要的用户方便使用计算机。

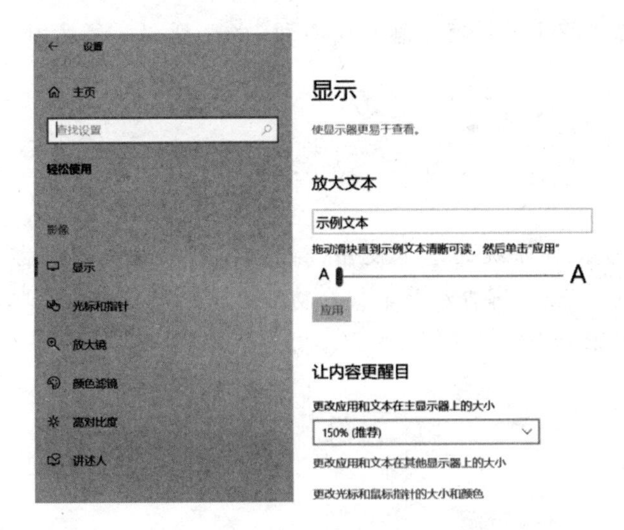

图 2－85　“轻松使用”设置面板

2.8.7　获取帮助

Windows 10 提供了一个详尽的联机帮助系统，用户在系统桌面、系统窗口及对话框中都可以方便、快捷地访问帮助系统，获取所需的帮助信息。

访问 Windows 10 帮助系统的一个主要途径，就是启动 Windows 10 的“Windows 帮助和支持”。“Windows 帮助和支持”是一个全面提供各种工具和信息的资源。

启动“Windows 帮助和支持”的方法是：

（1）F1 快捷键

F1 键一直是 Windows 内置的快捷帮助文件。Windows 10 只将这种传统继承了一半，如果在打开的应用程序中按下 F1 键，而该应用提供了自己的帮助功能的话，则会将其打开；反之，Windows 10 会调用用户当前的默认浏览器打开 Bing 搜索页面，以获取 Windows 10 中的帮助信息。

（2）“Cortana 小娜”搜索

Cortana 是 Windows 10 中自带的虚拟助理，它不仅可以帮助用户安排会议、搜索文件，回答用户问题也是其功能之一，因此，有问题找 Cortana 也是一个不错的选择。当需要获取一些帮助信息时，最快捷的办法就是去询问 Cortana，看它是否可以给出一些回答。

知识拓展：国产操作系统的现状怎么样？

国产操作系统多为以 Linux 为基础二次开发的操作系统。

2014 年 4 月 8 日起，美国微软公司停止了对 Windows XP SP3 操作系统提供服务支持，这引起了社会和广大用户的广泛关注和对信息安全的担忧。而 2020 年对 Windows 7 服务支持的终止再一次推动了国产系统的发展。工信部对此表示，将继续加大力度，支持 Linux 的国产操作系统的研发和应用，并希望用户可以使用国产操作系统。但谈到国产操作系统，人们最先想到就是中科红旗、银河麒麟、中标 Linux、同洲电子 960 手机、中国 COS 等操作系统，但这些国产操作系统在市场上的占有率总和还不到1%，所以，研发国产操作系统迫在眉睫。

小　结

本章介绍了 Windows 10 操作系统的基本使用，包括了解 Windows 10 操作系统、使用 Windows 10 桌面、熟悉 Windows 10 窗口和菜单、启动与退出应用程序、获取 Windows 10 帮助信息、Windows 10 系统的启动与退出。

习　题

一、选择题

1. Windows 10 操作系统可应用于（　　）。

A. 计算机　　B. 平板电脑　　C. 智能手机　　D. 以上皆可

2. Windows 10 操作系统是（　　）。

A. 实时操作系统　　B. 分时操作系统

C. 多任务单用户操作系统　　D. 多任务多用户操作系统

3. 在 Windows 中，连续两次快速按下鼠标左键的操作是（　　）。

A. 单击　　B. 双击　　C. 拖曳　　D. 启动

4. 可以切换窗口的方式有（　　）。

A. 单击任务栏中的按钮　　B. 按 Alt + Tab 组合键

C. 按 Win + Tab 组合键　　D. 以上均可

5. 在 Windows 10 中，下列说法错误的是（　　）。

A. 可支持鼠标操作　　B. 可同时运行多个程序

C. 不支持即插即用　　D. 桌面上可同时容纳多个窗口

6. 在 Windows 中，查看与当前窗口操作有关的联机帮助，应按热键（　　）。

A. F1　　B. F2　　C. F12　　D. Fn

7. 计算机键盘上的 Shift 键称为（　　）。

A. 控制键　　B. 上档键　　C. 退格键　　D. 换行键

8. 双击对话框的标题栏，可以（　　）。

A. 最大化该窗口　　B. 关闭该窗口

C. 最小化该窗口　　D. 以上都不对

9. 扩展名为. BMP 的文件，可以与（　　）应用程序关联。

A. 书写器　　B. 记事本　　C. 画图　　D. 剪贴板

10. 在重排窗口时，下列说法中，正确的是（　　）。

A. 有堆叠、并排和层叠三种排列方式　　B. 有水平和垂直两种重排方式

C. 有平铺、垂直和水平三种方式　　D. 有平铺、层叠、水平和垂直四种方式

11. Windows 的控制面板用来（　　）。

A. 改变文件属性　　B. 实现硬盘管理　　C. 进行系统配置　　D. 以上都不对

12. 通常情况下，单击鼠标的（　　），将会打开一个快捷菜单。

A. 左键　　B. 右键

C. 中键　　D. 左、右键同时按下

13. 用鼠标双击 Windows 窗口的标题栏，有可能（　　）。

A. 隐藏该窗口　　B. 关闭该窗口

C. 最大化该窗口　　D. 最小化该窗口

14. 计算机键盘上的 Esc 键的功能一般是（　　）。

A. 确认　　B. 取消　　C. 控制　　D. 删除

15. Windows 的窗口组件包括（　　）。(多选)

A. 导航窗格　　B. 菜单栏　　C. 标题栏

D. 任务栏　　E. 地址栏　　F. 搜索栏

16. 鼠标的基本操作方法包括（　　）。(多选)

A. 单击　　B. 双击　　C. 右击　　D. 拖动

17. 在 Windows 10 中，关闭窗口的方法有（　　）。(多选)

A. 单击窗口标题栏右上角的“关闭”按钮

B. 在窗口的标题栏上单击鼠标右键，在弹出的快捷菜单中选择“关闭”

C. 将鼠标指针移动到任务栏中某个任务缩略图上，单击其右上角的“关闭”按钮

D. 按 Alt + F4 组合键

18. 创建桌面快捷方式的方法有（　　）。(多选)

A. 使用快捷方式向导　　B. 直接拖放

C. 使用“发送到”命令　　D. 使用“复制”命令

19. 以下（　　）是 Windows 10 任务栏上的新增内容。(多选)

A. 运行中的应用程序窗口图标　　B. 任务视图

C. Cortana 搜索　　D. 所有已打开的窗口的图标

二、操作题

1. 用不同的方法在桌面上建立 C 盘的快捷方式，快捷方式名为“C 盘”。

2. 安装搜狗输入法，并将其作为默认输入法。

3. 添加一个新的管理员用户，用户名为“学习者”，登录密码为“HELLO”。

4. 设置当前的系统日期为 2008 年 8 月 8 日，时间为上午 12:00。

5. 设置当前声音为静音状态。

第3章

文件夹和文件的管理

情境引入

公司人力资源部的员工主要负责人员招聘活动及日常办公室管理。出于管理上的需要，该员工经常在计算机中存放一些工作中的日常文档，同时，为了方便使用，还需要对相关的文件进行新建、重命名、移动、复制、删除、搜索和设置文件属性等操作。本章将介绍Windows 10操作系统的文件管理，包括了解文件管理的基础知识、资源管理器的使用、文件与文件夹的基本操作、回收站的使用与设置、文件与文件夹的属性设置、文件夹选项的设置、查找文件与文件夹。

本章学习目标

能力目标：

√ 能自己独立完成新建、重命名、删除文件或文件夹；

√ 能进行文件和文件夹的复制、移动、搜索、保存等操作；

√ 能创建快捷方式，对文件夹选项进行相关设置。

知识目标：

√ 了解文件与文件夹的定义；

√ 掌握文件与文件夹的基本操作；

√ 掌握回收站的使用与设置；

√ 掌握文件与文件夹的属性设置；

√ 掌握文件夹选项的设置；

√ 掌握文件与文件夹的查找操作。

素质目标：

√ 培养学生自我管理能力；

√ 培养学生养成正确的文件命名操作；

√ 培养学生能熟练地对文件及文件夹进行设置操作。

3.1　文件管理基础知识

3.1.1　什么是文件

文件是指被赋予名字、存储在计算机外存储器的一组相关且按某种逻辑方式组织在一起的信息的集合，可以是程序、数据、文字、图形、图像、动画和声音等。也就是说，计算机中的所有的程序和数据（包括文档、各种多媒体信息）都是以文件的形式保存在存储介质上的。文件具有驻留性和长度可变性，是操作系统管理信息和能够独立存取的最小单位。

任何一个文件都必须具有文件名，文件名是存取文件的依据，即计算机中的文件是按名存取和进行管理的。文件名由文件主名和扩展名两部分组成，两者之间用“.”分隔。

在 Windows 10 中可以使用长达 255 个字符的文件名，可以使用汉字。扩展名由 ASCII 字符组成，一般多为 3 个字符，用于标识文件类型。

3.1.2　什么是文件夹

简单地讲，文件夹是用于存储其他文件夹和文件的容器。计算机系统中存放着数量庞大、类型众多且用途各异的文件。为了实现对文件的有效管理，Windows 10 系统采用文件夹的管理方式，将所有的文件分门别类地存放于对应的文件夹中。文件夹中可以存放文件，也可以存放其他的文件夹，即子文件夹，子文件夹里还可以再存放文件和文件夹。这样，计算机中的所有文件就构成了一个树状层次结构的文件系统，如图 3－1 所示。

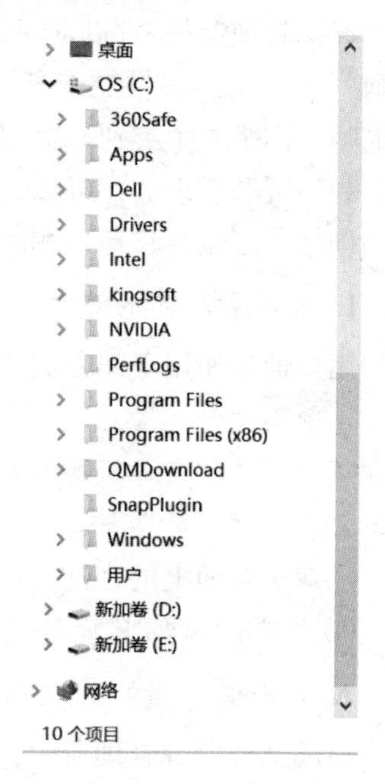

图 3－1　Windows 文件系统的树状层次结构

3.1.3　什么是磁盘

磁盘是计算机系统中的重要存储设备，也称作外部存储器，简称外存。磁盘主要包括硬盘和软盘两大类，目前由于软盘存在着存取速度慢、存储容量过小及可靠性不高而使数据易损等诸多缺点，基本被淘汰。现在广泛使用的磁盘设备主要是硬盘。

硬盘的作用是长期保存计算机中的所有数据和程序，包括计算机的操作系统文件、应用程序和用户文件等，被看作是计算机系统的数据仓库。硬盘还支持系统对大量数据的快速存取操作。

硬盘在使用之前，必须要进行相关的初始化操作，主要包括分区和格式化操作。其中，分区操作是指按照实际需要，将硬盘的存储空间从逻辑上划分为一个或多个独立的逻辑空间（在 Windows 被称为逻辑磁盘或逻辑驱动器）；格式化操作是指在划分好的逻辑磁盘上建立文件系统，并创建根目录，也就是在每个逻辑磁盘上建立实现文件管理的数据结构和最顶层的根文件夹，以便在该逻辑磁盘中进一步创建或存储其他文件夹、子文件和文件。

3.1.4 磁盘、文件夹与文件的关系

计算机系统中用于对存储在硬盘上的所有信息（包括程序和数据）进行有效组织和管理的文件系统，就是通过磁盘、文件夹与文件这样三级结构建立起来的。磁盘、文件夹与文件三者之间存在着层次关系：磁盘（这里指逻辑驱动器）是文件存储的最大容器，在每个磁盘下可创建多个文件夹；文件夹又作为文件和子文件夹的容器，用于存储各类文件和子文件夹；文件是存储计算机信息的能够独立存取的最小组织单位。

3.1.5 认识资源管理器

微课3－1
资源管理器

资源管理器是 Windows 10 系统中重要的文件系统管理工具，是指“此电脑”窗口左侧的导航窗格，它将计算机资源分为快速访问、OneDrive、此电脑、网络4个类别，可以方便用户更好、更快地组织、管理及应用资源。利用资源管理器，可以快速、便捷地浏览及搜索文件和文件夹，并能够实现文件与文件夹的创建、复制、移动、删除和重命名等管理操作。

1. 资源管理器的启动

用户通过使用下列方法之一，即可启动资源管理器。

①单击“开始”按钮，打开“开始”菜单，选择“所有程序”中的“Windows 系统”级联菜单下的“文件资源管理器”命令。

②右击“开始”按钮，在弹出的快捷菜单中选择“文件资源管理器”命令。

③双击桌面上的“此电脑”图标或单击任务栏上的“文件资源管理器”按钮。

④按 Windows + E 组合键。

2. 资源管理器的窗口组成主窗格

启动文件资源管理器后，将出现如图3－2所示的窗口。资源管理器窗口的上部是标题栏、菜单栏、地址栏和功能区；窗口中部分左侧为导航窗口，右侧为窗口工作区；整个窗口底部为状态栏。

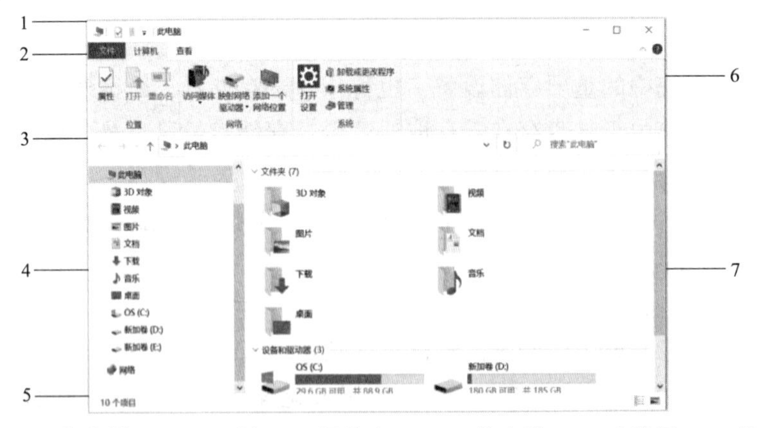

1—标题栏；2—菜单栏；3—地址栏；4—导航窗口；5—状态栏；6—功能区；7—窗口工作区。

图3－2　资源管理器窗口

①功能区：功能区是以选项卡的方式显示的，其中存放了各种操作命令，要执行功能区中的操作命令，只需单击对应的操作名称即可。

②地址栏：显示当前窗口文件在系统中的位置。

③导航窗格：单击可快速切换或打开其他窗口。

④窗口工作区：用于显示当前窗口中存放的文件和文件夹内容。

3. 资源管理器中文件与文件夹的浏览

（1）浏览文件夹中的内容

当在“文件资源管理器”左侧导航窗格中选定一个文件夹时，右侧窗口工作区中就将显示该文件夹中所包含的文件和子文件夹。如果文件夹含有下一层子文件夹，则在导航窗格中，该文件夹的前面有一个›，单击›时，就会展开该文件夹，并且›变成⌄。展开后再次单击该文件夹，可将文件夹折叠，并且⌄变成›。也可以通过双击文件夹图标或文件夹名，来展开或折叠文件夹。

（2）设置文件和文件夹的显示方式

在“文件资源管理器”右侧的窗口工作区中，显示的是当前文件夹下所有的文件和子文件夹，用户可以根据需要改变窗口工作区中文件和文件夹的显示方式。

更改文件和文件夹显示方式的方法是：选择“查看”菜单中相应的显示方式选项，也可以在右侧窗口工作区的空白位置右击，弹出如图 3 – 3 所示的快捷菜单，然后选择快捷菜单中“查看”子菜单下的相应显示方式命令。

显示方式分为“超大图标”“大图标”“中等图标”“小图标”“列表”“详细信息”等。其中以“详细资料”方式显示文件和文件夹时，不仅可以显示文件和文件夹的名称，还显示文件的大小、类型、最后修改日期与时间等信息。

（3）设置文件与文件夹的排列方式

用户还可以对在“文件资源管理器”窗口工作区中显示的文件和文件夹进行排列，排列的目的是便于浏览和查找。排列文件和文件夹的操作方法是：选择“查看”菜单中的“排列方式”菜单命令，然后在弹出的子菜单中根据需要选择相应的排列方式，如图 3 – 4 所示。

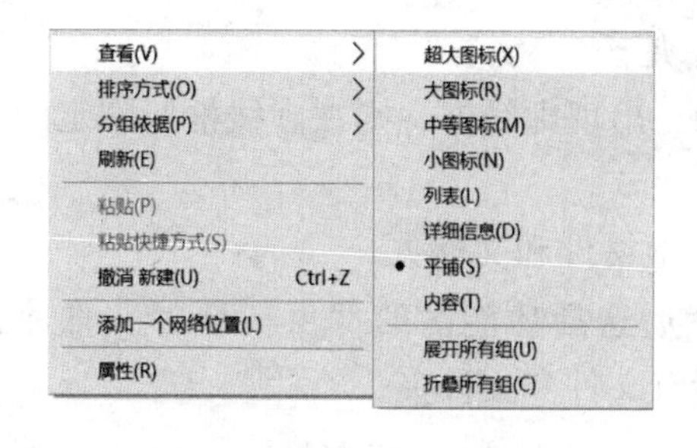

图 3 – 3 “查看”子菜单

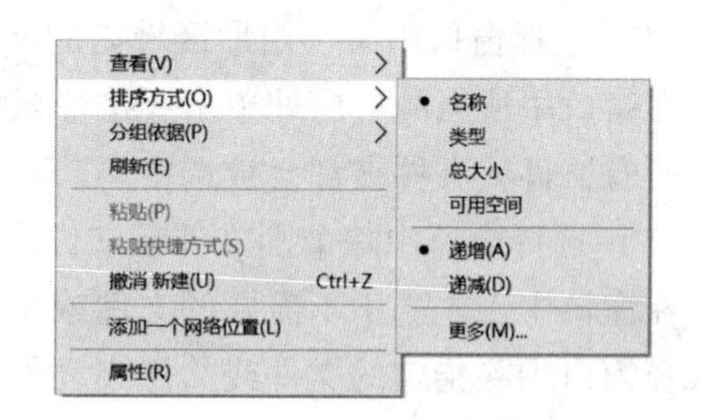

图 3 – 4 “排列方式”子菜单

排列方式一般有“名称”“类型”“总大小”“可用空间”“递增”“递减”等。

微课 3－2
文件夹和文件的
基本操作

3.2 文件夹和文件的基本操作

管理文件和文件夹是“文件资源管理器”的主要功能，由于“文件资源管理器”采用树状层次结构来组织计算机中的本地资源和网络资源，因此操作起来非常便捷。同样，利用“此电脑”也可以很方便地实现文件和文件夹的管理。

在“文件资源管理器”或“此电脑”窗口中，用户可以选择功能区中的命令按钮或者通过菜单中的命令来实现相应的管理操作，也可以右击选定的文件和文件夹，在弹出的快捷菜单中选择所需的命令。此外，还可以使用鼠标拖曳的方式，实现文件和文件夹的复制、移动、删除等操作。

3.2.1 选择文件夹和文件

在 Windows 10 系统中，对文件或文件夹进行操作之前，首先选中所要操作的文件或文件夹。常见的文件或文件夹选择操作如下：

1. 选择单个文件夹或文件

使用鼠标直接单击文件或文件夹图标即可将其选中，被选中的文件或文件夹的周围将呈蓝色透明状显示。

2. 选择多个文件夹或文件

（1）选择一组连续排列的文件或文件夹

用鼠标选择第一个选择对象，按住 Shift 键不放，再单击最后一个选择对象，可选择两个对象中间的所有对象。

（2）选择一组不连续排列的文件或文件夹

按住 Ctrl 键，然后依次单击要选定的各个文件或文件夹。

（3）选择窗口中的全部文件

单击功能区的“全部选定”命令，或使用快捷键 Ctrl + A。

（4）选择窗口中某一矩形区域内的文件或文件夹

在窗口中适当的空白处单击，按住鼠标并拖动，出现虚线框，则在虚线框所圈定的区域内，所有文件或文件夹都会被选中。

（5）选择窗口中除个别文件或文件夹之外的其他文件和文件夹

在窗口中，先选中不需要的文件或文件夹，然后选择功能区的“反向选择”命令，即可选择窗口中除指定的文件或文件夹之外的其他所有文件和文件夹。

3. 取消选定的文件夹或文件

如果已经选定了一组文件和文件夹，要从中取消某些文件或文件夹的选定，可按住 Ctrl 键，在要取消的文件或文件夹上单击即可。如果要取消全部选定的文件或文件夹，则在窗口的空白处单击即可。

3.2.2　新建文件夹和文件

1. 新建文件夹

新建文件夹的操作方法如下：

①在“文件资源管理器”左侧导航窗格中，选定要新建文件夹的位置（文件夹或驱动器）。

②在右侧窗口工作区的文件夹内容窗格中，在空白处单击右键，弹出快捷菜单，选择“新建”命令下的“文件夹”子命令，如图3-5所示；也可以选择窗口“文件”菜单中的“新建”命令，在弹出的级联菜单中选择“文件夹”命令。

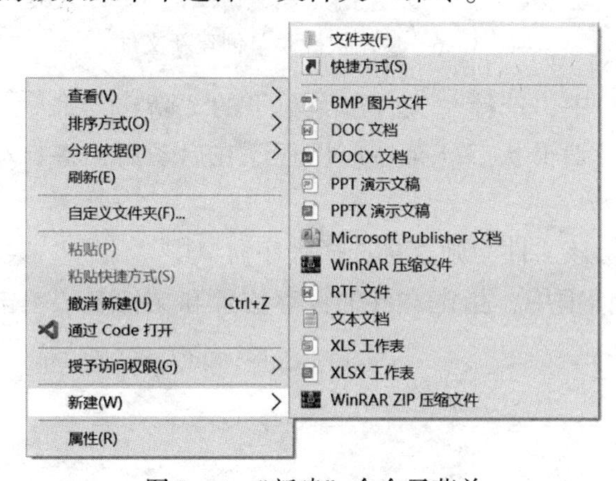

图3-5　“新建”命令子菜单

此时，文件夹内容窗格中会出现一个默认名为“新建文件夹”的文件夹图标，并且该文件夹的名称框处于可编辑状态，输入新文件夹的名称，按Enter键即完成新文件夹的创建。

此外，在“此电脑”窗口中，也可以通过快捷菜单或窗口菜单中的“新建”命令来创建文件夹。

2. 新建文件

新建文件的常用操作方法有以下几种：

（1）使用“此电脑”或“文件资源管理器”的快捷菜单创建文件

打开“此电脑”或“文件资源管理器”窗口，在窗口中选择并打开目标驱动器或文件夹，在当前窗口的空白处右击，在弹出的快捷菜单中选择“新建”命令，在弹出的二级菜单中，选中所要创建的文件类型，即在目标驱动器或文件夹中创建一个未命名的新文件，如图3-6所示。

（2）使用应用程序创建文件

这是新建文件的最普遍的方法，基本操作方法如下：

首先启动与所要创建文件相关联的特定应用程序（例如，要创建文本文件，可启动“写字板”程序来创建）。

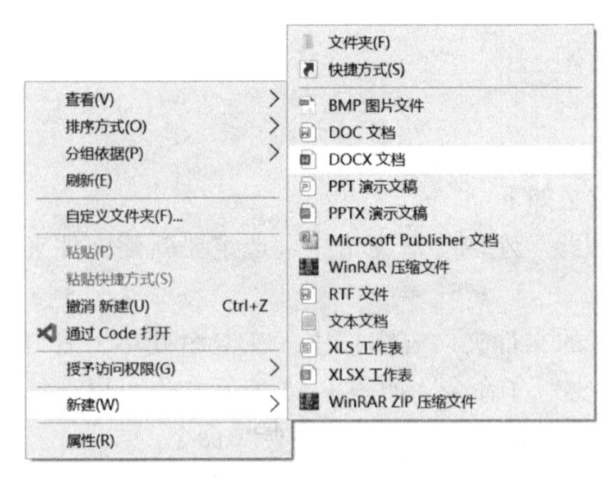

图 3－6　使用快捷菜单创建新文件

然后在应用程序窗口中，选择“文件”菜单下的“新建”命令，即可创建一个未命名的新文件，并使之处于可编辑状态（某些应用程序在启动后，将自动创建一个未命名的新文件）。

如果不需要立即编辑该文件，则直接选择程序窗口中“文件”菜单下的“保存”命令，在弹出的“保存为”对话框中，指定文件的保存位置和文件名，单击“保存”按钮。如图 3－7 所示。

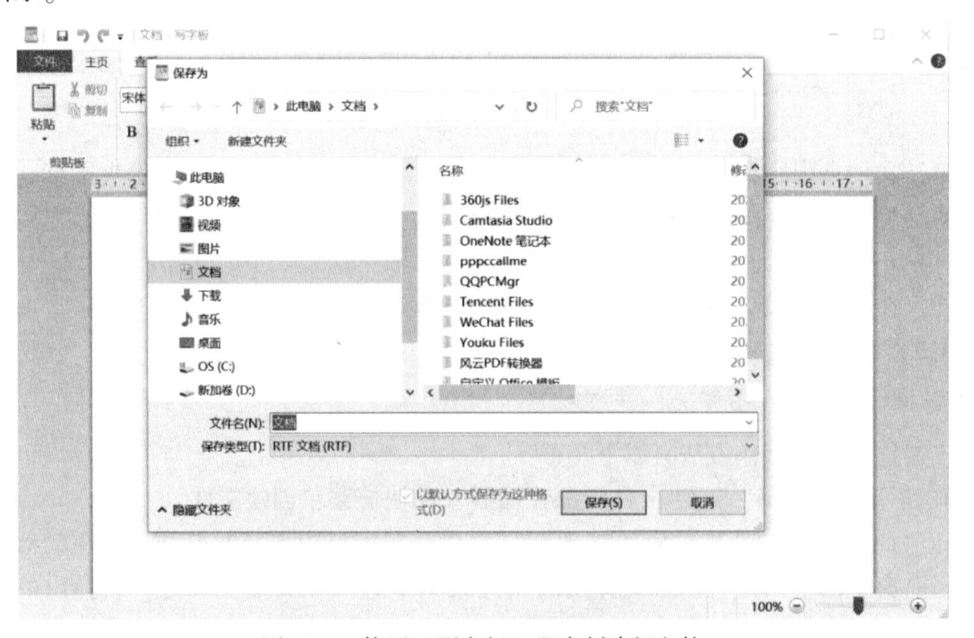

图 3－7　使用“写字板”程序创建新文件

完成上述操作，即可在指定位置创建一个指定文件名的新文件。

3.2.3　重命名文件夹和文件

用户可以根据需要更改文件或文件夹的名称，具体的操作步骤如下：

①在驱动器或文件夹窗口中，选定要重命名的文件或文件夹。

②选择窗口“文件”菜单下的“重命名”命令，或者右击选定的文件或文件夹，在弹出的快捷菜单中选择“重命名”命令，也可以直接按下 F2 键。

③此时该文件或文件夹图标高亮显示，并且其名称区域处于可编辑状态，如图 3 –8 所示，在其名称区域输入新的名称，按 Enter 键即可。

图 3 –8　更改文件或文件夹的名称

3.2.4　复制文件夹和文件

复制文件或文件夹，是指将选定的文件或文件夹复制一份存放到其他位置（不同的文件夹或不同的磁盘驱动器）。复制操作包含“复制”和“粘贴”两个操作。复制操作后，原文件或文件夹仍保留在原位置。

复制文件或文件夹的常用方法有以下几种：

1. 鼠标拖动方式

（1）左键拖动方式

根据复制操作的目标位置的不同，有以下两种操作方式：

当在不同驱动器之间复制文件或文件夹时，在“文件资源管理器”右侧窗口工作区中选定要复制的文件或文件夹，直接按住鼠标左键，将其拖动到“文件资源管理器”左侧导航窗格中的目标驱动器或文件夹上，释放左键即可。

当在同一驱动器的不同文件夹之间复制文件或文件夹时，在“文件资源管理器”右侧窗口工作区中选定要复制的文件或文件夹，在按住 Ctrl 键的同时按住鼠标左键，将其拖动到“文件资源管理器”左侧导航窗格中的目标文件夹上，释放左键即可，如图 3 –9 所示。

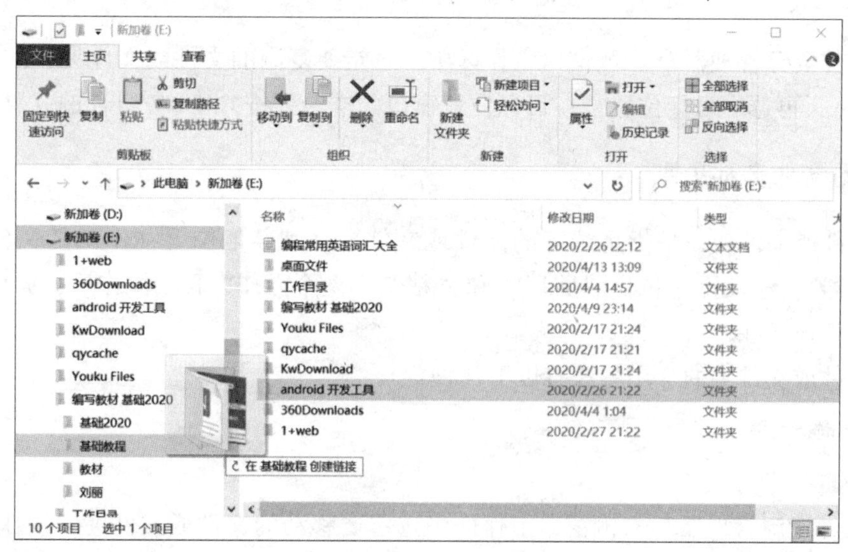

图 3 –9　左键拖动方式复制文件夹

（2）右键拖动方式

在“文件资源管理器”右侧窗口工作区中，选定要复制的文件或文件夹，按住鼠标右键，将其拖动到“文件资源管理器”左侧导航窗格中的目标位置上，释放右键，在弹出的快捷菜单中选择“复制到当前位置”命令，如图 3－10 所示。

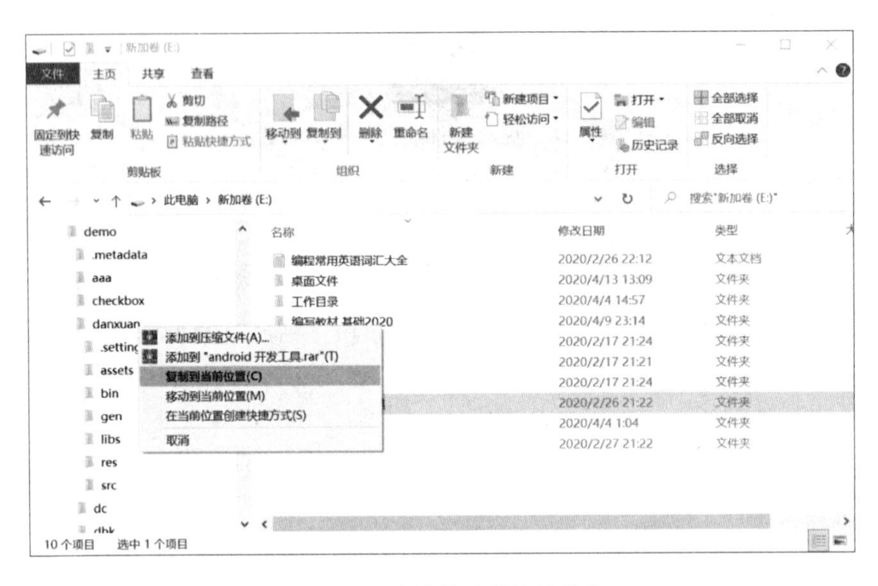

图 3－10　右键拖动的快捷菜单

2. 快捷菜单方式

在“文件资源管理器”右侧窗口工作区中，选定要复制的文件或文件夹，右击，在弹出的快捷菜单中选择“复制”命令，再选中目标位置，在目标位置窗口的空白处右击，在弹出的快捷菜单中选择“粘贴”命令。

3. 组合键方式

在“文件资源管理器”右侧窗口工作区中，选定要复制的文件或文件夹，按 Ctrl + C 组合键（复制），再选中目标位置，在目标位置窗口的空白处按 Ctrl + V 组合键（粘贴）。

3.2.5　移动文件夹和文件

移动文件或文件夹，是指将选定的文件或文件夹移到其他位置（不同的文件夹或不同的磁盘驱动器）。移动操作包含“剪切”和“粘贴”两个操作。移动操作后，原位置上的文件或文件夹将被删除。

移动文件或文件夹的常用方法有以下几种：

1. 鼠标拖动方式

（1）左键拖动方式

在“文件资源管理器”右侧窗口工作区中选定要移动的文件或文件夹，按住鼠标左键，直接将其拖动到“资源管理器”窗口左侧窗格中的目标位置上，释放左键即可。

注意：在上述移动操作过程中，如果移动的目标位置与原位置不在同一磁盘驱动器上，则在用鼠标左键拖动对象的同时，必须按下 Shift 键，否则，将实现复制操作。

（2）右键拖动方式

在“文件资源管理器”右侧窗口工作区中，选定要移动的文件或文件夹，按住鼠标右键，将其拖动到“文件资源管理器”左侧导航窗格中的目标位置上，释放右键，在弹出的如图 3－10 所示的快捷菜单中选择“移动到当前位置”命令。

2. 快捷菜单方式

在“文件资源管理器”右侧窗口工作区中，选定要移动的文件或文件夹，右击，在弹出的快捷菜单中选择“剪切”命令，再选中目标位置，在目标位置窗口的空白处右击，在弹出的快捷菜单中选择“粘贴”命令。

3. 组合键方式

在“文件资源管理器”右侧窗口工作区中，选定要移动的文件或文件夹，按 Ctrl + X 组合键（剪切），再选中目标位置，在目标位置的窗口的空白处按 Ctrl + V 组合键（粘贴）。

4. 菜单命令方式

在“资源管理器”窗口右侧窗格中，选定要移动的文件或文件夹，选择功能区的“剪切”命令，再切换到目标位置的窗口中，选择窗口功能区中的“粘贴”命令。

3.2.6　删除文件夹和文件

删除文件或文件夹，可采取多种操作方式来实现：

①在驱动器或文件夹窗口中，选中要删除的文件或文件夹，直接按下 Delete 键。

②在驱动器或文件夹窗口中，选中要删除的文件或文件夹，再选择功能区的“删除”命令。

③在驱动器或文件夹窗口中，右击要删除的文件或文件夹，在弹出的快捷菜单中选择“删除”命令。

④用鼠标直接将要删除的文件或文件夹拖放到桌面上的“回收站”图标上。

执行上述操作后，删除的文件或文件夹实际上是移动到“回收站”中，若误删除文件，还可以通过还原操作将其还原。

此外，如果要对“回收站”的文件或文件夹执行删除操作，可以右击，选择“删除”命令，或者按 Shift + Delete 组合键，则所选定的文件或文件夹将被彻底删除，如图 3－11 所示。

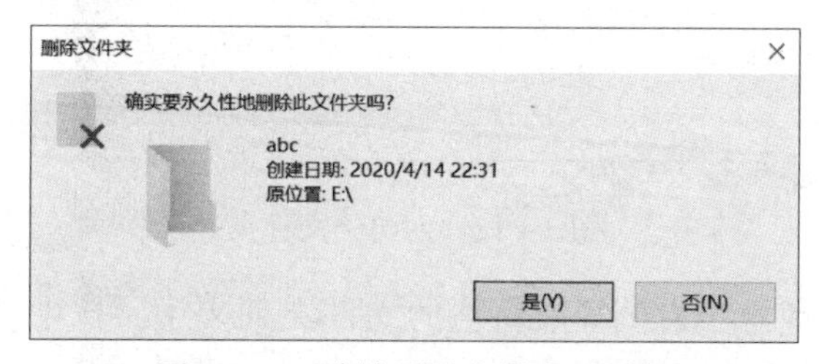

图 3－11　确认删除文件夹对话框

练习1　文件和文件夹的基本操作

按下面的操作要求，执行正确的操作步骤，练习文件和文件夹的基本操作：

操作要求1：在“E:\工作目录\教学文件”文件夹下创建“专业课 实践教学”文件夹，并在该文件夹下创建“课程实验”“课程设计”“毕业设计”三个子文件夹。

操作要求2：将“E:\工作目录\教学文件\实验 设计”文件夹中的文档，根据文档的名称分别移动到“专业课 实践教学”文件夹下相对应的各子文件中，同时删除“实验 设计”文件夹中所有文档的复件。

操作步骤：

①右击“开始”图标，在弹出的快捷菜单中单击“文件 Windows 资源管理器”命令，打开“文件资源管理器”窗口。

②在窗口左侧导航窗格的文件夹列表中，单击“本地磁盘(E:)”前面的“ ▷”标记，展开该文件夹，进一步展开该文件夹下的“工作目录”子文件夹，选中该文件夹下的“教学文件”子文件夹。此时，在右侧窗口工作区中，将显示“教学文件”子文件夹中的所有文件和文件夹。

③在右侧窗口工作区空白处中右击，在弹出的快捷菜单中选择“新建”→“文件夹”命令，在新创建的文件夹图标的名称框内输入“专业课 实践教学”并按 Enter 键，即可完成该文件夹的创建。

④双击“专业课 实践教学”文件夹图标，在右侧窗口工作区中打开该文件夹。用上述相同的操作方法，在右侧窗口工作区中依次创建“课程实验”“课程设计”和“毕业设计”3 个子文件夹。操作结果如图 3－12 所示。

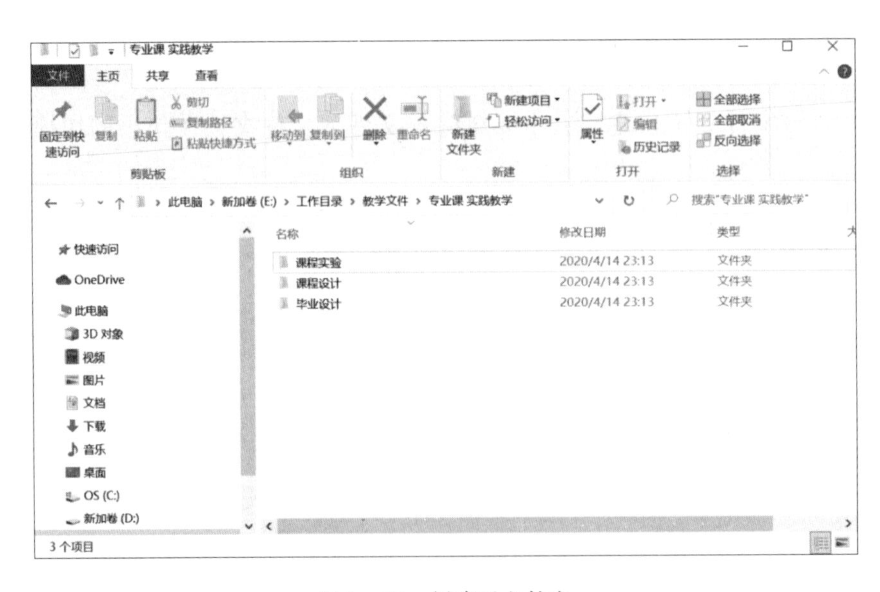

图 3－12　创建子文件夹

⑤在“文件资源管理器”左侧导航窗格的文件夹列表中，选中“E:\工作目录\教学文件\实验 设计”文件夹，窗口右侧窗格中将显示该文件夹中的所有文件，如图 3－13 所示。

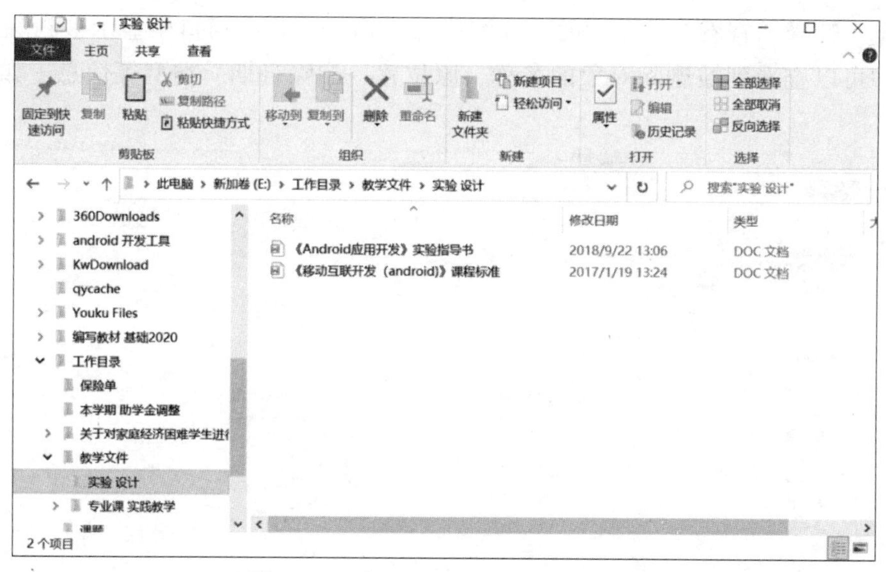

图 3－13　打开“实验 设计”文件夹

⑥将右侧窗口工作区中与课程设计、课程实验有关的文档，分别用鼠标拖到左侧窗格“专业课 实践教学”文件夹下的相对应的各个子文件中。

⑦在右侧窗口工作区中按下 Ctrl + A 组合键，将当前“实验 设计”文件夹中剩余的所有文档复制件全部选中，直接按下 Delete 键，即可将上述文档复制件全部删除。

3.3　文件夹和文件的高级操作

在计算机的使用过程中，用户除了经常要对文件和文件夹进行创建、复制、移动、删除、重命名等基本操作外，有时还需要对文件和文件夹进行一些相对复杂的操作，比如恢复误删除的文件或文件夹、查找文件和文件夹、设置文件和文件夹的属性和更改文件打开方式等，Windows 7 对上述复杂操作都提供了很好的支持，为用户提供十分便捷、高效的实现途径。

3.3.1　管理回收站中的文件

微课 3－3
回收站

在 Windows 系统中，回收站是系统在计算机硬盘上设置的一个特定区域，当用户从硬盘中删除任何项目（文件、文件夹或快捷方式）时，系统将该项目回收到“回收站”中，并且使“回收站”的图标从空状态更改为满状态。但是从软盘或网络驱动器中删除的项目，将被永久删除，不能发送到回收站。

回收站中的项目将被一直保留，直到用户决定从计算机中将它们永久删除。回收站中的项目仍然占用硬盘空间并可以被还原到原位置。当“回收站”充满后，Windows 自动清除“回收站”中的空间，以存放最近删除的文件和文件夹。

1. 浏览“回收站”中的对象

在桌面上，双击“回收站”图标，打开“回收站”对话框，可以对“回收站”中的对象进行浏览。选择“查看”菜单中的“详细信息”命令，将在窗口中显示被删除的对象的细节，用户可以查看到被删除对象的名称、原位置、删除日期、类型等信息，如图 3－14 所示。

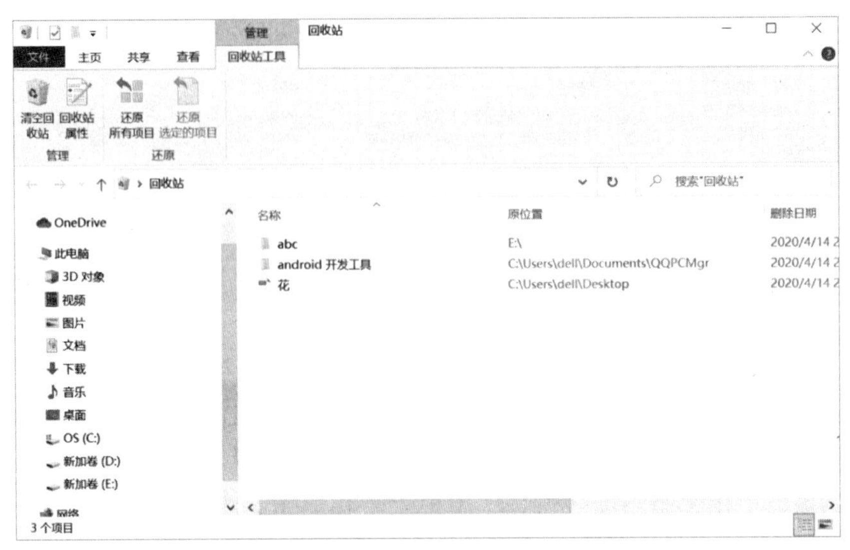

图 3－14　浏览“回收站”中对象的详细信息

2. 还原“回收站”中的对象

用户可以通过“回收站”将误删除的对象还原到原来的位置，以避免因误操作而带来的损失。

（1）部分对象的还原

在“回收站”窗口执行以下操作之一，可将选定的一个或多个对象恢复到其原位置。

在窗口中选定要恢复的一个或多个对象，单击功能区中的“还原选定的项目”命令，或在窗口中直接右击要恢复的对象，弹出快捷菜单，选择“还原”命令，如图 3－15 所示。

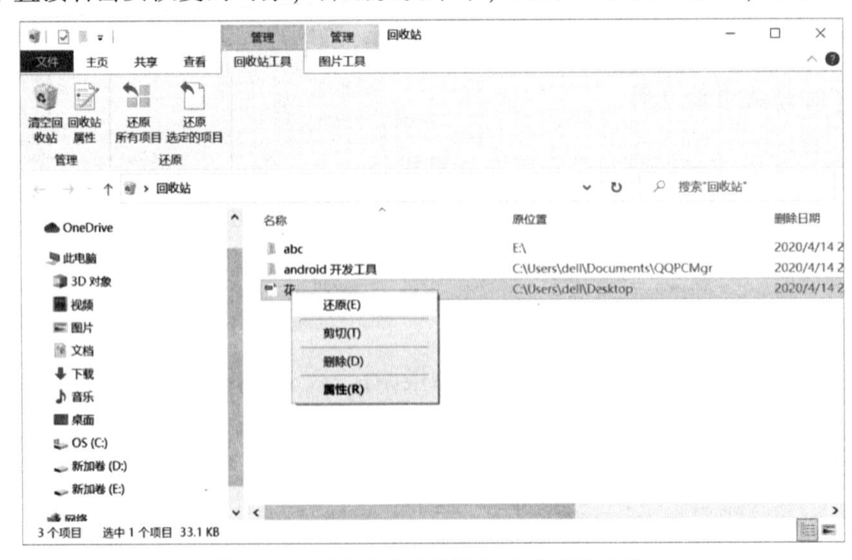

图 3－15　还原“回收站”中选定的对象

(2) 全部对象的还原

如果要将“回收站”中全部对象还原，则不必进行选择，直接单击功能区中的“还原所有项目”命令即可，如图 3-16 所示。

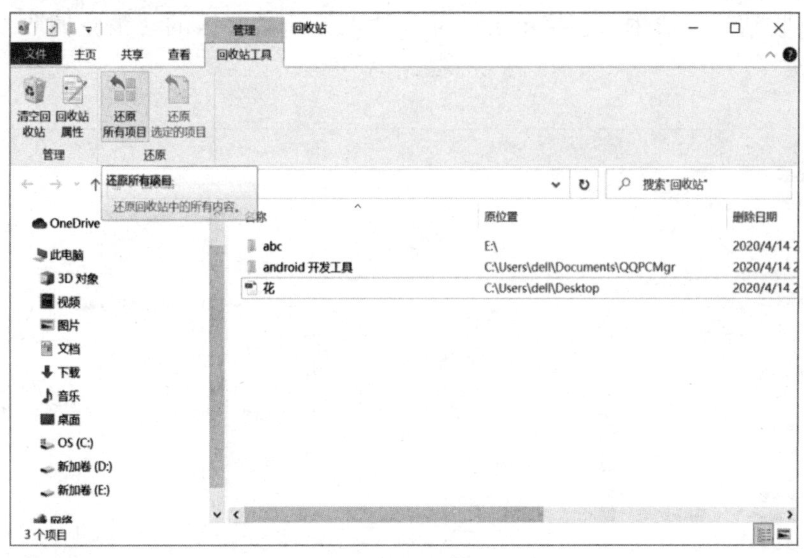

图 3-16 还原“回收站”中所有项目

3. 删除“回收站”中的对象

用户可以将“回收站”中已确认不再需要的对象永久删除，也可以将整个“回收站”清空，以节省硬盘空间。

(1) 删除选定的对象

在“回收站”对话框中，选定要删除的对象，选择“主页”菜单功能区中的“删除”命令，或者直接按 Delete 键，如图 3-17 所示；也可以直接右击要删除的对象，在弹出的快捷菜单中选择“删除”命令。以上操作都将弹出“确认删除文件”对话框，单击“是”按钮，即可删除选定的对象。

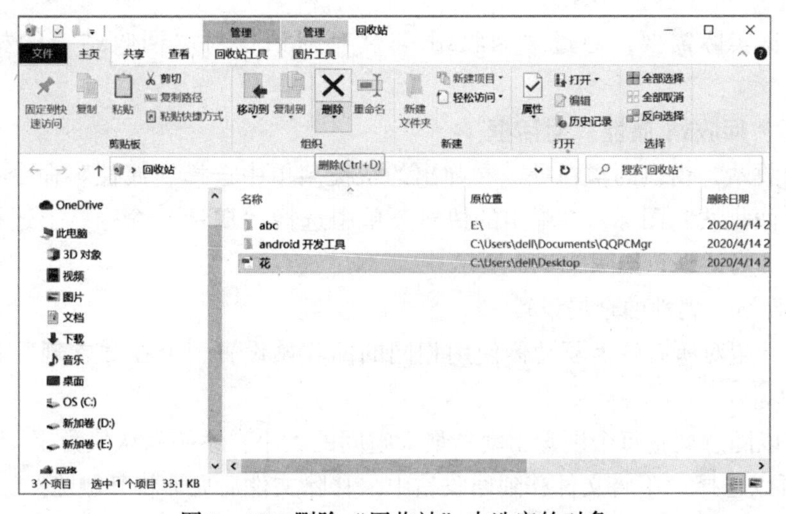

图 3-17 删除“回收站”中选定的对象

（2）清空“回收站”

如果“回收站”中的全部内容都不再需要，可以清空整个“回收站”，通过执行以下方法之一，即可完成“回收站”的清空。

• 在“回收站”窗口中，直接单击“回收站工具”功能区的“清空回收站”命令，如图 3－18 所示。

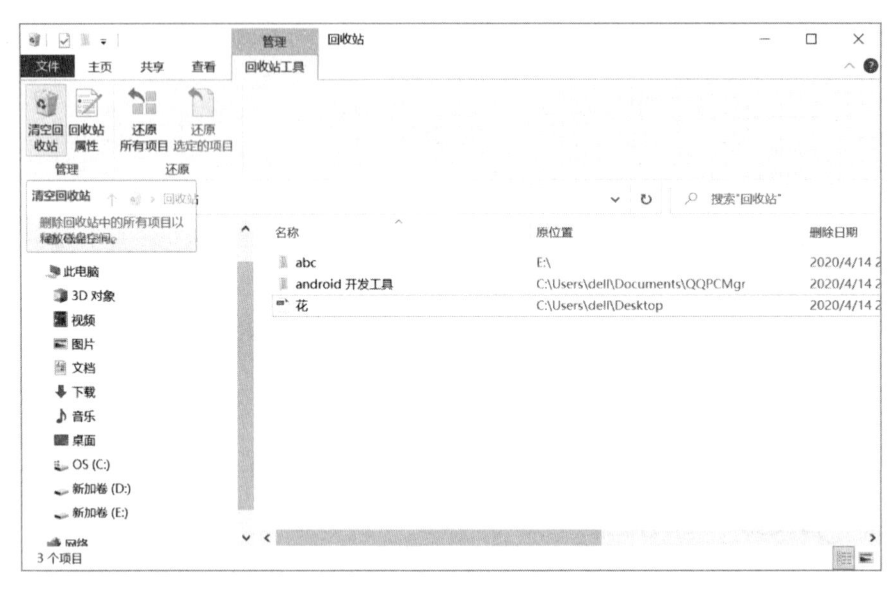

图 3－18　清空“回收站”

• 右击“回收站”窗口的空白处，在弹出的快捷菜单中选择“清空回收站”命令。

• 在系统桌面上右击“回收站”图标，在弹出的快捷菜单中选择“清空回收站”命令。

执行以上操作，都会弹出“确认删除文件”对话框，单击“是”按钮，即可清空回收站。

4. “回收站”属性的设置

用户可根据实际需要，通过“回收站 属性”对话框对“回收站”的相关属性进行设置。

（1）打开“回收站 属性”对话框

右击“回收站”窗口的空白处，在弹出的快捷菜单中选择“属性”命令；或者在系统桌面上右击“回收站”图标，在弹出的快捷菜单中选择“属性”命令。上述操作都将打开“回收站 属性”对话框，如图 3－19 所示。

（2）“回收站”属性的全局设置

用户如果希望对所有硬盘驱动器使用相同的回收站设置，可在“常规”选项卡中进行以下设置：

①用户可以随意调整每个硬盘驱动器最大空间的大小，系统默认值为驱动器总空间大小的 10%，还可以选择“不将文件移到回收站中。移除文件后立即将其删除”。

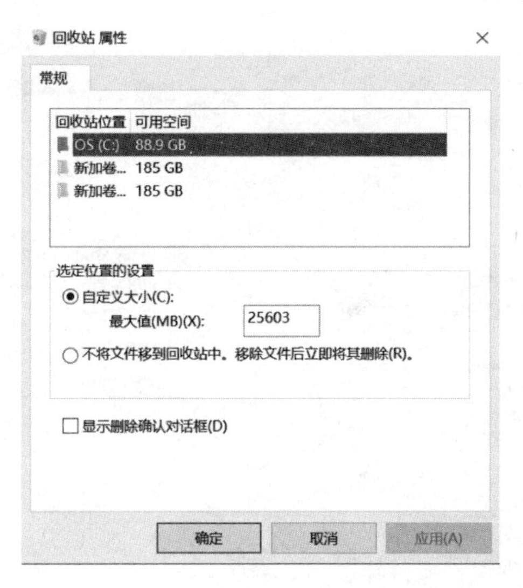

图3－19　“回收站 属性”对话框

②如果清除“显示删除确认对话框”复选框的选中状态，则在删除对象时，将不会显示“确认删除文件”对话框，而是直接执行删除操作。

全部设置完成后，单击“确定”按钮，上述设置立即生效。

3.3.2　更改文件的打开方式

在 Windows 系统中，打开各类文档文件时，必须先启动与之关联的应用程序，在对应的应用程序窗口中才可打开该文档文件。例如，扩展名为“.txt”的文本文件默认情况下与“记事本”应用程序关联，扩展名为“.bmp”的图形文件默认情况下与“画图”应用程序关联。

设置文档文件的打开方式就是使某类文档文件与某类应用程序产生关联，建立关联后，再打开该类文档文件时，系统将自动启动与之关联的应用程序。

用户可根据需要，通过“打开方式”对话框来更改文档文件的打开方式，操作方法是：

①在文件夹窗口中，右击要更改打开方式的文档文件，弹出快捷菜单。

②在快捷菜单中选择“打开方式”命令，弹出“打开方式”级联菜单，如图3－20所示。

③用户可在推荐的应用列表或“其他选项”列表中选择所需的应用程序，从而建立与当前文档文件的关联，如图3－21所示。

④如果在上述程序列表中没有用户需要的应用程序，则可以单击“更多应用”按钮，在弹出的文件夹浏览窗口中，定位到所需的应用程序。

⑤如果希望系统始终使用指定的应用程序打开该文件，或打开具有相同文件扩展名的文件，则要选中“始终使用此应用打开.××文件”复选框。

⑥单击“确定”按钮，关闭对话框，完成文件关联设置。

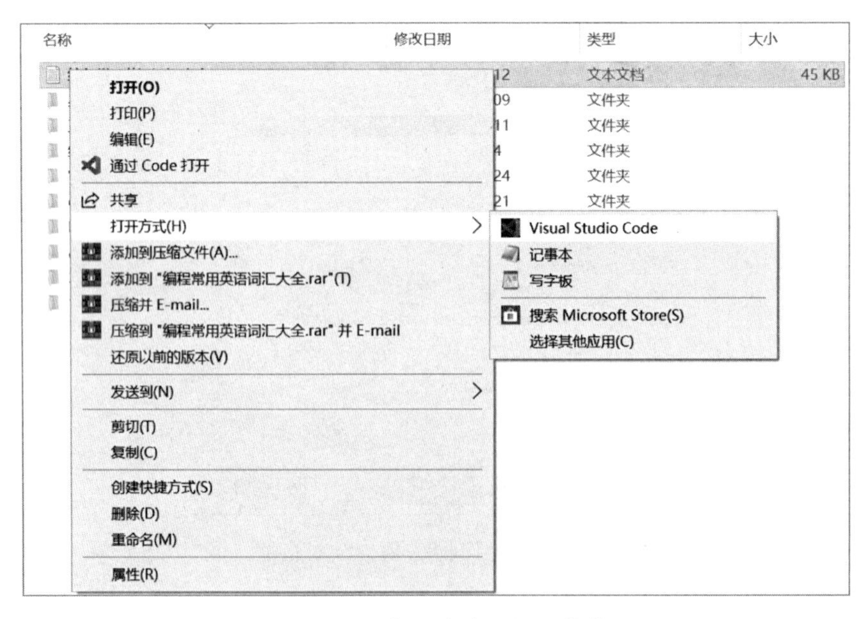

图 3－20 “打开方式”级联菜单

图 3－21 选择打开方式

3.3.3 设置文件夹、文件属性

用户可以通过“文件夹属性”或“文件属性”对话框来查看或修改文件夹、文件的属性。

1. 设置文件夹属性

在驱动器或文件夹窗口中，选中要设置属性的文件夹，选择“主页”菜单功能区的“属性”命令；或者右击要设置属性的文件夹，在弹出的快捷菜单中选择“属性”命令，将弹出文件夹属性对话框，如图 3－22 所示。

“文件夹选项”对话框包括“常规”“共享”“安全”“以前的版本”和“自定义”5 个选项卡。

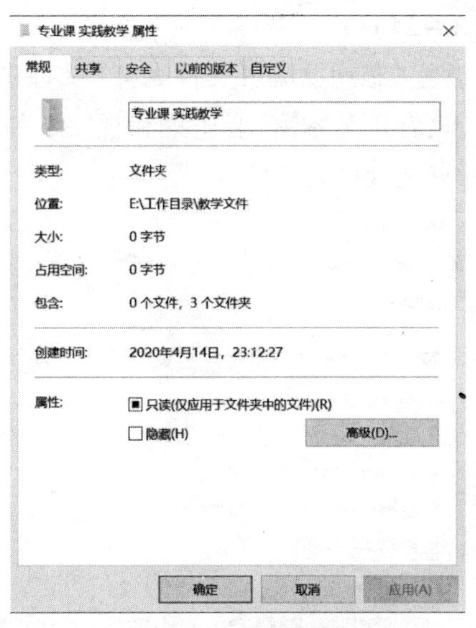

图 3－22　文件夹属性对话框的“常规”选项卡

(1)“常规”选项卡(图 3－22)

在该选项卡中显示文件夹的名称、位置、大小、占用空间及包含的文件及文件夹数目、创建时间、属性等信息。

用户在该选项卡中可直接修改文件夹的名称,并设置文件夹的相关属性(只读、隐藏)。

(2)“共享”选项卡(图 3－23)

用户在该选项卡中,可以设置该文件夹的共享方式(本地共享或网络共享)、共享名及共享权限(更改权限)。

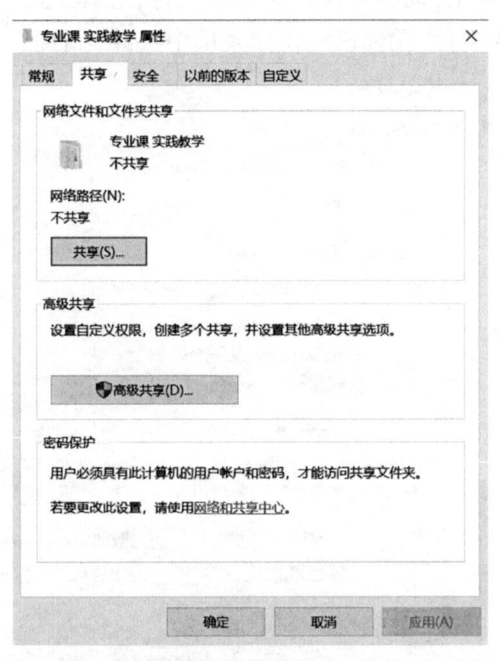

图 3－23　文件夹属性对话框的“共享”选项卡

(3)“自定义”选项卡(图3－24)

用户在该选项卡中,可以设置“您想要哪种文件夹?”“文件夹图片”和“文件夹图标”3项。可以设置文档、图片、相册、音乐、音乐艺术家、音乐集和视频7种文件夹类型,也可以在非幻灯片或缩略图方式显示时为文件夹更换图标。

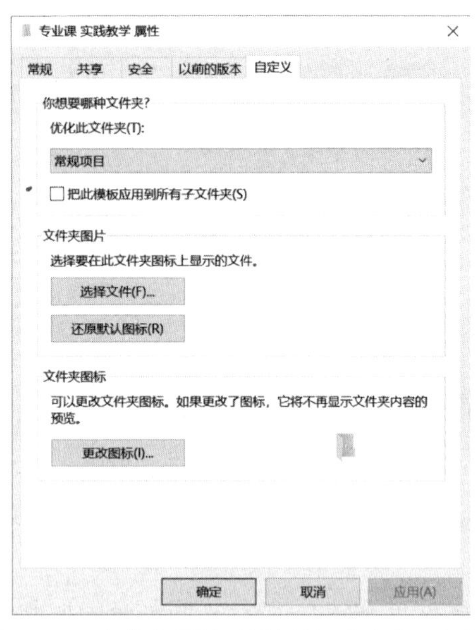

图3－24　文件夹属性对话框的“自定义”选项卡

2. 设置文件属性

在驱动器或文件夹窗口中,选中要设置属性的文件,选择“主页”菜单功能区的“属性”命令;或者右击要设置属性的文件,在弹出的快捷菜单中选择“属性”命令,将弹出文件属性对话框,如图3－25所示。

图3－25　文件属性对话框的“常规”选项卡

不同类型的文件,其属性对话框中的选项卡不尽相同,一般有“常规”“详细信息”“安全”“以前的版本”等选项卡。

(1)“常规”选项卡(图3-25)

在该选项卡中,可以查看该文件的相关信息,包括文件名、文件类型、打开方式、所在位置、文件大小、创建时间、最近一次修改时间、最近一次访问时间及文件属性等信息。

单击“打开方式”项目的“更改”按钮,将弹出“打开方式”对话框,可更改该文件的打开方式。

在“属性”设置区,可设置该文件的属性,有只读和隐藏两个复选项可供选择。

(2)“详细信息”选项卡(图3-26)

在该选项卡中,列出当前文件的标题、主题、作者、类别、关键字及备注信息等,用户还可对上述信息进行修改。

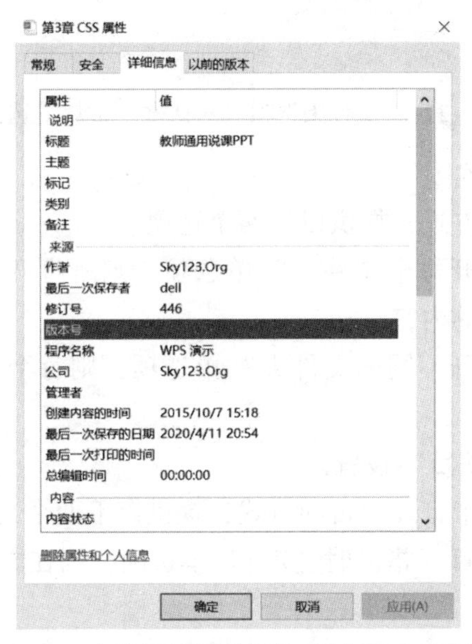

图3-26　文件属性对话框的“详细信息”选项卡

3.3.4　设置文件夹选项

微课3-4
文件夹和文件的高级操作

在Windows系统中,用户可以通过使用“文件夹选项”对话框来指定文件夹的工作方式及内容的显示方式。

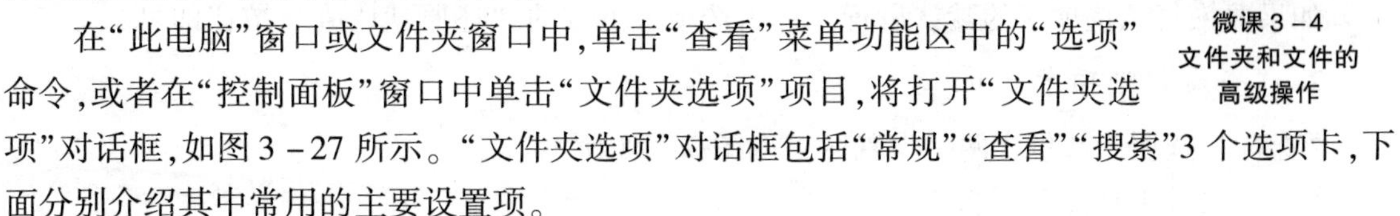

在“此电脑”窗口或文件夹窗口中,单击“查看”菜单功能区中的“选项”命令,或者在“控制面板”窗口中单击“文件夹选项”项目,将打开“文件夹选项”对话框,如图3-27所示。“文件夹选项”对话框包括“常规”“查看”“搜索”3个选项卡,下面分别介绍其中常用的主要设置项。

1.“常规”选项卡

“常规”选项卡共包含3个设置区,如图3-28所示。

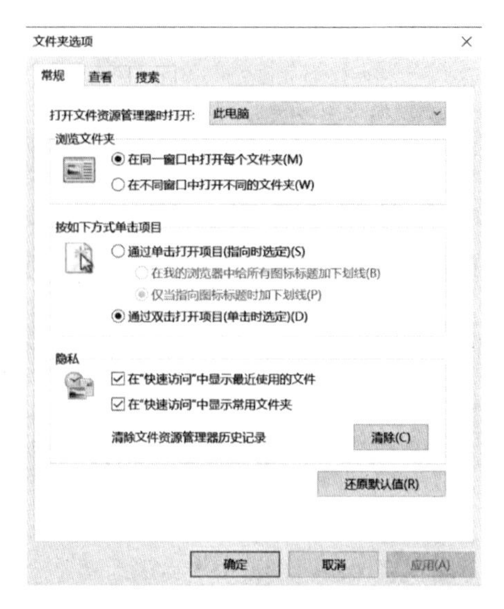

图 3 - 27 “文件夹选项”对话框“常规”选项卡

（1）“浏览文件夹”设置区

用于设置文件夹的浏览方式，提供以下两个选项。

选择“在同一窗口中打开每个文件夹”单选项，则所打开的文件夹将出现在同一个窗口中，并且改写前一个窗口的内容。

选择“在不同窗口中打开不同的文件夹”单选项，则每个文件夹都将在一个新窗口中打开。

（2）“按如下方式单击项目”设置区

用于设置在文件夹窗口中打开项目的方式，提供以下两个选项。

选择“通过单击打开项目（指向时选定）”单选项，则在文件夹窗口中打开项目时，只需单击该项目即可。

选择“通过双击打开项目（单击时选定）”单选项，则在文件夹窗口中打开项目时，需要双击该项目。此选项为系统默认设置。

（3）“隐私”设置区

用于设置常见的最近查看等隐私设置，提供“在‘快速访问’中显示最近使用的文件”和“在‘快速访问’中显示常用文件夹”两个选项。

如果要恢复该选项卡的默认设置，单击选项卡下方的“还原默认值”按钮即可。

2. “查看”选项卡

“查看”选项卡共包含两个设置区，如图 3 - 28 所示。

（1）“文件夹视图”设置区

用于设置所有文件夹窗口统一的视图模式，提供以下两个设置按钮。

单击“应用到文件夹”按钮，可将当前文件夹窗口的视图模式（例如详细信息显示模式）应用到所有文件夹。

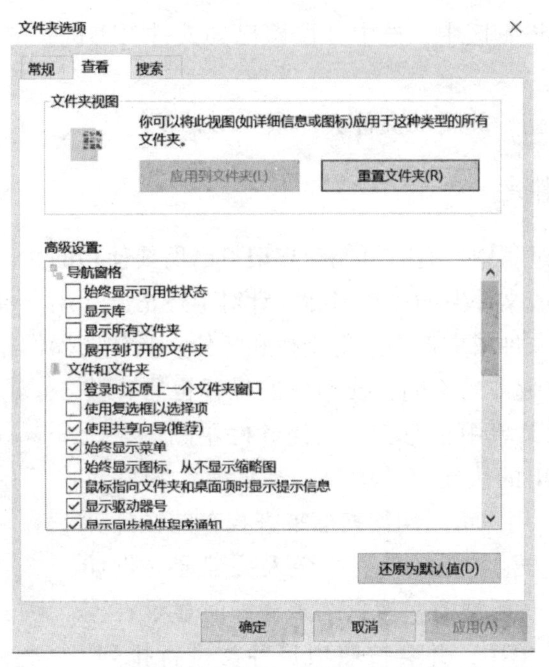

图3－28　“文件夹选项”对话框“查看”选项卡

单击“重置文件夹”单选项，可将所有文件夹窗口的视图模式重置，恢复到系统初始设置。

(2)“高级设置”设置区

提供一系列设置选项，主要用于设置文件夹内容的显示方式。

例如，可设置在标题栏中显示完整的路径、隐藏已知文件类型的扩展名、鼠标指向文件夹和桌面时显示提示信息，以及在“文件和文件夹”选项组中设置不显示隐藏的文件和文件夹或显示所有文件和文件夹选项等。

练习2　设置文件夹选项

按下面的操作步骤，练习文件夹选项的设置：

①在系统桌面上，双击“此电脑”图标，打开“此电脑”对话框。

②单击窗口的“查看”菜单功能区中的“选项”命令，打开“文件夹选项”对话框。

③选择对话框中的“常规”选项卡，在“按如下方式单击项目”设置区中，选中“通过单击打开项目（指向时选定)”单选项，单击“确定”按钮，改变文件夹中打开项目的方式。

④在“此电脑”左侧导航窗格中，单击打开“本地磁盘(C:)”对话框。

⑤在右侧窗口工作区空白处右击，弹出快捷菜单，选择“查看”命令下的“中等图标”选项，将当前窗口中的对象以中等图标的形式进行显示。

⑥选择当前窗口“查看”菜单功能区中的“选项”命令，再次打开“文件夹选项”对话框。

⑦选择“查看”选项卡，在“文件夹视图”设置区中单击“应用到文件夹”按钮，将当前文件夹窗口的视图模式（图标显示模式）应用到所有文件夹。

⑧在“高级设置”设置区中，选中“隐藏已知文件类型的扩展名”选项，将不再显示已知文件类型的扩展名。

⑨单击“确定”按钮，关闭“文件夹选项”对话框。

3.3.5 查找文件和文件夹

用户在计算机使用过程中，有时可能会忘记自己所要使用的文件或文件夹的具体存放位置，甚至不能给出文件或文件夹的完整名称。针对上述情况，用户可以利用系统提供的强大的搜索功能，快速地对文件或文件夹进行查找和定位，具体的操作如下：

①Windows 10 根据版本的不同，搜索框的位置也有一些不同，有些在“开始”菜单中，而有些在任务栏左侧。在任务栏空白处右击，在弹出的快捷菜单中单击“搜索”级联菜单中的“显示搜索框”，用户可以用搜索框来查找存储在计算机上的文件资源。操作方法：在搜索框中键入关键词（例如“计算机”）后，可自动开始搜索，搜索结果会即时显示在搜索框上方的“开始”菜单中，并会按照项目种类进行排列。搜索结果还会根据键入关键词的变化而变化，例如，将关键词改成“文件”时，搜索结果会即刻改变，非常智能化。当搜索结果充满“开始”菜单空间时，单击“查看更多结果”，在资源管理器中可以看到更多的搜索结果，以及搜索到的对象总数量。如图 3－29 所示。

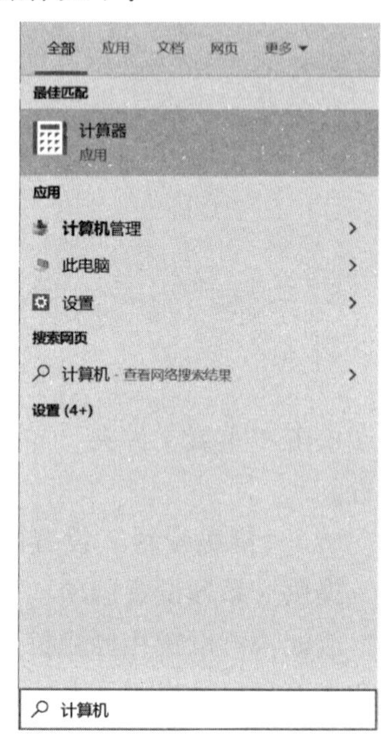

图 3－29　搜索结果窗口

②在“文件资源管理器”窗口的搜索栏中输入关键词（如“计算机”），如图 3－30 所示。在搜索内容时，还可以进一步缩小搜索的范围，针对搜索内容添加搜索筛选器，如选择种类、修改日期、类型、大小、名称、文件夹路径等，并可以进行多个组合，提升搜索的效率和速度。

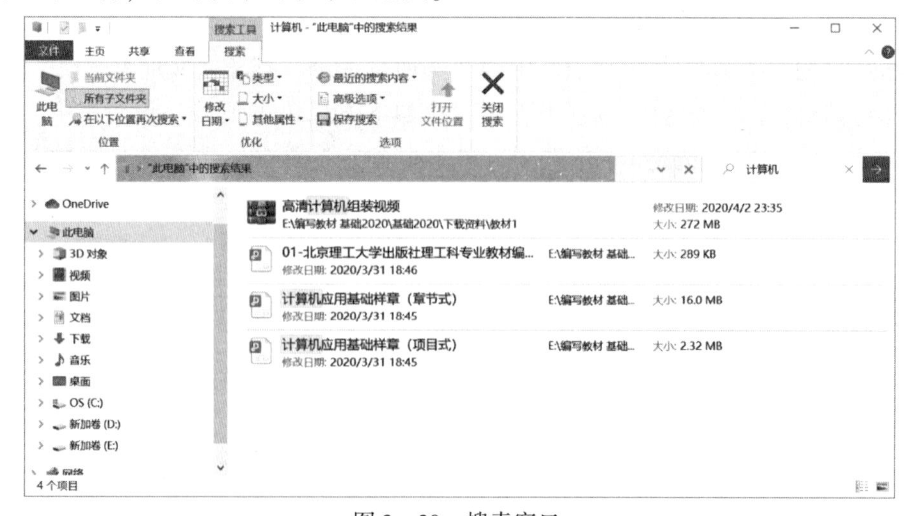

图 3－30　搜索窗口

③在右侧窗口工作区中，右击搜索到的文件或文件夹图标，在弹出的快捷菜单中选择相应的命令，即可对选定的文件或文件夹进行打开、复制、剪切、删除和重命名等操作。

练习3　查找文件

按下面的操作要求，执行正确的操作步骤，练习文件的查找操作。

操作要求：在本地磁盘(E:)范围内，搜索在本周内创建的“第 14 章 网站测试与发布.pptx”文档，找到该文档后，将其改名为“网站测试与发布基础知识.pptx”。

操作步骤：

①打开本地磁盘（E:），在搜索栏输入所要查找的文档的相关信息：“第 14 章 网站测试与发布.pptx”，如图 3 – 31 所示；单击“搜索”菜单功能区中的“修改日期”选项组，选择时间范围“本周”，即可自动开始搜索，如图 3 – 32 所示。

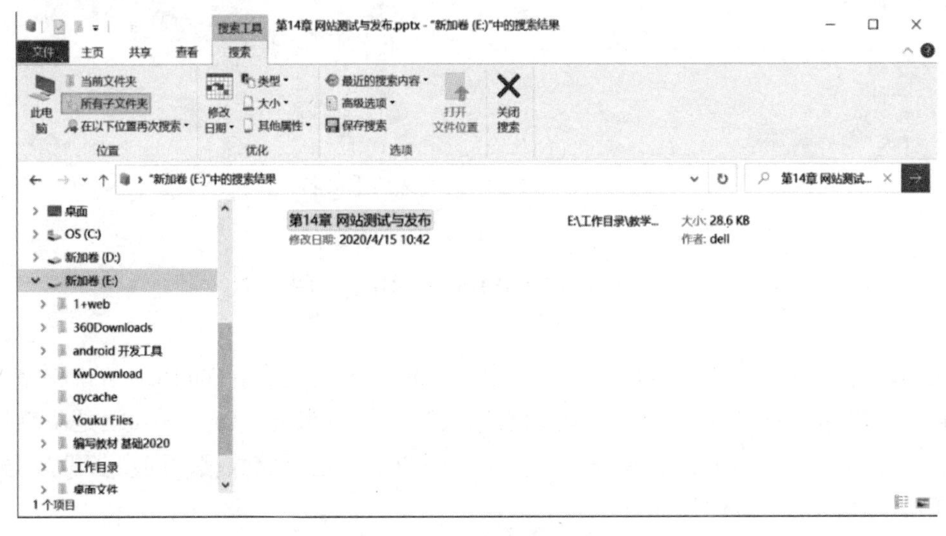

图 3 – 31　设置搜索项目

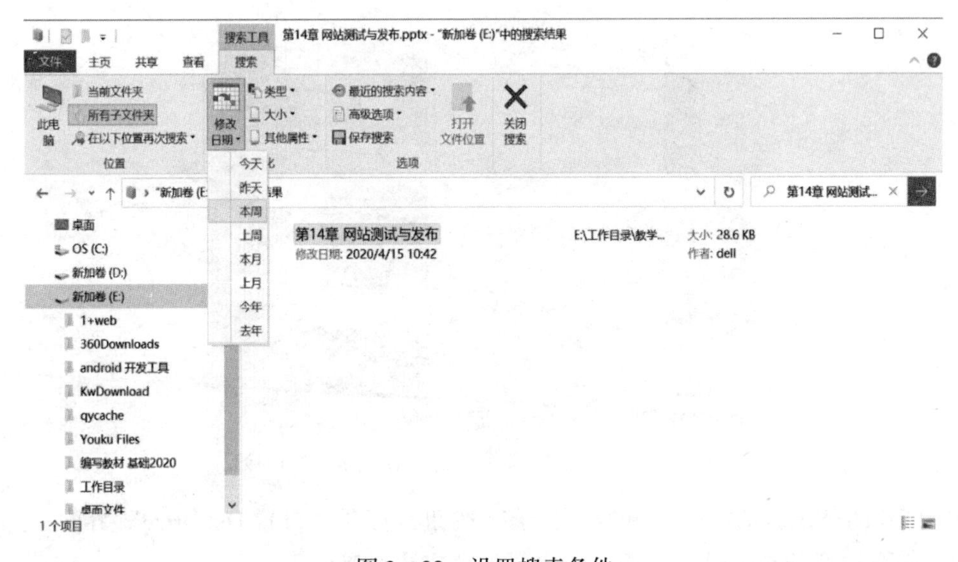

图 3 – 32　设置搜索条件

②搜索结束后，搜索结果显示在主窗格内，右击“第 14 章 网站测试与发布.pptx”文档的图标，在弹出的快捷菜单中选择“重命名”命令，输入该文档的新文件名：“网站测试与发布基础知识.pptx”，按 Enter 键结束操作。如图 3－33 所示。

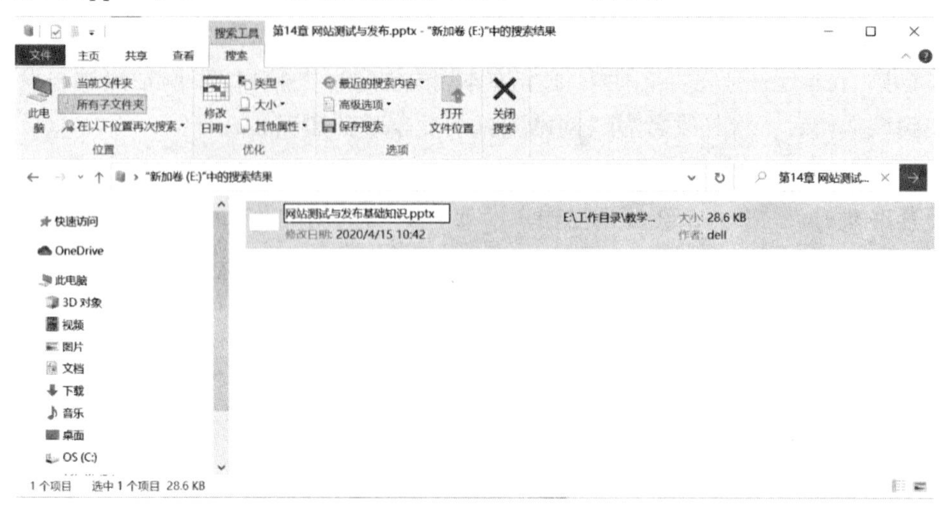

图 3－33　对搜索到的文档重命名

3.4　OneDrive 的使用

OneDrive 是微软新一代网络存储工具，由 SkyDrive 改名而来。OneDrive 的版本跨越多个终端，包括移动端、PC 端两大平台，并拥有网页版。简单来说，OneDrive 就是微软针对 PC 和手机等设备推出的一项云存储服务，旨在帮助用户更好地存储数据、同步备份数据等，防止数据丢失。OneDrive 具体操作方法如下：

①打开“开始”菜单中的所有程序，找到并单击“OneDrive”命令，如图 3－34 所示。

图 3－34　“开始”菜单中的“OneDrive”命令

②在打开的登录对话框中，单击“登录”按钮，打开“设置 OneDrive”界面，如图 3－35 所示。需要注意的是，没有注册的账户要先完成注册操作。

图 3－35　“设置 OneDrive”界面

③在输入框中输入注册时的电子邮件地址，单击“登录”按钮进入输入密码界面，如图 3－36 所示。

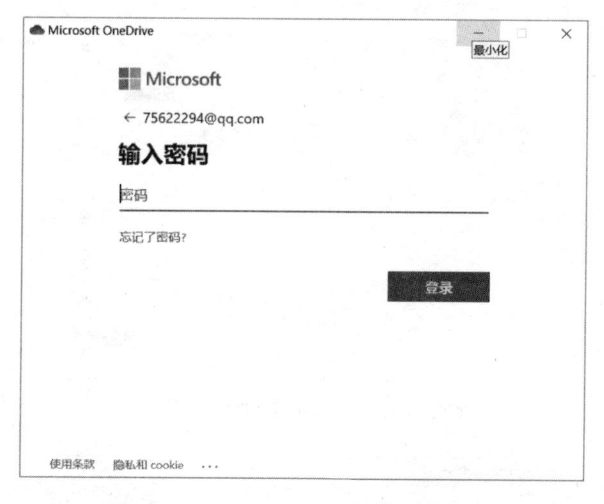

图 3－36　“OneDrive”输入密码界面

④输入密码，单击“登录”按钮，进入“你的 OneDrive 文件夹”界面，在这里可以通过单击“更改位置”来选择 OneDrive 文件夹存放的位置，如图 3－37 所示。

⑤单击“下一步”按钮，进入“备份文件夹”界面，用户根据个人需要确定是否将“桌面”“文档”和“图片”文件夹的内容同步到 OneDrive 上，如图 3－38 所示。

⑥单击“继续”按钮，完成对所选文件夹内容的备份。

⑦单击“下一步”按钮，进入设置“共享文件和文件夹”界面。

⑧单击“下一步”按钮，进入“你的所有文件均准备就绪按需可用”界面。

⑨单击“下一步”按钮，进入“获取移动应用”界面，选择“获取移动应用按钮”按钮，进入“你的 OneDrive 已准备就绪”界面，如图 3－39 所示。

图 3 – 37　更改 OneDrive 文件夹存放位置界面

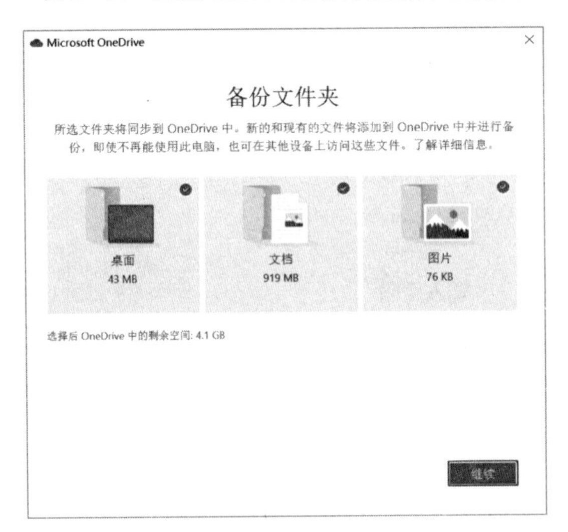

图 3 – 38　“备份文件夹”界面

图 3 – 39　准备就绪界面

⑩单击“打开我的 OneDrive 文件夹”按钮，进入 OneDrive 文件夹界面，如图 3－40 所示。

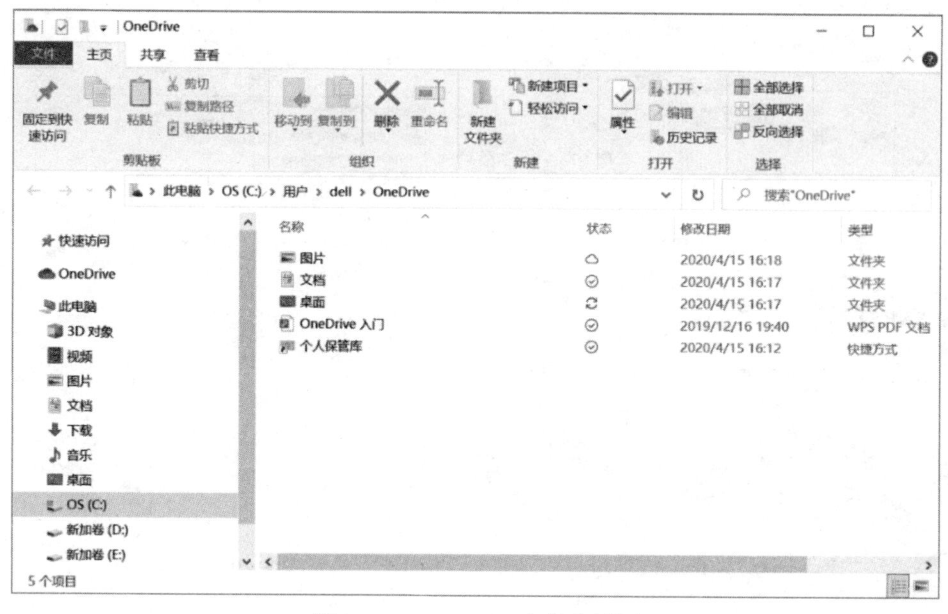

图 3－40 OneDrive 文件夹界面

⑪单击“主页”功能区的“新建文件夹”按钮，命名为“工作目录”，如图 3－41 所示。

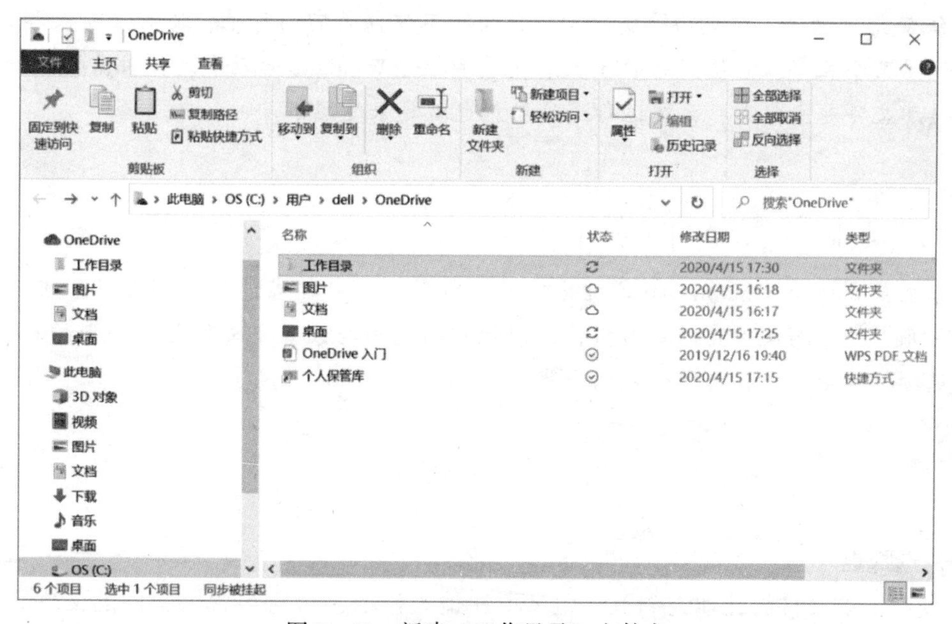

图 3－41 新建“工作目录”文件夹

⑫将桌面上的某个文件或文件夹（如第 3 章 Activity 教学 PPT）拖放到“工作目录”文件夹中，用户就可以实时地看到该文件被保存到云端，如图 3－42 所示。文件上传成功后，就可以在线阅读，如果是 Office 文档，还可以在线编辑，非常方便。

⑬用户可以通过右击任务栏右下角的“OneDrive”图标，单击“设置”进行账户、备份等管理，如图 3－43 所示。

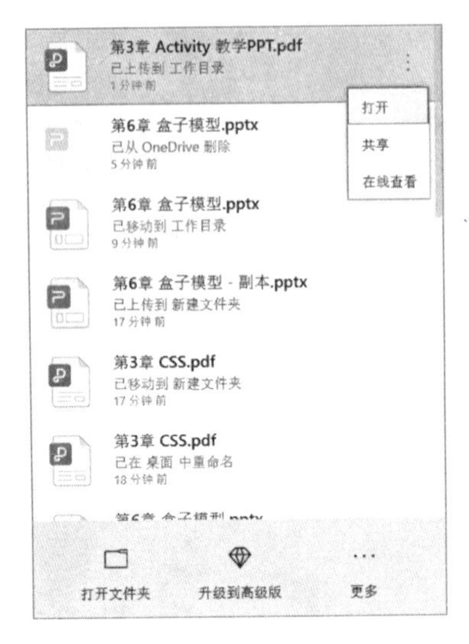

图 3－42　文件上传界面

图 3－43　OneDrive 设置界面

知识拓展

电脑运行速度为什么会越来越慢？

用户在工作过程中，安装新软件、加载运行库、添加新游戏及浏览网页等，使得 Windows 系统变得更加庞大。更为重要的是，变大的不仅仅是它的目录，还有注册表和运行库。即使删除了某个程序，它使用的 DLL 文件也会存在，Windows 启动和退出时需要加载的 DLL 动态链接库文件越来越大，系统运行速度自然也就越来越慢了。

小　结

本章主要介绍了 Windows 10 操作系统的文件管理，包括文件管理的基础知识、资源管理器的使用、文件与文件夹的基本操作、回收站的使用与设置、文件与文件夹的属性设置、文件夹选项的设置、文件与文件夹的查找。

习　题

一、选择题

1. 使自己的文件能让他人浏览，但又不让他人修改，可将包含该文件的文件夹共享属性的访问类型设置为（　　）。

A. 归档　　B. 系统　　C. 只读　　D. 隐含

2. 下列关于 Windows“回收站”的叙述中，正确的是（　　）。

A. 从软盘中删除的文件将不被放入回收站

B. 想恢复已删除的文件和文件夹，可以从回收站中选择“清空回收站”

C. 从回收站中还原文件，可以任意选择被还原的目的地

D. 所有被删除的文件和文件夹都将暂存在回收站中

3. 在 Windows 的“资源管理器”窗口中，其左侧窗口中显示的是（　　）。

A. 相应磁盘的文件夹树　　B. 当前打开的文件夹名称

C. 当前打开的文件夹名称及其内容　　D. 当前打开的文件夹的内容

4. Windows 中选择不连续的多个文件或文件夹的操作是（　　）。

A. 按住 Ctrl 键，用鼠标单击　　B. 鼠标左键单击

C. 按住 Shift 键，用鼠标单击　　D. 鼠标左键双击

5. Windows 操作系统中，在桌面的空白区域单击鼠标右键后，可以（　　）。

A. 排列桌面上的图标　　B. 新建文件夹

C. 设置系统显示属性　　D. 以上均可

6. Windows 支持的长文件名，其字符个数不能超过（　　）个。

A. 8　　B. 16　　C. 32　　D. 255

7. 在 Windows 10 操作系统中，文件的组织结构是（　　）。

A. 关系型　　B. 网络型

C. 树型　　D. 直线型

8. 在 Windows 中，当已选定文件夹后，下列操作中不能删除该文件夹的是（　　）。

A. 在键盘上按 Del 键

B. 用鼠标右键单击该文件夹，打开快捷菜单，然后选择“删除”命令

C. 在文件菜单中选择“删除”命令

D. 在键盘上按 Backspace 键

9. 在 Windows 的资源管理器中，单击左窗口中某文件夹的图标，则会（　　）。

A. 在右窗口中显示该文件夹中的子文件夹和文件

B. 在左窗口中扩展该文件夹

C. 在左窗口中显示其子文件夹

D. 在右窗口中显示该文件夹中的文件

10. 在资源管理器中用鼠标拖动方法在不同的磁盘间复制文件时，应（　　）。

A. 直接将源文件拖动到目标文件夹

B. 按住 Ctrl 键后，再将源文件拖动到目标文件夹

C. 按住 Shift 键后，再将源文件拖动到目标文件夹

D. 按住 Alt 键后，再将源文件拖动到目标文件夹

11. 在 Windows 中，下列错误的文件名是（　　）。

A. 123456789　　B. A B. TXT　　C. 5 + 6　　D. a?b

12. 在 Windows 10 中，通过桌面上的“此电脑”，（　　）。

A. 可以浏览整个局域网　　B. 无法管理本地计算机上的资源

C. 可以管理整个局域网　　D. 可以浏览本地计算机上的内容

13. 在为 Windows 的某个文件命名时，不可以使用字符（　　）。（多选）

A. @　　B. $　　C. ?　　D. *

14. 对于创建后的快捷方式，可以（　　）。（多选）

A. 复制　　B. 删除　　C. 移动　　D. 重命名

15. 在资源管理器中，“查看”菜单可以提供不同的显示方式，下列选项中，（　　）是可以实现的。（多选）

A. 按日期排序显示　　B. 按文件类型排序显示

C. 按文件大小排序显示　　D. 按文件名排序显示

二、操作题

1. Windows 文件和磁盘的管理。

（1）在资源管理器中，在 D 盘创建一个名为“MyFile”的文件夹，在此文件夹下再建立两个子文件夹“我的文本”和“我的图片”。

（2）用“记事本”建立一个文本文件“会议通知”，保存在“我的文本”文件夹下。

（3）在 Windows 文件夹下搜索文件名中含有 m，扩展名为 .jpg，文件大于 50 KB 的图片文件，复制到“我的图片”文件夹下。

（4）以缩略图方式查看“我的图片”文件夹下的文件，要求按文件从大到小的顺序排列。

（5）将文本文件“会议通知”移动到“MyFile”文件夹中。

（6）清空回收站。

（7）删除文本文件“会议通知”，再从回收站将其还原。

（8）将文本文件“会议通知”更名为“重要通知”。

（9）将“重要通知”设为隐藏属性。

（10）为文本文件“重要通知”创建桌面快捷方式。

（11）为文本文件“重要通知”创建“开始”菜单快捷方式，存放在附件的下面。

（12）将文本文件的默认打开方式设为 Word。

（13）查看 D 盘的属性，对其进行清理和碎片整理。

2. 管理文件和文件夹。

（1）在计算机 D 盘下新建 FENG、WARM 和 SEED 3 个文件夹，再在 FENG 文件夹下新建 WANG 子文件夹，在该子文件夹中新建一个 JIM. txt 文件。

（2）将 WANG 子文件夹中的 JIM. txt 文件复制到 WARM 文件夹中。

（3）将 WARM 文件夹中的 JIM. txt 文件设置为隐藏和只读属性。

（4）将 WARM 文件夹中的“JIM. txt”文件删除。

3. 利用计算器计算“（355 + 544 − 45）/2”的结果。

4. 利用画图程序绘制一个粉红色的心形图形，最后以“心形”为名保存到桌面。

5. 从网上下载搜狗拼音输入法的安装程序，然后安装到计算机中。

第4章

Windows 10 中的输入法

情境引入

中文版 Windows 10 内置了多种中文输入法和中文字体，并通过“文字服务和输入语言”工具提供了对中文输入的强大技术支持，很好地满足了中文用户各种使用需求。本章将介绍 Windows 10 中的输入法相关的基础知识，包括键盘录入技术，Windows 10 中文输入法的添加、删除与切换，常见中文输入法的使用，Windows 10 中字体的添加与删除，写字板的使用。

本章学习目标

能力目标：

√ 能自己独立完成添加、删除各种输入法；

√ 能进行字体的添加、删除操作；

√ 能使用输入法在写字板上输入汉字。

知识目标：

√ 了解键盘录入技术；

√ 掌握中文输入法的添加、删除与切换操作；

√ 掌握常见中文输入法的使用；

√ 掌握字体的添加与删除；

√ 掌握写字板的使用。

素质目标：

√ 培养学生知识的综合运用能力；

√ 培养学生养成正确的文件命名操作方法；

√ 培养学生养成正确的坐姿和正确的指法。

4.1 键盘录入技术

4.1.1 键盘的布局

目前常用的键盘有 101 键、104 键和 107 键键盘，不同种类的键盘的键位分布基本一致，下面以104键键盘为例说明键盘的布局。104键键盘一般划分为四个主要区域，分别是主键盘区、编辑键区、功能键区和数字键区，如图4－1所示。

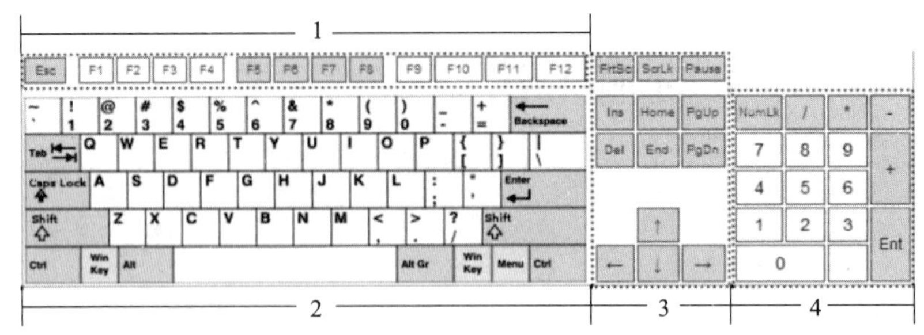

1—功能键区；2—主键盘区；3—编辑键区；4—数字键区。

图4－1　104键键盘布局

1. 主键盘区

主键盘区位于键盘的左下部，是最为常用的键区，通过主键盘区可实现各类文本信息和控制信息的录入。主键盘区由英文字母键、数字键、符号键和控制键组成。

①英文字母键：共有26个英文字母键（A～Z），用于输入英文字母或汉字编码。

②数字键：共有10个数字键（0～9），用于输入数字。

③符号键：共有32个符号键（如！、@、#等），用于输入常见的符号。其中大部分的符号键与数字键或其他符号键共用同一个按键，位于按键的上半部，称为上档键。比如，符号键“！”就是上档键，与数字键“1”共用一个按键。输入上档键时，要先按下Shift键，再按下上档键所对应的按键。

④控制键：主键盘区的左右两侧对称地分布着一组控制键，提供特定的控制功能。主键盘区的控制键及其功能见表4－1。

表4－1　主键盘区的控制键及其功能

键　名	功　　能
Tab	表格键，主要用于窗口和表格操作中的跳格操作，即转到下一个对象或单元格。在文字处理软件中，每按一次Tab键，插入点光标就跳到下一个制表位处
CapsLock	大小写转换键，CapsLock灯亮，表示处于大写状态，否则，为小写状态
Shift	换档键，具有多重功能：用于输入上档键字符；也可以用于字母输入时大小写的切换；还可以用于组合键的输入
Ctrl	控制功能键，需要与其他键组合成复合控制键来完成某些特定功能
Alt	组合功能键，需要与其他键组合成特殊功能键或复合控制键来完成某些特定功能
Space	空格键，用于输入空格
Backspace	退格键，删除光标所在位置左边的一个字符

续表

键　名	功　　能
Enter	回车键，通常用于执行命令和确认操作
Windows 功能键	该键标识为 Windows 旗帜图案，用于打开“开始”菜单。也可以与其他键组合成复合控制键，比如与字母键 E 组合将打开“资源管理器”
菜单键	该键位于主键盘区右侧的 Windows 功能键和 Ctrl 键之间。用于弹出快捷菜单，按下该键相当于单击鼠标右键

2. 编辑键区

编辑键区位于主键盘区的右侧，编辑键区包括光标控制键和编辑控制键。

①光标控制键：共有 4 个控制键，分别控制光标向上、下、左、右四个方向的移动。

②编辑控制键：共有 9 个控制键，供编辑操作使用。编辑控制键及其功能见表 4－2。

表 4－2　编辑键区的编辑控制键及其功能

键　名	功　　能
Insert	插入/改写状态转换键
Delete	删除键，用于删除当前光标位置右侧的一个字符
Home	文本编辑操作时，用于移动光标到行首
End	文本编辑操作时，用于移动光标到行尾
PageUp	上翻一页
PageDown	下翻一页
PrintScreen	屏幕打印键。在 Windows 中，将当前屏幕的显示内容复制到剪贴板上
Pause/Break	暂停键
ScrollLock	滚屏锁定键，用于停止屏幕信息滚动

3. 功能键区

功能键区位于键盘的左上部，包括 Esc 键和 F1～F12 功能键。

①Esc 键：退出键，通常用于实现取消当前的操作、退出当前环境及返回上级菜单等。

②F1～F12 功能键：在不同的应用软件环境中具有不同的功能定义。

4. 数字键区

数字键区位于键盘的最右侧，包括数字键、符号键、Enter 键和 NumLock 键。数字键区主要是为了满足方便、快捷地输入大量数字数据的需求而专门设置的。

①数字键：共有 10 个数字键（0～9）和 1 个小数点键，用于输入数字。同时，这 11 个按键还具有下档键，可作为光标控制键及编辑控制键使用。

②符号键：共有 4 个符号键（＋、－、＊、/），分别用于输入加、减、乘、除运算符。

③Enter 键：功能和主键盘区的 Enter 键相同。

④NumLock 键：数字锁定键，用于该键区数字键的上下档键的切换。NumLock 指示灯亮时，激活数字键的上档键，处于数字输入状态；NumLock 指示灯熄灭时，激活数字键的下档键，处于光标控制和编辑控制状态。

4.1.2 键盘录入的姿势

正确的姿势有利于提高键盘录入的准确率和速度，包括以下三个方面的要求：

①正确的坐姿：要求腰部挺直，两肩放松，两脚自然踏放，腰部以上身躯略向前倾，头部不可左右歪斜，座椅高度要调整到双手可平放于桌面为准。

②正确的臂、肘、腕姿势：要求大臂自然下垂，两肘轻贴于腋边，小臂和手腕自然平抬。

③正确的手指姿势：手指略弯曲，左右食指、中指、无名指、小指轻放于基本键位上，左右拇指指端下侧面轻放于空格键上。

4.1.3 键盘录入的击键方法

键盘录入时，击键方法不当也会影响输入的准确性和速度，正确的击键方法如下：

①键盘录入开始时，手指保持弯曲，稍微拱起，分别轻放于各自的基本键位上。

②击键时手臂保持静止，全部动作仅限于手指部分，由各手指第一指腹击键。

③击打按键时，手指迅速移到要击打键位上方 2 ~ 3 cm，手指发力，果断击打，力度适中。

④击键完成后，手指要立即回到基本键位上。

⑤击键速度要均匀，有节奏感。

4.1.4 键盘录入的基本指法

键盘指法是指运用 10 个手指击键的方法，同时规定每根手指分工负责敲击哪些键位，以充分调动 10 个手指的作用。正确的键盘指法能够极大地提高键盘录入的速度和准确率，帮助计算机用户实现盲打录入。

1. 基准键位

键盘上的 A、S、D、F、J、K、L 和 ；按键称为基本键位。基本键位用于把握、校正两手各手指在键盘上的基准位置。基准键位与手指的对应关系如图 4 – 2 所示。其中，F 键和 J 键各有一个小小的凸起，操作者进行盲打就是通过触摸这两键来确定基准位的。

图 4 – 2　基准键位指法

2. 键盘指法分区

键盘指法分区就是将计算机键盘上最常用的26个字母键和常用符号键，依据位置分配给双手除大拇指以外的其他8个手指。在键盘录入时，每个手指分别负责敲击一组固定按键，各手指分工明确、各司其职。键盘的指法分区如图4-3所示。

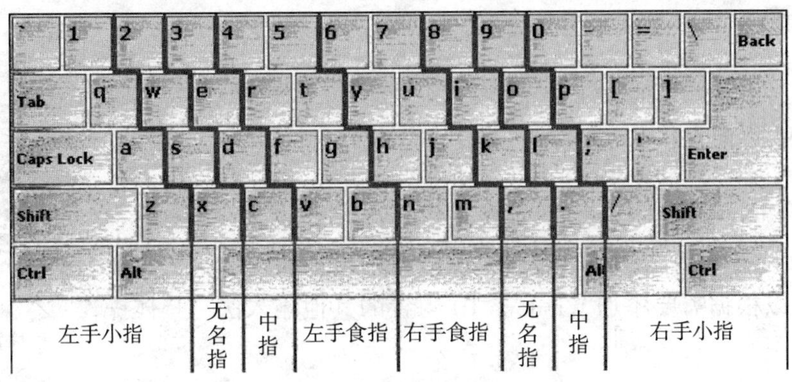

图4-3 键盘指法分区

4.2 Windows 10 输入法

在计算机应用中，针对中文的输入目前已经开发出多种输入技术，根据输入所采用的硬件设备和相关技术的不同，中文输入法可分为键盘输入、语音输入、扫描输入和手写输入四种类型。其中，中文键盘输入是目前技术最成熟、使用最广泛，并且最简便易行的中文输入方法。本节将重点介绍中文键盘输入法的相关知识。

4.2.1 中文键盘输入法的分类

中文键盘输入法是指用户通过计算机的标准键盘，根据一定的编码规则来输入汉字的一种方法。中文键盘输入法种类繁多，并且新的输入法不断涌现。中文键盘输入法根据编码规则的不同，可分为以下四大类：

1. 音码

音码以汉语拼音为基础，利用汉字的读音特性进行编码。例如，全拼和双拼输入法就是音码。音码使用较容易，无须专门学习。其缺点是单字编码重码率高（同音字多），汉字录入速度慢，此外，对于不认识或发音不准的汉字，则无法输入。

2. 形码

形码利用汉字的字形特征进行编码。例如，五笔字型和郑码输入法就是形码。形码克服了音码重码率高、输入速度慢的缺点，比较适合专业人员使用。但是，形码的熟练使用需要进行专门的学习和记忆。

3. 音形码

音形码利用汉字的语音特征和字形特征进行编码。例如，智能ABC和自然码输入法就是音形码。音形码利用了音码和形码各自的优点，兼顾了汉字的音和形，以音为主，以形为辅。音形码减少了编码中需要记忆的部分，提高了输入效率，容易学习和掌握。

4. 序号码

序号码利用汉字的国标码作为输入码，以4位数字对应一个汉字或符号。例如，区位输入法就是序号码。序号码一般很少使用，因为其编码不直观，很难记忆，其优点是无重码。

4.2.2 添加中文输入法

微课4-1
添加Windows10
内置的中文输入法

1. 添加Windows 10内置的中文输入法

中文版Windows 10系统在安装时，已经为用户预装了微软拼音中文输入法，用户可以根据需要添加Windows 10内置的其他输入法。具体操作步骤如下：

①右击语言栏中的输入法图标，弹出快捷菜单，如图4-4所示。

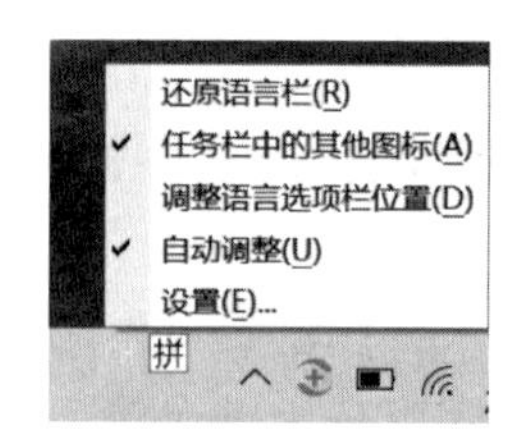

图4-4 “语言栏”的快捷菜单

②在快捷菜单中单击“设置”命令，弹出语言设置界面，如图4-5所示。

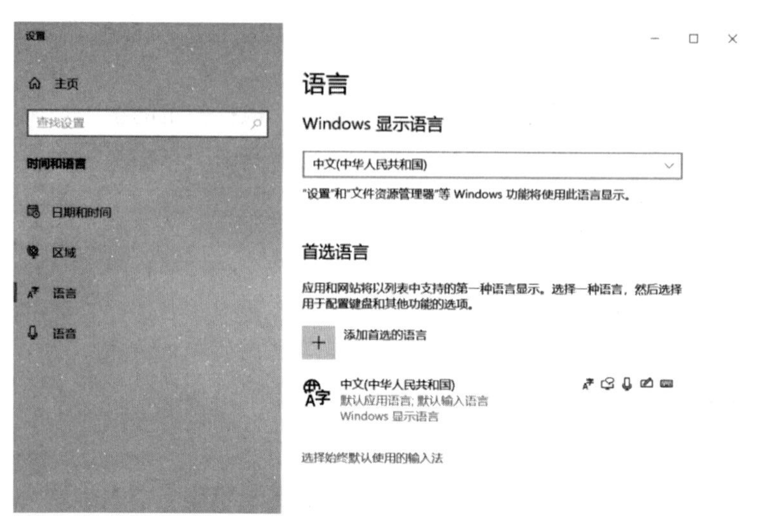

图4-5 语言设置界面

③单击“中文（中华人民共和国）”，出现“选项”按钮，如图4-6所示。

④单击“选项”按钮进入“语言选项”设置界面，可以对安装的语言进行一些设置，如图4-7所示。

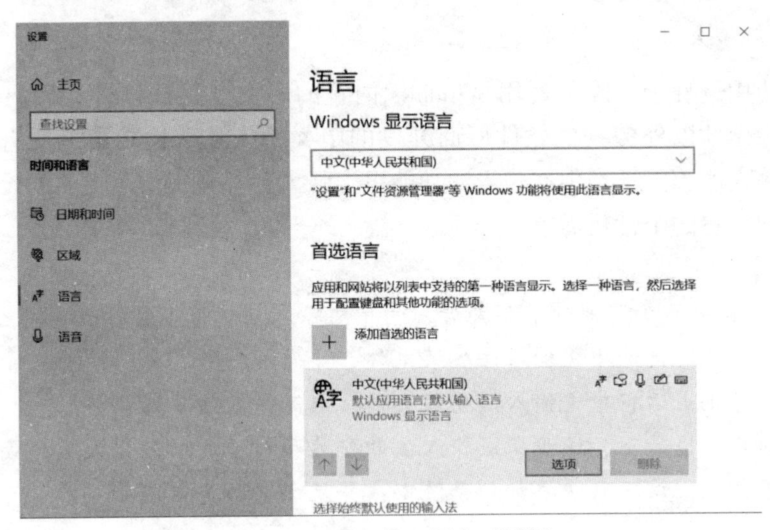

图4－6　添加输入语言对话框

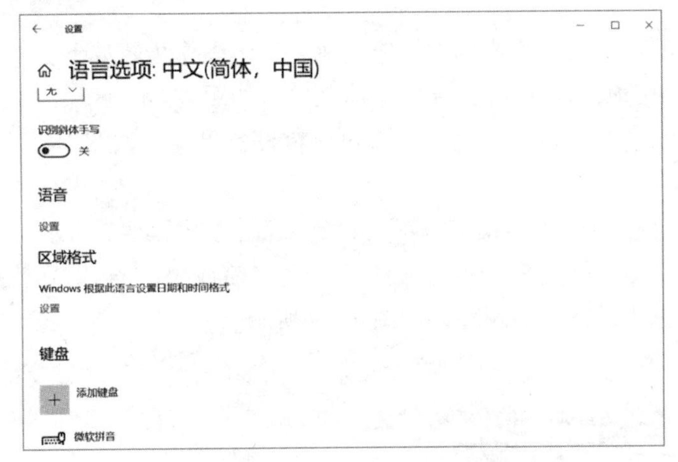

图4－7　“语言选项”设置界面

⑤在“键盘”下面单击加号“＋”，选择要添加的输入法“中文（简体)”，如图4－8所示。

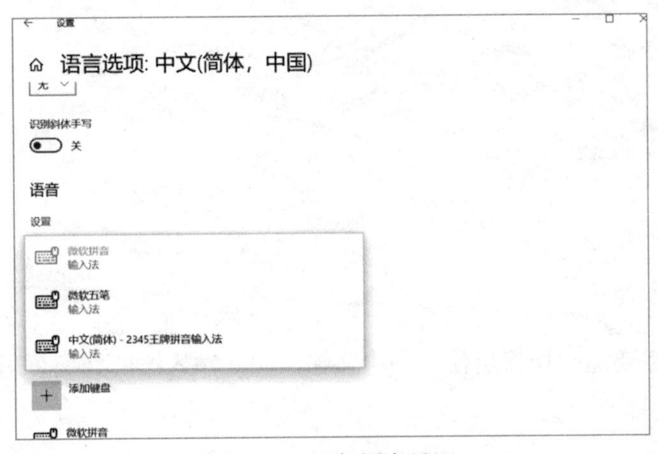

图4－8　添加语言界面

2. 添加其他输入法

在计算机使用过程中，除了使用 Windows 内置的中文输入法以外，用户还可以根据需要，自行安装除微软以外的其他软件厂商开发的中文输入法，比较常见的有 QQ 拼音输入法、搜狗拼音输入法等。这类中文输入法功能更为强大，并且提供了更多的设置选项，能够更好地满足不同用户的个性化需求。

【实践训练】

在 Windows 10 中添加其他软件厂商开发的中文输入法的基本方法如下：

①通过网络下载所需的中文输入法安装文件。

②在本地计算机上运行中文输入法安装文件，启动输入法安装向导。

③在安装向导的提示下，逐步完成输入法的安装和相关的初始化设置。

完成上述操作后，该输入法添加到系统中，并显示在语言栏内。

4.2.3 删除中文输入法

微课 4－2
删除中文输入法

用户可以根据需要删除不需要的中文输入法。具体操作步骤如下：

①右击语言栏中的输入法图标，弹出快捷菜单，如图 4－4 所示。

②在快捷菜单中单击“设置”命令，弹出语言设置界面，如图 4－5 所示。

③单击“选项”按钮进入“语言选项”设置界面，如图 4－7 所示。

④在“键盘”下方单击已安装的输入法“中文（简体）”，会出现“删除”按钮，单击即可将该中文输入法从语言栏中删除，如图 4－9 所示。

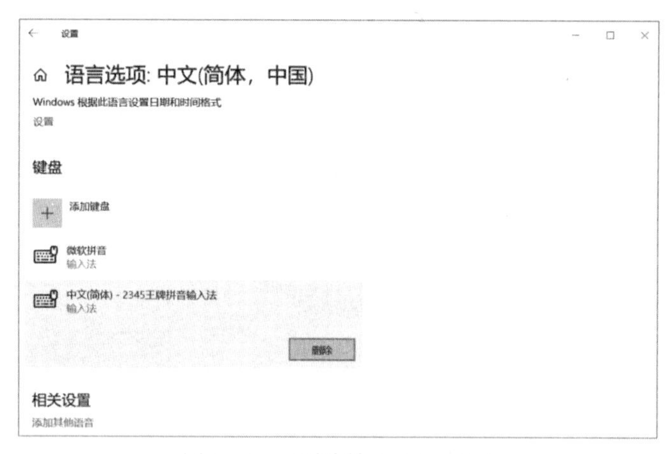

图 4－9　“删除输入法”界面

4.2.4 切换中文输入法

用户可以根据需要随时切换所使用的中文输入法。输入法的切换可采用以下两种方法：

1. 通过语言栏切换中文输入法

在语言栏中单击输入法图标，在弹出的菜单中选择所需的输入法选项，即可切换到该输

入法，如图 4－10 所示。

图 4－10　利用语言栏切换输入法

2. 通过快捷键切换中文输入法

通过快捷键 Ctrl + Space，可在中文输入法和英文输入法之间快速切换；通过快捷键 Ctrl + Shift，可在所有输入法之间逐次切换。

4.2.5　认识输入法状态栏

在计算机使用过程中，当用户启动某一中文输入法后，在屏幕的右下角处将会出现输入法状态栏。输入法状态栏由一组状态图标构成（不同的中文输入法的状态栏略有差异），如图 4－11 所示。

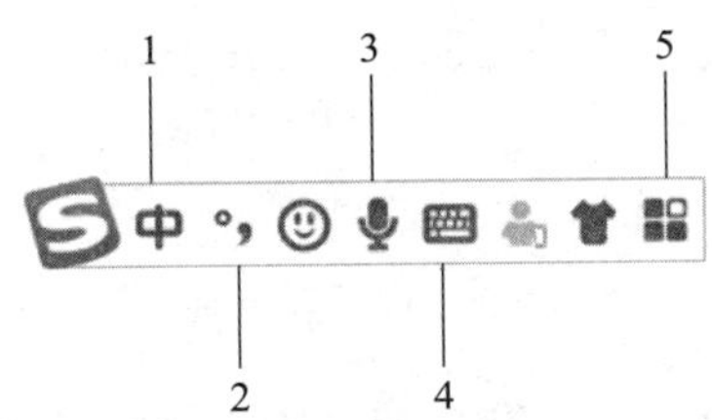

1—中/英文切换；2—中/英文标点切换；3—语音输入；4—输入方式；5—工具箱。

图 4－11　输入法状态栏

输入法状态栏主要用于显示当前输入法的一组输入状态，并允许用户通过状态图标对输入法的各项输入状态进行设置。

1. “中/英文切换” 图标

通过鼠标左键单击输入法状态栏上的“中/英文切换”图标，可在中文输入状态和英文输入状态之间进行切换。

2. “中/英文标点切换” 图标

通过鼠标左键单击输入法状态栏上的“中/英文标点切换”图标，可在中文标点和英文标点输入状态之间进行切换。

3. “语音输入” 图标

用户可以不用动手打字，使用语音功能能够完美地完成输入。单击语音输入话筒图标，输入的语音内容马上被转化成文字。

4. “输入方式” 图标

用户可以根据需要进行语音输入、手写输入、特殊符号和软键盘的选择操作，如图 4－12 所示。

图 4－12 “输入方式”菜单

其中，Windows 10 内置的中文输入法提供了 13 种软键盘，用于帮助用户快速地输入某类特定的字符。通过输入法状态条上的“软键盘”图标，用户可以很方便地打开软键盘，以及在各类软键盘之间进行切换。软键盘的使用方法如下：

①单击“软键盘”图标，即可打开软键盘，系统默认的软键盘是 PC 键盘，如图 4－13 所示。

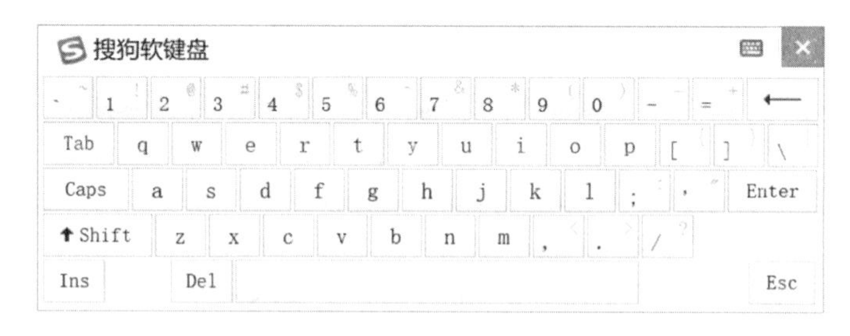

图 4－13 软键盘

②在软键盘激活状态下，用户通过键盘即可输入当前软键盘上各个键位所显示的特定字符。用户也可以直接单击软键盘上的各个键位来输入对应的特定字符。

③如果需要关闭软键盘，只需单击右上角的“关闭”图标×即可。

4.3 常用中文输入法

4.3.1 微软拼音输入法

2009 年微软公司推出了微软拼音，2010 年又推出了简洁版和新体验。新体验在兼具以往微软的风格的基础上添加了一些反应更快捷敏锐、打字准确流畅、打字随心所欲、词汇多不胜数、巧在即打即搜等特点和类似当下流行的搜狗拼音风格的简洁版。。

在计算机使用过程中，当用户启动微软拼音输入法时，微软拼音的输入法状态栏将出现在系统桌面上，初始位置一般在桌面的右下角。微软拼音的输入法状态栏由一组状态图标构成，用于显示输入法的各项输入状态，并允许用户通过状态图标对输入法的各项输入状态进行设置，如图 4－14 所示。

图 4－14 微软拼音的输入法状态栏

4.3.2　搜狗拼音输入法

搜狗拼音输入法（简称搜狗输入法、搜狗拼音）是2006年6月由搜狐公司推出的一款Windows平台下的汉字拼音输入法，2009年9月开始，搜狗输入法陆续推出Android、iOS版本，成为智能手机时代最强大的第三方输入法之一。优势如下：

1. 即刻俊译

中英文无缝对接，一点一选，语言秒转换；诗词快速替换，立马升级专业人士。搜狗输入法iOS 5.1.0版上线即刻俊译功能，在用户输入中文词汇的同时，其对应的古诗词句和英文翻译同步显示，提供多样化表达方式。

2. 云计算

智能获取服务器更准确的计算结果。

3. 手写输入

最新版本的搜狗拼音输入法支持扩展模块，联合开心逍遥笔增加手写输入功能，当用户按U键时，拼音输入区会出现“打开手写输入”的提示，或者当查找候选字超过两页时也会提示，单击可以打开手写输入（如果用户未安装，单击会打开扩展功能管理器，可以单击“安装”按钮在线安装）。该功能可以帮助用户快速输入生字，极大地增加了用户的输入体验，如图4-15所示。

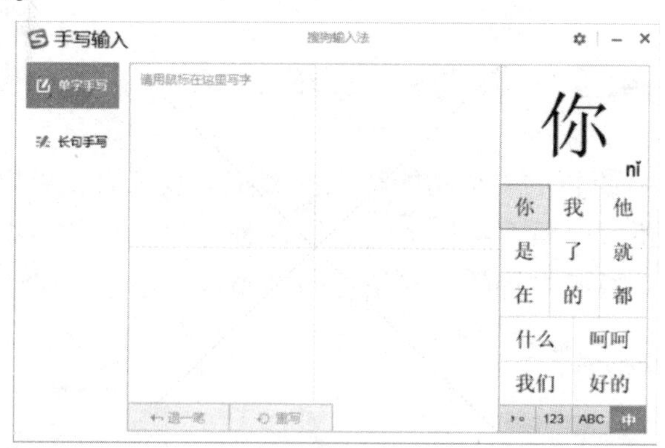

图4-15　手写输入

4. 语音输入

根据用户说话的语音及语速，可以智能断句并自动添加标点符号。

5. 输入统计

搜狗拼音提供了统计用户输入字数、打字速度的功能，但每次更新都会清零。

6. 输入法登录

可以使用输入法登录功能登录搜狗、搜狐等网站。

7. 个性输入

用户可以选择多种精彩皮肤。

8. 细胞词库

细胞词库是搜狗首创的、开放共享、可在线升级的细分化词库功能。细胞词库包括但不限于专业词库，通过选取合适的细胞词库，搜狗拼音输入法可以覆盖几乎所有的中文词汇。

9. 截图功能

可在选项设置中选择开启、禁用和安装、卸载。

4.3.3 五笔字型输入法

五笔字型输入法是一种根据汉字字形进行编码的输入方法。它的基本思想是将汉字分解为字根，将构成汉字的各种字根合理地安排在键盘各个键位上，按照汉字的字形结构输入对应的字根编码，完成汉字的输入。五笔字型输入法输入效率高、重码率低，特别适合专业文字编辑人员使用。但是，五笔字型输入法的熟练使用需要进行专门的学习和记忆。

4.3.4 自然码输入法

自然码输入法是一种以拼音为主、音形结合的汉字输入法。在自然码输入法中，以单字输入为基础，词与短语输入为主导，利用句子、文章中的上下文关系做智能处理。在具体输入时，以双拼为主，形意为辅，音、形、义相结合，简单易学，操作方便。

4.4 用写字板编辑文字

微课 4－3
用写字板编辑文件

写字板是 Windows 10 提供的一个功能较强的文字编辑工具，可以实现丰富的文本格式排版，还可以插入图像、图表等多种对象，具备了编辑复杂文档的基本功能。写字板所支持的文件格式包括 Word 文档、RTF 文档、文本文档等。

4.4.1 写字板的启动

启动“写字板”程序的操作方法是：单击任务栏上的⊞按钮，打开“开始”菜单，单击“所有程序”→“Windows 附件”→“写字板”命令，即可打开“写字板”程序窗口，如图 4－16 所示。

4.4.2 编辑文字

在“写字板”的工作区内，用户可以很方便地对文本进行录入和编辑。文本的编辑操作主要包括文本插入、删除和改写，文本的查找与替换及文本移动与复制等。

1. 选择文本

在对“写字板”工作区内的文本进行编辑操作之前，首先要正确选择所要编辑的文本内容。文本的选择操作包括以下几种情况：

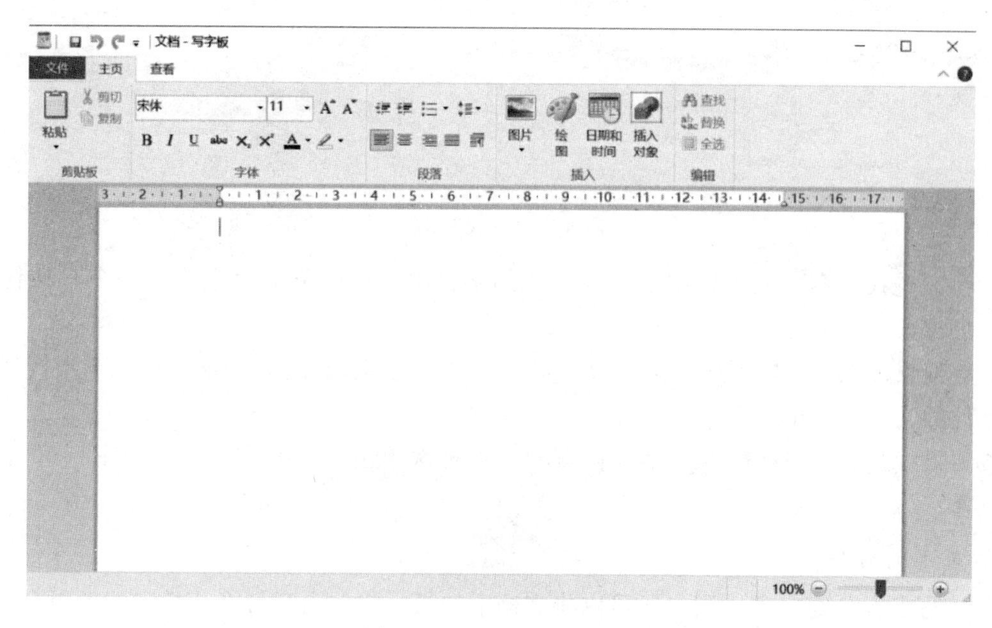

图 4－16 “写字板”窗口

①选择部分文本：在要选择的文本块开始处单击，定位插入点，按住左键拖曳鼠标，到达要选择的文本块的结尾处释放左键，则上述区域的文本被选中。

②选择单行文本：在文本行首的选定区域内单击，则选定当前行。

③选择一段文本：在文本段落的任意行行首的选定区域内双击，则选定当前段落。

④选择全部文本：在工作区内任意段落的任意行行首的选定区域内三击，则选定工作区内的全部文本；也可以选择“编辑”菜单中的“全选”命令来实现全选操作。

2. 文本的插入、删除与改写

①文本的插入：移动鼠标指针到要插入文本的位置，单击左键，将插入点定位在此处，再输入要插入的文本内容。

②文本的删除：按下 Delete 键，将删除插入点右侧的一个字符；按下 Backspace 键，将删除插入点左侧的一个字符；还可以用鼠标选择相应的文本，按 Delete 键删除选定的文本。

③文本的改写：用鼠标选择相应的文本，直接输入新的文本内容，则新输入的文本将覆盖被选中的文本。

3. 文本的查找

在“写字板”窗口中，用户可以很方便地在文档中查找所需的文本内容。具体的操作步骤方法如下：

①单击“主页”菜单功能区中的“查找”命令，弹出“查找”对话框，如图 4－17 所示。

图 4－17　“查找”对话框

②在“查找内容”文本框中输入要查找的字符串，然后单击“查找下一个”按钮，将从插入点位置向后搜索。

③在搜索过程，如果到达文档结束位置，则自动返回文档开始处继续查找。当找到符合查找条件的文本时停止搜索。

④要继续查找出现该文本的其他位置时，可再次单击“查找下一个”按钮，重复上述查找操作。

4. 文本的替换

在“写字板”窗口中，用户还可以将文档中的某些文本内容替换为指定的新内容。具体的操作步骤方法如下：

①单击“主页”菜单功能区中的“替换”命令，弹出“替换”对话框，如图 4－18 所示。

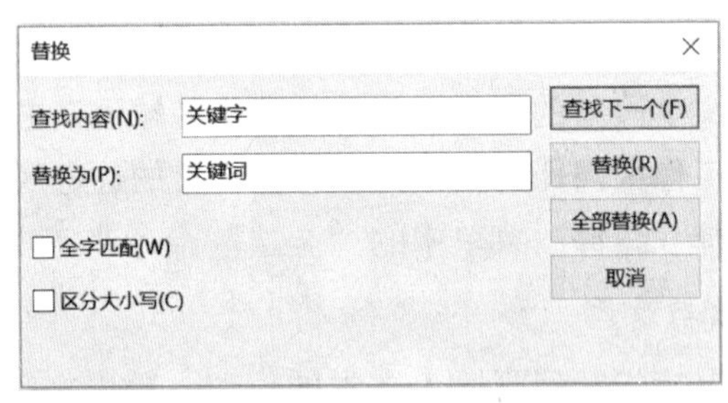

图 4－18　“替换”对话框

②在“查找内容”文本框中输入要查找的字符串，在“替换为”文本框中输入替换后的新文本。

③单击“查找下一个”按钮，开始搜索，当找到符合替换条件的文本时停止搜索。此时，单击“替换”按钮，将对当前查找到的文本进行替换；如果不替换，则再次单击“查找下一个”按钮，重复上述查找操作。

④如果希望自动替换文档中所有符合替换条件的文本，则在用户设置好“查找内容”文本框和“替换为”文本框中的文本后，直接单击“全部替换”按钮即可。

5. 文本的移动与复制

①文本的移动：选择要移动的文本，单击“主页”菜单功能区中的“剪切”命令，然后将插入点定位到所需的位置，再单击“主页”菜单功能区中的“粘贴”命令即可完成文本的移动。

②文本的复制：选择要复制的文本，单击“主页”菜单功能区中的“复制”命令，然

后将插入点定位到所需的位置，再单击“主页”菜单功能区中的“粘贴”命令，即可完成文本的复制。

4.4.3　设置字符格式

在“写字板”窗口中，用户可以根据需要对文档中文本的字符格式进行多种设置。操作方法如下：

①选择要设置的文本内容。

②在功能区中的“主页”选项卡中设置字体和段落的相关属性，如图4－19所示。

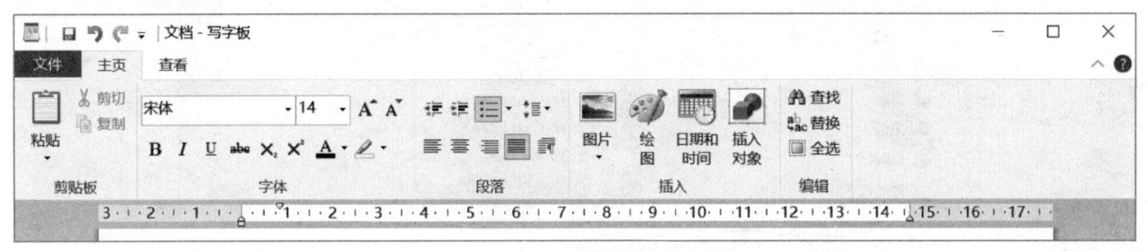

图4－19　“写字板”功能区界面

4.4.4　在文档中插入对象

在“写字板”的文本区中还可以插入图片、图表、媒体剪辑、视频剪辑等对象。操作方法是：将插入点移到要插入对象的位置，单击“主页”菜单功能区中的“插入对象”命令，弹出“插入对象”对话框，如图4－20所示，利用该对话框就可以完成对象的插入或新建。

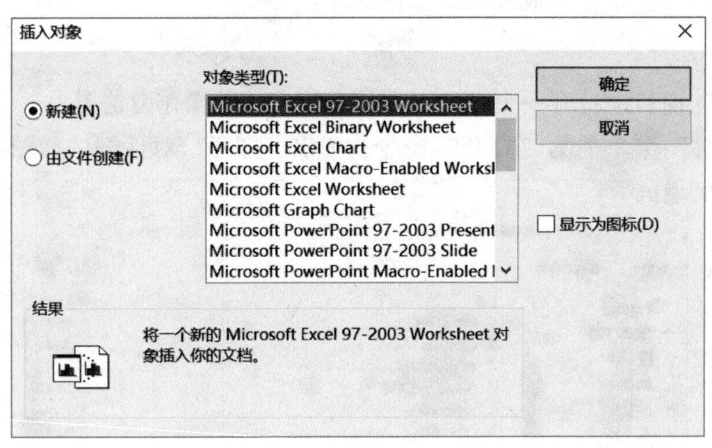

图4－20　“插入对象”对话框

4.4.5　保存和打开文档

1. 保存文档

用户在“写字板”窗口中完成文本的编辑后，应当及时对文档进行保存。文档保存的方法如下：

①单击“文件”菜单中的“保存”或“另存为”命令，弹出“保存为”对话框，如图4－21所示。

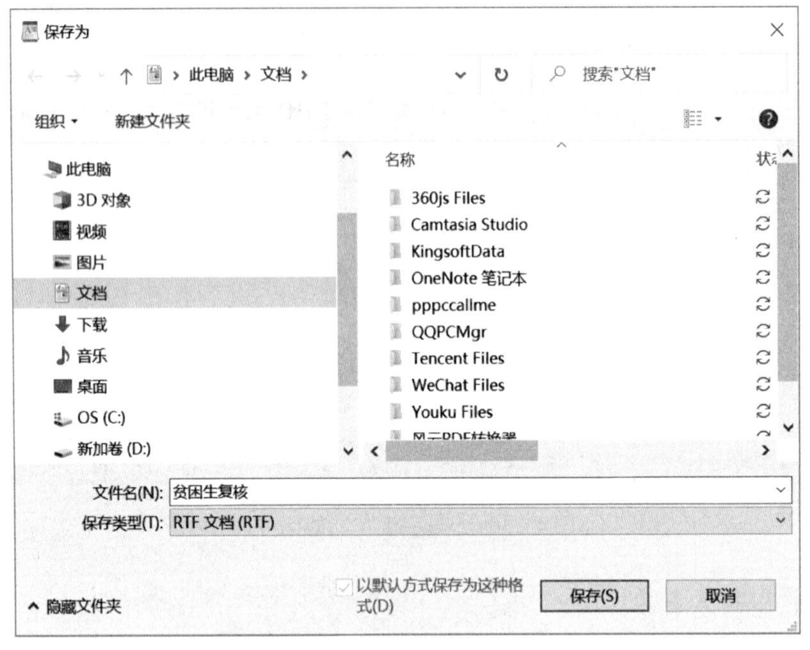

图4－21 “保存为”对话框

②在“保存在”下拉列表中选择文档要存放的驱动器和文件夹；在“保存类型”列表中选择所需的文件类型，在“文件名”文本框中输入文件名。

③单击“保存”按钮，完成文档的保存操作。

2. 打开文档

在“写字板”窗口中打开一个已经存在的文档文件的操作方法是：

①单击“文件”菜单中的“打开”命令，弹出“打开”对话框，如图4－22所示。

图4－22 “打开”对话框

②在“查找范围”下拉列表中，选择要打开文档文件所在的驱动器和文件夹。

③在“查找范围”下拉列表下方的窗格中，选中要打开的文档文件图标，单击“打开”按钮；或者直接双击要打开的文档文件图标，将选中的文档文件打开。

知识拓展

近年来，互联网电视开始火热，如乐视TV、小米TV，最近爱奇艺也在大肆地招人做爱奇艺电视，当然，还有更被关注的苹果电视。除了苹果电视外，其他都采用安卓系统。但是各种互联网电视毕竟还是电视，与用户是有距离的，用户无法通过直接触摸屏幕等方式来输入。对于英语系的国家，通过外接键盘可以输入，但是对于类似中文这种需要转换的语种来说，就麻烦了。这是因为安卓外接键盘只能输入英文字符，同时，输入法又没法获取外接键盘（只支持触摸软键盘的字符）的输入将其转化为中文。不过，这可以通过远程输入来解决。

远程输入的机制很简单：设计一种特殊的输入法，该输入法不通过触摸软键盘获得输入字符，而是通过网络直接从网络的另一端获取字符（这个字符可以是英文，也可以是中文，还可以是其他语系），然后将这个字符发送给应用程序。

小　结

本章介绍了Windows 10中与中文输入相关的基础知识，包括键盘录入技术，中文输入法的添加、删除与切换，常见中文输入法的使用，字体的添加与删除，写字板的使用等。

习　题

一、选择题

1. 切换中英文输入的快捷键为（　　）。

A. Ctrl + 空格　　B. Shift + 空格　　C. Ctrl + Shift　　D. Alt + Shift

2. 中文输入法的屏幕显示没有（　　）。

A. “输入法状态”窗口　　B. “属性”窗口

C. “候选”窗口　　D. “外码输入”窗口

3. 键盘上的（　　）键是控制键盘输入大小写切换的。

A. Shift　　B. Ctrl　　C. NumLock　　D. CapsLock

4. Del 键的作用是（　　）。

A. 退格键　　B. 控制键　　C. 删除字符　　D. 制表定位键

5. Shift 键的作用是（　　）。

A. 输入上档字符　　B. 锁定大写

C. 删除字符　　D. 锁定数字功能

6. Backspace 键的作用是（　　）。

A. 锁定数字功能　　B. 删除字符　　C. 输入上档字符　　D. 锁定大写

7. NumLock 键的作用是（　　）。

A. 锁定数字功能　　B. 锁定大写　　C. 删除字符　　D. 输入上档字符

8. 从键盘上输入一条命令后，按（　　），便开始执行这条命令。

A. Ctrl 键　　B. Shift 键　　C. Enter 键　　D. 空格键

9. 每击一次（　　），光标位置上的一个字符将被删除，光标右边的所有字符各左移一格。

A. Insert 键　　B. Home 键　　C. Delete 键　　D. End 键

10. 每次启动计算机后，只有按一次（　　），小键盘区的数字键才被激活。

A. NumLock 键　　B. PageUp 键　　C. Shift 键　　D. PageDown 键

11. 关于 Windows 中的汉字输入，下列说法中，错误的是（　　）。

A. Windows 在系统安装时预置了全拼、智能 ABC、郑码等几种输入法

B. 在输入汉字时，必须将键盘锁定在字母小写状态

C. 按 Shift + 空格键可以进行全角与半角的切换

D. 按 Ctrl + 空格键可以进行中英文标点的切换

二、操作题

1. 在 Windows 10 中添加其他软件厂商开发的中文输入法的基本方法如下：

（1）通过网络下载所需的中文输入法安装文件。

（2）在本地计算机上运行中文输入法安装文件，启动输入法安装向导。

（3）在安装向导的提示下，逐步完成输入法的安装和相关的初始化设置。

（4）完成上述操作后，则该输入法添加到系统中，并显示在语言栏内。

2. 删除中文输入法。

（1）右击语言栏中的输入法图标，在弹出的快捷菜单中选择“设置”命令。

（2）弹出“文字服务和输入语言”对话框，选择“设置”选项卡。

（3）在“已安装的服务”设置区域选择要删除的中文输入法，单击“删除”按钮。

（4）依次单击“确定”按钮，即可将该中文输入法从语言栏中删除。

第 5 章

在 Windows 10 中安装软硬件

情境引入

Windows 10 提供了丰富的组件用于扩展系统的功能，以满足不同用户的使用需求，同时，Windows 10 对其他软件厂商开发的应用软件提供了很好的支持，用户可以很方便地在 Windows 10 系统中安装和使用所需的各类软件。本章将介绍 Windows 10 中软硬件的安装与卸载，包括 Windows 10 组件的添加与删除、Windows 10 中软件的安装与卸载、Windows 10 中硬件的安装与卸载。

本章学习目标

能力目标：

√ 能自己独立完成添加、卸载各种应用软件；

√ 能进行系统组件的添加与删除操作。

知识目标：

√ 了解 Windows 10 中软件的安装与安装前的准备；

√ 掌握 Windows 10 中组件的添加与删除；

√ 掌握 Windows 10 中软件、硬件的卸载；

√ 掌握 Windows 10 中硬件的安装与驱动程序的更新。

素质目标：

√ 培养教育学生不要随意删除学校和他人机器上的文件与程序，养成良好的道德品质。

√ 培养教育学生要尊重软件开发者的智慧结晶，支持正版软件。

5.1　添加和删除 Windows 10 组件

微课 5－1
添加和删除
Windows10 组件

Windows 10 系统提供了丰富的组件，有些组件在安装 Windows 10 系统时可能没有安装，而有些组件虽然安装了，但是用户在计算机日常使用中并不会用到，用户可以通过“控制面板”中的“添加/删除程序”工具来安装或删除相应的组件。

5.1.1 添加 Windows 10 组件

添加 Windows 10 组件的操作步骤如下：

①在 Windows 10 系统桌面双击“控制面板”图标，在打开的“控制面板”窗口中单击“程序”选项，然后再单击“启用或关闭 Windows 功能”，打开如图 5－1 所示对话框。该对话框中列出了 Windows 10 操作系统的所有组件。

图 5－1 “Windows 功能”窗口

在组件列表中，如果某组件选项前边的方框内显示☑，则说明该组件已经安装在系统中了；若方框中显示▣，表明该组件没有完全安装；若方框中显示□，表明该组件没有被安装。

②在对话框的列表框中，单击需要安装的组件，使之出现☑符号，则该组件将被安装。图 5－2 所示即为安装“IP 安全”。

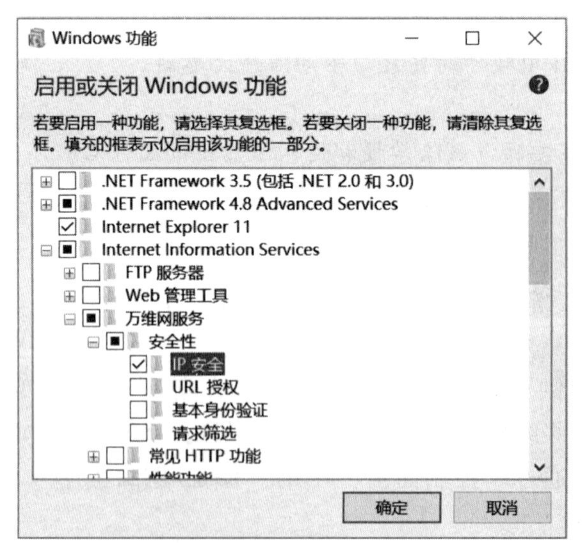

图 5－2 安装“IP 安全”

③单击“确定”按钮，系统开始自动安装选定的组件，并在“Windows 功能”对话框中显示安装进度，如图 5 –3 所示，最后完成安装操作。

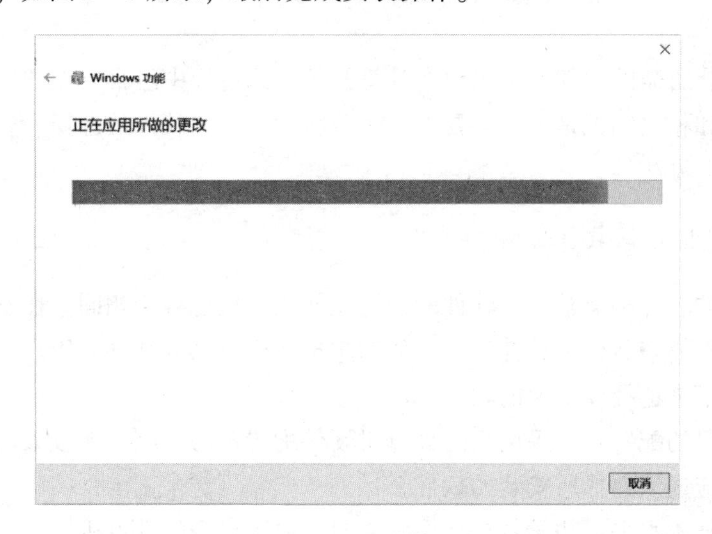

图 5 –3　显示安装进度

5.1.2　删除 Windows 10 组件

删除 Windows 10 组件的操作步骤如下：

①在 Windows 10 系统桌面双击“控制面板”图标，在打开的“控制面板”窗口中单击“程序”选项，然后单击“启用或关闭 Windows 功能”，打开如图 5 –1 所示对话框。

②取消对想要删除的组件的选择，单击“确定”按钮，系统开始自动删除选定的组件，并在“Windows 功能”对话框中显示删除进度，如图 5 –4 所示，最后完成删除操作。

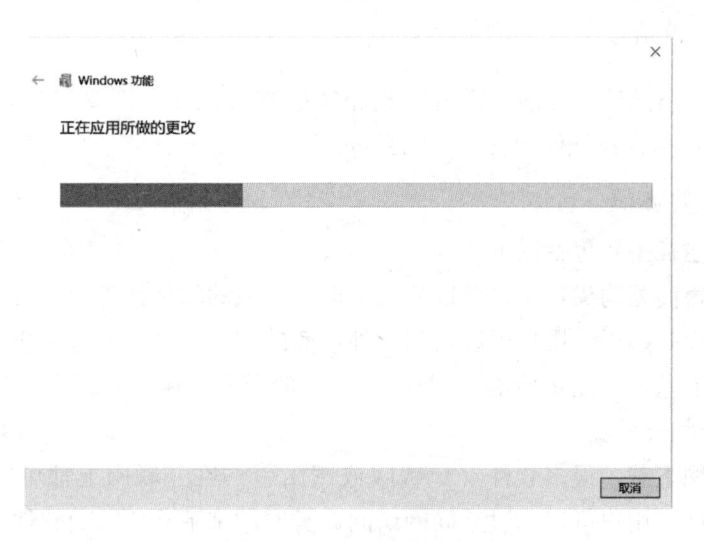

图 5 –4　显示删除进度

5.2　在 Windows 10 中安装软件

在系统中安装所需的软件，是用户在计算机的使用过程中经常要做的操作，了解和掌握软件安装的方法和相关知识是十分必要的。本节将主要介绍软件的选择、软件安装前的准备及软件安装的一般方法等。

5.2.1　选择适合的电脑软件

目前市场上的软件种类繁多，软件的功能及使用方法也各不相同。在安装软件之前，必须先要清楚自己需要安装什么软件，以及如何选择适合自己的软件。用户在选择软件时，可以从以下几个方面来选择要安装的软件：

①根据计算机的配置：如果用户的计算机硬件配置较高，则可在较大范围内选择所需的软件；反之，则应谨慎选择所安装的软件。

②根据自身技术水平：初学者在选择软件时，由于自身的计算机知识有限，操作、管理各种软件和程序的能力较弱，在使用各类软件时，也只是应用软件的最基本功能，所以建议初学者选用一些操作界面较为简单，功能不是特别复杂的软件。

③根据需求选择：在选择软件时，用户应考虑到自己的实际使用需求。例如，如果只是绘制一些简单的图形，用 Windows 系统自带的画图程序即可，没有必要再购买诸如 Photoshop、CorelDraw 这类大型专业图形图像处理软件；如果需要处理比较复杂的图形图像，则应购买相关的专业图形图像处理软件。

④提倡选用正版软件：正版软件不仅质量可靠，而且售后服务较好，而盗版软件的质量较差，使用性能也难以保证，因此建议读者购买正版软件。

5.2.2　安装软件前的准备

用户在安装所需的软件之前，需要完成相关的准备工作，主要包括获取软件（这里指软件的安装程序）和查找软件的安装序列号等。

1. 获取软件的途径

获取软件的途径主要包括以下几种：

①从软件销售商处购买：用户可以从当地电脑商城的软件销售商处咨询并购买。

②从软件厂商处购买：用户可以访问软件厂商的官方网站，通过在线购买的方式来获取相关软件（其中有些软件是免费的）。软件厂商一般会通过在线下载或邮寄软件安装光盘的方式向购买者提供软件。

③通过互联网下载：很多软件（免费版或试用版）在互联网上都可以找到为其提供免费下载资源的网站，用户可以通过互联网访问该类网站来下载所需的软件。

④购买软件类书籍时获得赠送：某些软件类书籍在销售时，会随书赠送该类软件试用版或简化版的安装光盘。

2. 查找安装序列号

软件的安装序列号又叫注册码，是安装软件时必须提供的重要信息（有一些免费软件或试用版软件，在安装时可能不需要输入安装序列号），很多软件商都将安装序列号印刷在安装光盘的包装封面上，用户可以通过阅读安装光盘的包装来获取安装序列号。

对于从网上下载的一些工具软件和免费软件，在安装之前可以查看安装程序文件夹中的名为“SN”“README”或“序列号”等名称的文本文件，该类文件提供了软件的安装序列号、软件的安装方法等信息。

5.2.3　安装软件的一般方法

计算机软件的安装过程随软件的类型不同而略有差异，但是一般都会包括以下基本操作步骤：

①运行软件的安装程序，启动软件的安装向导。

②在安装向导对话框中，查看并确认同意软件的许可证协议。

③在安装向导对话框中，设置软件的安装位置（目标文件夹）。

④在安装向导对话框中，输入用户名和软件的安装序列号（试用版软件或免费软件的安装，则不需要安装序列号）。

⑤在安装向导对话框中，选择是否为该软件创建快捷方式。

⑥用户设定好软件安装的各项设置项，确认正式安装。

⑦安装向导将自动完成相关文件的安装、注册等操作。

⑧安装完成后，安装向导显示提示信息通知用户。

5.2.4　练习软件的安装

微课5－2
软件安装

按下面的操作要求执行正确的操作步骤，练习安装软件的一般方法。

操作要求：安装软件 Adobe Photoshop CS6（试用版）官方简体中文，采用默认的安装位置，并为其在桌面和快速启动工具栏中创建快捷方式。

操作步骤：

①运行 Adobe Photoshop CS6 官方简体中文（试用版）的安装程序，启动该软件的安装向导，首先进入初始化安装界面，如图5－5所示。初始化的过程是检查系统配置文件的过程，初始化后进入欢迎界面，如图5－6所示。

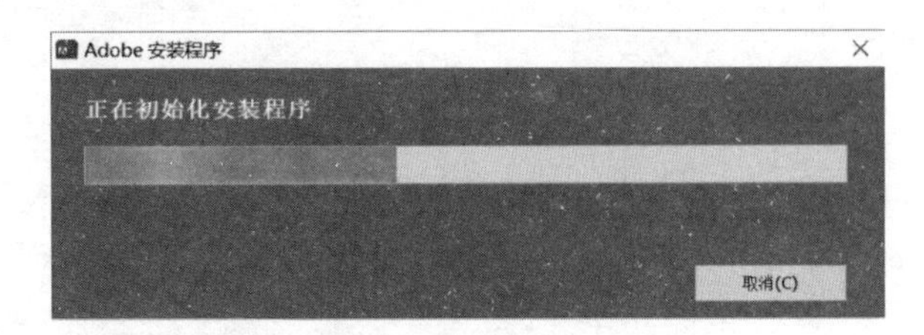

图5－5　初始化界面

图 5－6 “欢迎”界面

②单击“试用”按钮，进入许可协议界面，如图 5－7 所示。

图 5－7 许可协议界面

③单击“接受”按钮，表示接受该协议，打开“选项”对话框，如图 5－8 所示。

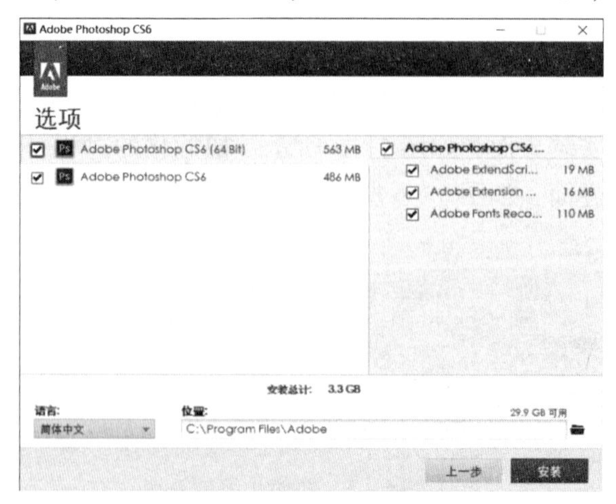

图 5－8 “选项”对话框

④单击“安装”按钮，进行软件安装，系统会提示安装进度，如图5－9所示。

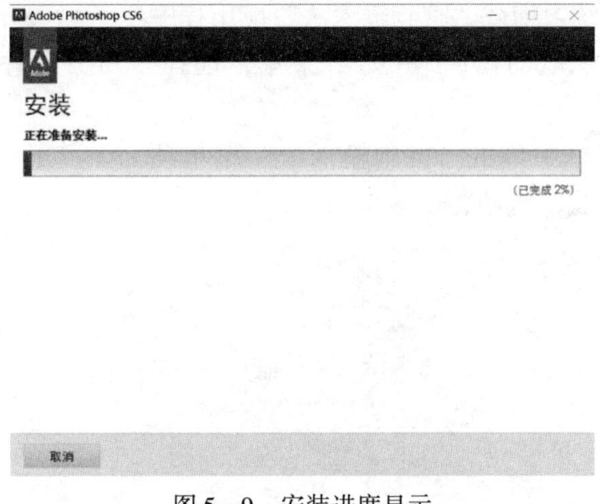

图5－9　安装进度显示

⑤安装完毕后，即可出现提示安装完成对话框，如图5－10所示。单击“关闭”按钮即可。

图5－10　“安装完成”对话框

5.3　在 Windows 10 中删除软件

在计算机使用过程中，用户有时需要对不再使用的软件进行删除，以节省硬盘存储空间和提高系统启动速度。在 Windows 10 系统中删除软件主要有以下两种操作方式：

5.3.1　使用自卸载功能删除软件

一般情况下，很多软件在安装时都会自动安装软件的自卸载程序。用户通过执行软件提供的自卸载程序，将会打开对应的“软件卸载向导”对话框，在向导的提示下按步操作，即可很方便地完成软件的卸载。

练习　卸载应用程序

微课 5－3
软件卸载

按下面的操作步骤练习卸载“搜狗输入法”应用程序。

①单击“开始”按钮，打开“开始”菜单，选择“所有程序”菜单项。

②在弹出的级联菜单中单击“搜狗输入法”菜单项，弹出下一级菜单，单击菜单中的“卸载”选项，如图 5－11 所示。

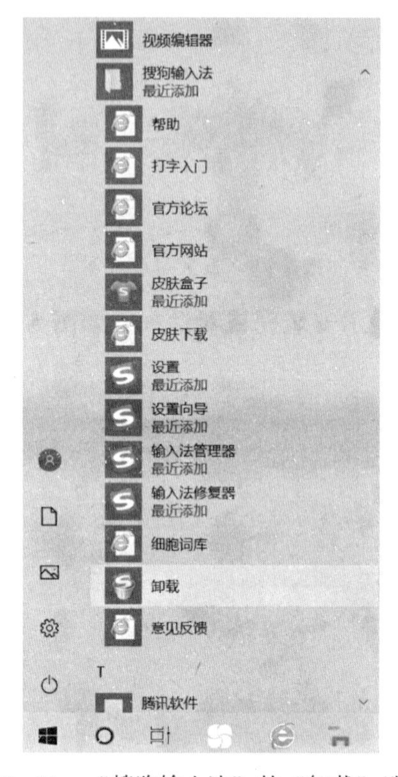

图 5－11　“搜狗输入法”的“卸载”选项

③系统自动运行“搜狗输入法”的自卸载程序，弹出“卸载向导”对话框，如图 5－12 所示。

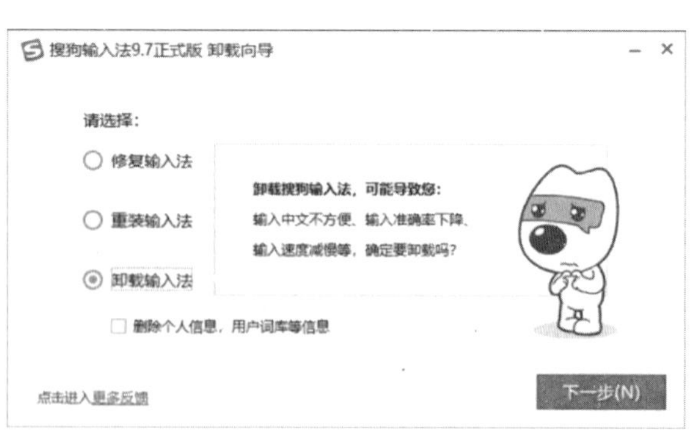

图 5－12　“卸载向导”对话框

④在对话框中，选择“卸载输入法”选项，单击“下一步”按钮，进入“卸载反馈”

对话框，如图5－13所示。

⑤在对话框中，单击“卸载”按钮，系统开始卸载该应用程序，并弹出“正在卸载”对话框，如图5－14所示。

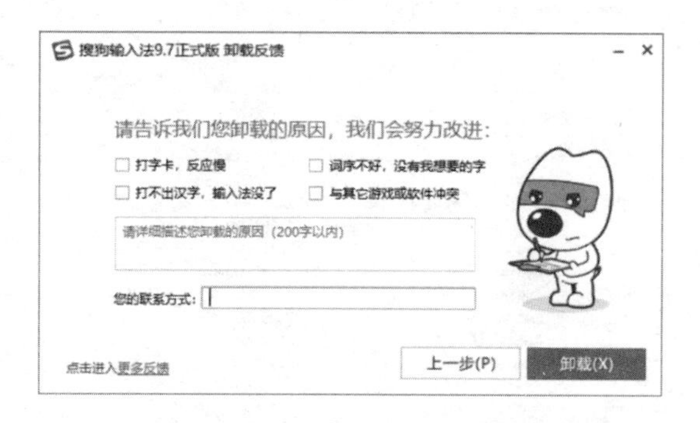

图5－13　“卸载反馈”对话框

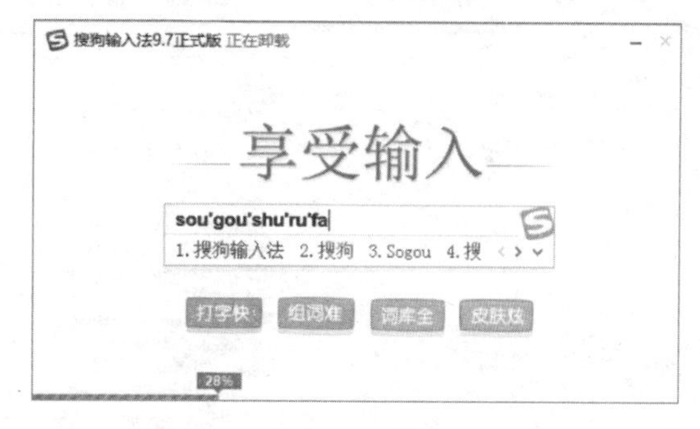

图5－14　“正在卸载”对话框

⑥卸载完成后，弹出“卸载完成”对话框，如图5－15所示，单击“完成”按钮即可。

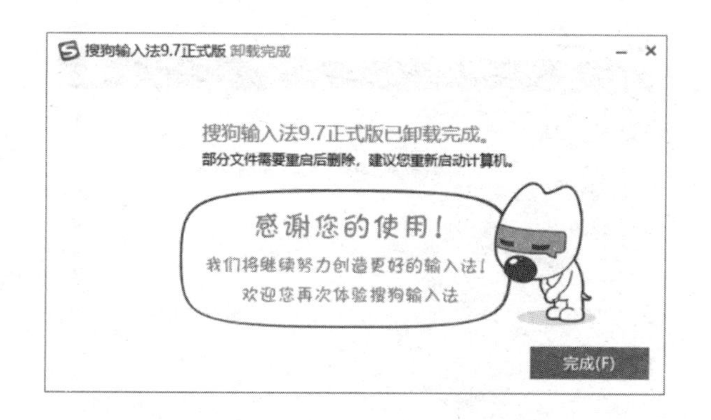

图5－15　“卸载完成”对话框

5.3.2　使用控制面板删除软件

微课5－4
使用控制面板
删除软件

在计算机使用过程中，有一些软件在安装时并没有安装自卸载程序，或者有些软件安装了自卸载程序，但是没有将自卸载选项添加到“开始”菜单的“所有程序”级联菜单中。对于这类软件，用户可以通过“控制面板”中的“卸载或更改程序”工具来实现软件的卸载。

使用“控制面板”中的“卸载或更改程序”工具删除软件的基本步骤如下：

①打开“控制面板”窗口，在窗口中单击“卸载程序”图标，打开“卸载或更改程序”对话框，如图5－16所示。

②单击窗口中的“卸载”按钮，则弹出“卸载选项”对话框，如图5－17所示。

③单击“卸载”按钮，弹出卸载进度对话框，如图5－18所示。

④卸载完毕后，弹出如图5－19所示的对话框，单击“关闭”按钮，即可删除此程序。

图 5－16 “卸载或更改程序”对话框

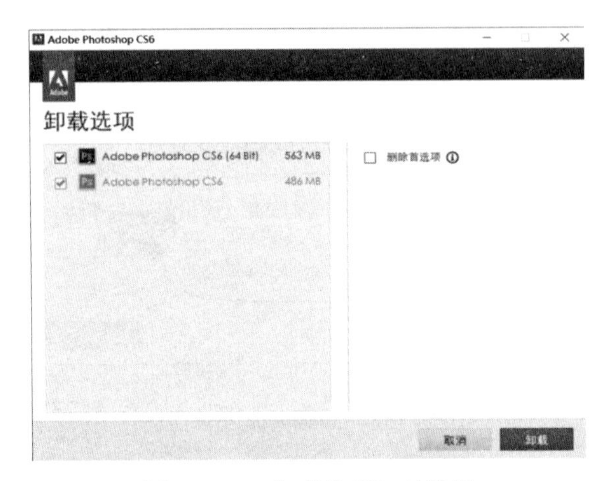

图 5－17 “卸载选项”对话框

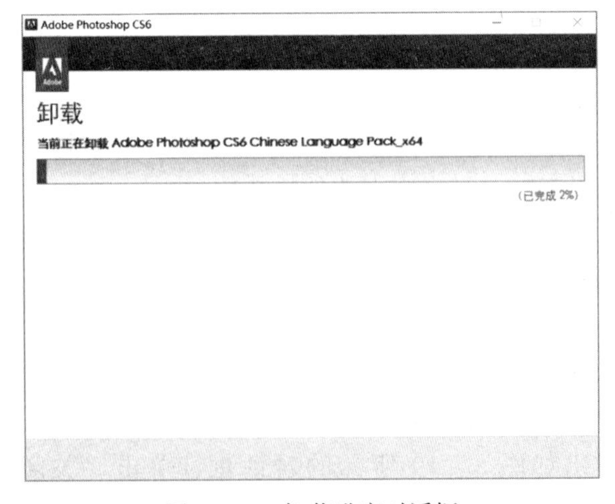

图 5－18 卸载进度对话框

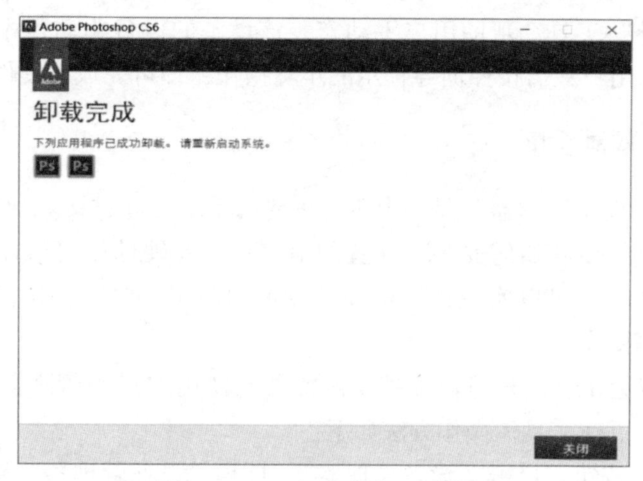

图5－19　“卸载完成”对话框

5.4　在 Windows 10 中安装硬件

在计算机系统中，安装一个新的硬件通常包括三个步骤：将新硬件正确地连接到计算机上；为该硬件安装适当的设备驱动程序；配置该硬件的属性和相关设置。

就硬件设备安装的简易性而言，可以将硬件设备粗略地分为两类：即插即用型和非即插即用型。其中，非即插即用型的硬件设备需要用户为其手动安装设备驱动程序和进行配置；而即插即用型的硬件设备在正确地接入计算机后，计算机系统能够自动识别该设备，并为其安装设备驱动程序和进行相关的配置，无须人工干预。

5.4.1　安装即插即用型硬件

Windows 10 全面支持即插即用型设备，即插即用型设备是能够连接到计算机上并可以立即使用，且无须手动配置的硬件设备。

在 Windows 10 中安装即插即用型设备很简单，只需要将其正确接入计算机，然后让 Windows 去完成其余的工作，包括安装必要的驱动程序、更新系统及分配资源。大多数 1995 年以后生产的设备基本上都是即插即用型。安装即插即用型硬件设备的基本步骤如下：

①将即插即用型设备正确地连接到计算机上。

②将显示“发现新硬件”提示信息，系统会自动识别该设备，并为其安装设备驱动程序（有些情况下，系统会要求插入带有相应驱动程序的磁盘或光盘）。

③设备驱动程序安装完毕后，系统自动为该设备分配资源并更新系统。

④系统在完成以上操作后，会显示“新硬件已安装并可以使用了”提示信息，提示用户该设备已能够正常使用。

5.4.2　安装非即插即用型硬件

对于非即插即用型设备，Windows 10 不能自动完成该类设备的安装与配置，而是通过提供“添加硬件向导”工具，帮助用户手动安装该设备的设备驱动程序。因此，在添加非即插即用型设备时，用户只需按照向导提示的步骤操作，即可完成新硬件的安装。

5.4.3 更新硬件的驱动程序

Windows 10 的“设备管理器”是一个十分重要的系统配置工具。“设备管理器”为用户提供了有关计算机上的硬件如何安装和配置的信息，以及硬件如何与计算机程序交互的信息。使用“设备管理器”可以实现计算机硬件设备的停用、启用、卸载、更新设备驱动程序及修改硬件设置等操作。

在计算机使用过程中，用户可以根据实际需要，使用“设备管理器”对已安装的硬件设备的驱动程序进行更新，具体操作方法如下：

①右击“开始”按钮，单击“设备管理器”，打开“设备管理器”对话框，如图 5－20 所示。

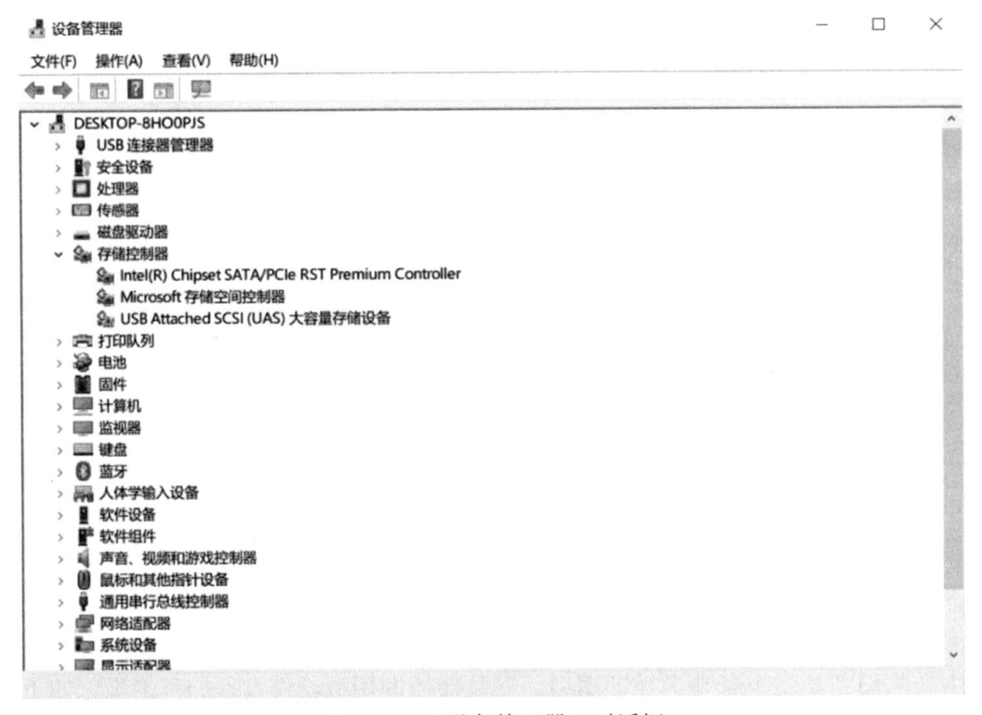

图 5－20 “设备管理器”对话框

②在“设备管理器”窗口中，列出了系统中安装的所有硬件设备，在设备列表中右击要更新驱动程序的设备驱动器（以键盘为例），在弹出的快捷菜单中选择“更新驱动程序”命令，如图 5－21 所示。

③系统弹出“更新驱动程序”对话框，如图 5－22 所示。

④在窗口中选择“自动搜索更新的驱动程序软件”，弹出如图 5－23 所示的对话框，更新完成。

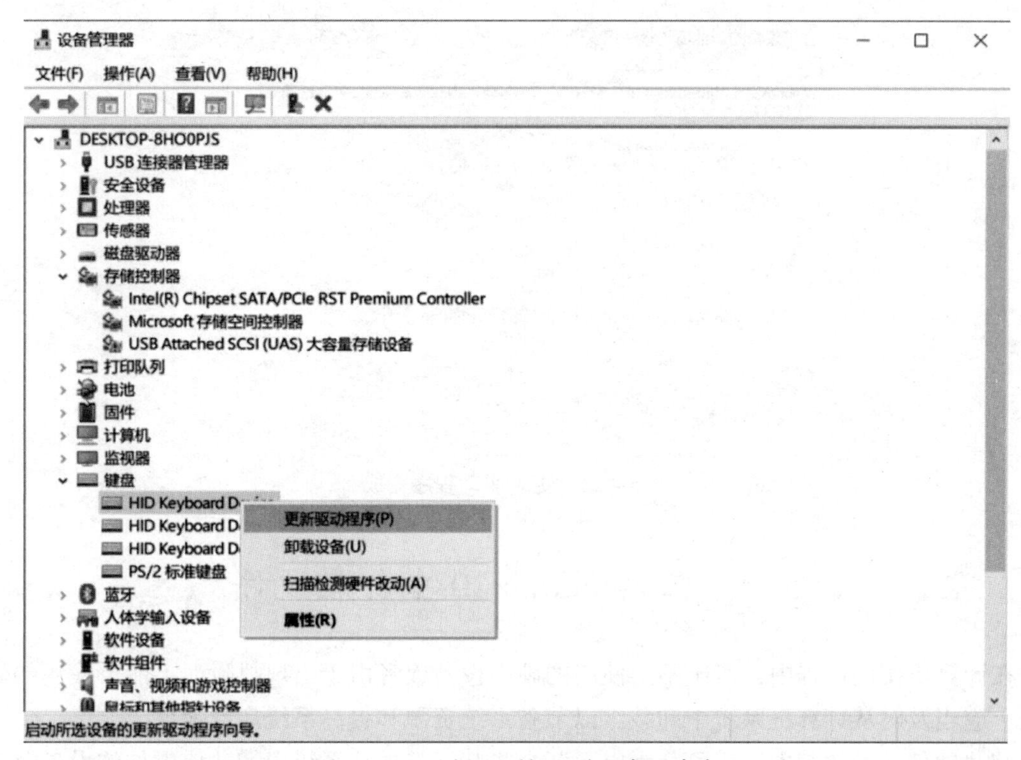

图 5－21　选择“更新驱动程序”命令

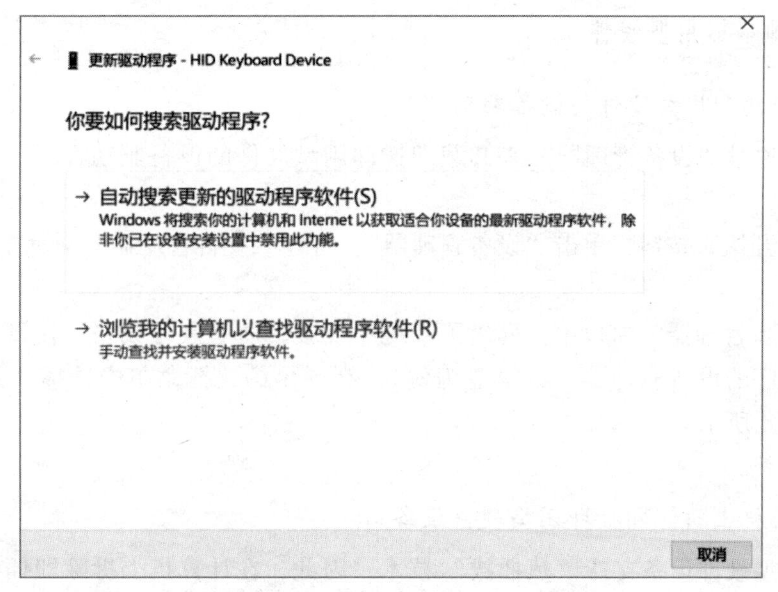

图 5－22　“更新驱动程序”对话框

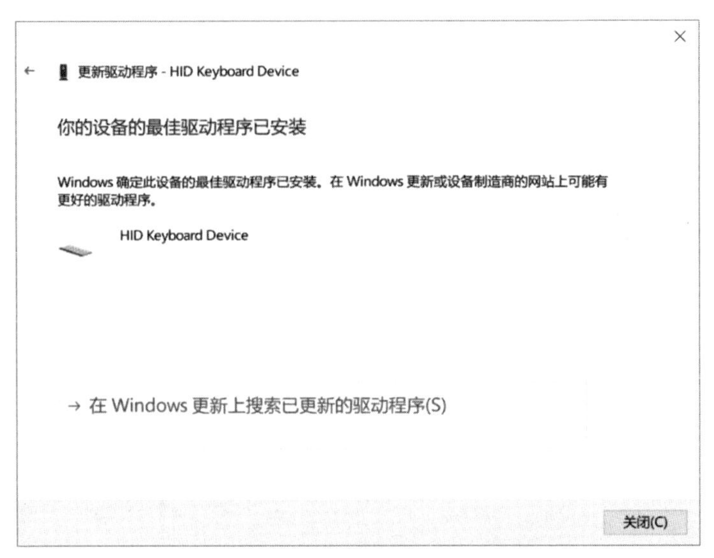

图 5－23　更新驱动程序完成

5.5　在 Windows 10 中卸载硬件

在计算机使用过程中，对于不再使用的硬件设备或者由于出现故障而不能再使用的硬件设备，应当及时从计算机系统中卸载，以节省系统资源和提高系统启动速度。

卸载硬件设备的基本操作可分为以下两个步骤：首先从系统中卸载该硬件的设备驱动程序，释放其占用的系统资源；然后将该硬件设备从计算机上拆除。

5.5.1　卸载即插即用型硬件

1. 卸载即插即用型硬件的设备驱动程序

用户可以通过“设备管理器”来卸载即插即用型硬件的设备驱动程序。具体操作方法如下：

①右击“开始”按钮，单击“设备管理器”，打开“设备管理器”对话框，如图 5－20 所示。

②在“设备管理器”窗口中，列出了系统中安装的所有硬件设备，在设备列表中右击要更新驱动程序的设备驱动器（以键盘为例），在弹出的快捷菜单中选择“卸载设备”命令，如图 5－24 所示。

③完成卸载。

2. 从计算机上拆除即插即用型硬件设备

即插即用型硬件设备支持“热插拔”技术，因此，在计算机上拆除即插即用型硬件设备（如热插拔硬盘、计算机摄像头等）时，无须关闭计算机和切断电源，只要将该硬件设备从计算机上相应的连接接口处直接拔出即可。

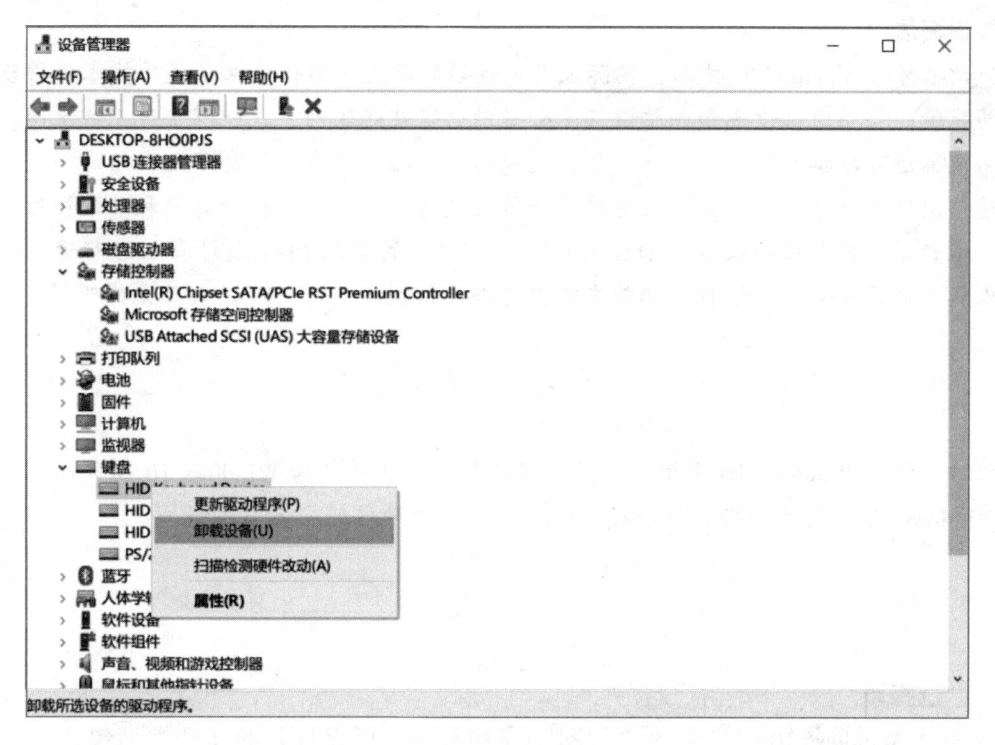

图 5-24 选择“卸载设备”命令

5.5.2 卸载非即插即用型硬件

1. 卸载非即插即用型硬件设备的设备驱动程序

卸载非即插即用型硬件的设备驱动程序，也是通过“设备管理器”来实现的，具体的操作方法与卸载即插即用型硬件设备驱动程序的方法相同，这里不再重复。

2. 从计算机上拆除非即插即用型硬件设备

非即插即用型硬件设备不支持“热插拔”技术，因此，在计算机上拆除非即插即用型硬件设备，必须按照以下步骤进行操作：

①退出计算机操作系统，关闭计算机，然后切断计算机电源。

②如果要拆除的非即插即用型硬件设备采用单独供电，还要切断该硬件设备的电源。

③采用正确的操作方法将该硬件从计算机上拆除下来。

如果该硬件属于连接到计算机主板或前面板对应接口的外接设备（如打印机、扫描仪等），则在拆卸时，只需将该设备的数据连接线插头从计算机主板或前面板对应接口处拔出即可。

如果该硬件属于安装在计算机主板扩展槽上的功能扩展卡设备（如声卡、显卡、网卡），则在拆卸时，要先打开计算机的主机箱，卸下固定该设备的固定螺丝，再适当用力将该设备从主板扩展槽上拔出，最后将计算机主机箱重新封闭即可。

知识拓展

所谓蓝牙（Bluetooth）技术，实际上是一种短距离无线通信技术。蓝牙技术使得现代一些容易携带的移动通信设备和电脑设备不必借助电缆就能联网，就能够实现无线上网。其实际应用范围还可以拓展到各种家电产品、消费电子产品和汽车等信息家电，组成一个巨大的无线通信网络。蓝牙用于不同的设备之间进行无线连接，例如连接计算机和外围设备，如打印机、键盘等，又或让个人数码助理（PDA）与附近的其他PDA或计算机进行通信。目前市面上具备蓝牙技术的手机种类非常丰富，可以连接到计算机、PDA甚至免提听筒。

小　结

本章介绍了Windows 10中软硬件的安装与卸载方法，包括Windows 10组件的添加与删除、Windows 10中软件的安装与卸载、Windows 10中硬件的安装与卸载。

习　题

一、选择题

1. 利用Windows 10附件中的“画图”应用程序，可以打开的文件类型包括（　　）。(选择三项)

A. BMP　　B. GIF　　C. WAV　　D. JPEG

E. MOV

2. 如果不再使用某个程序，或者希望释放硬盘上的空间，则可以从计算机上卸载该程序。卸载某个程序的过程正确的是（　　）。

A. 选择程序，单击“程序和功能”　　B. 单击“开始”→“控制面板”

C. 选择程序，单击“卸载”按钮　　D. 选中该程序图标，按Del键卸载

3. 在Windows 10的个人计算机上安装新的打印机，正确的顺序排列是（　　）。

A. 将打印机插入USB端口

B. 安装厂商的驱动程序

C. 使用Windows Update更新驱动程序

D. 允许Windows查找及增加新的硬件

4. 用户要通过蓝牙方式将手机与笔记本电脑进行连接，可能的操作步骤为（　　）。

A. 关闭设备连接成功的对话框，完成连接

B. 在搜索到的设备列表中，选择要进行连接的设备，并单击“下一步”按钮

C. 比较计算机与要连接的设备之间的配对代码，如果代码一致，则选择“是”

D. 选择“硬件和声音”选项

E. 选择“添加Bluetooth设备”

5. 以下选项中，属于应用软件的是（　　）。

A. Windows CE　　B. Informix　　C. QQ For Windows　　D. Netware

6. 下列软件中，可以免费下载使用，但若正式使用，仍需付费的是（　　）。

A. 专利软件　　B. 公用软件　　C. 共享软件　　D. 免费软件

7. 能提供原始代码的软件是（　　）。

A. 试用软件　　B. 共享软件　　C. 开源软件　　D. 测试软件

8. 用户使用计算机高级语言编写的程序，通常称为（　　）。

A. 汇编程序　　B. 目标程序

C. 源程序　　D. 二进制代码程序

9. 软件应用程序连续出现问题时，应采取的步骤是（选择两项）（　　）。

A. 卸载应用程序　　B. 删除应用程序

C. 重新安装应用程序　　D. 将应用程序移动到回收站

E. 使用杀毒软件清除病毒

10. 当尝试将计算机画面连接至投影仪，但是投影仪布幕的画面却显示“没有信号”时，排除故障的正确顺序是（　　）。

A. 寻求信息技术人员的协助

B. 确认投影仪（或显示器）的信号线正确地连接到计算机，且接头的接脚针脚没有变形

C. 根据信息技术人员的建议尝试排除故障

D. 确认投影仪的信号源已正确切换，且计算机上的画面信号已正常输出

E. 记录该问题与解决的方法，并告知可能的使用者

二、操作题

1. 安装腾讯 QQ 软件：

（1）运行软件的安装程序，启动软件的安装向导。

（2）在“安装向导”对话框中，查看并确认同意软件的许可证协议。

（3）在“安装向导”对话框中，设置软件的安装位置（目标文件夹）。

（4）在“安装向导”对话框中，选择是否为该软件创建快捷方式。

（5）用户设定好软件安装的各项设置项，确认正式安装。

（6）安装向导将自动完成相关文件的安装、注册等操作。

（7）安装完成后，安装向导显示提示信息通知用户。

2. 卸载腾讯 QQ 软件：

（1）在“开始”菜单运行软件提供的自卸载程序。

（2）打开对应的“软件卸载向导”对话框，在向导的提示下按步操作。

第6章

网络连接

情境引入

计算机网络的产生将原本地理位置不同的、功能独立的多台计算机系统通过通信设备和线路连接起来，使用网络软件实现对网络硬件、软件及资源共享，以及信息传递的控制与管理。正因为计算机网络的出现，使得人们能足不出户便知天下事，单台计算机的资源和信息得以互联互通，掀起了一场信息化的新变革。

本章学习目标

能力目标：

√ 知道网络的定义和基本术语；

√ 知道网络的分类与常见连接方法；

√ 能设置无线路由器连接到因特网。

知识目标：

√ 理解网络的定义和基本术语；

√ 了解网络的分类与常见连接方法；

√ 能熟练设置无线路由器连接到因特网。

素质目标：

√ 培养学生使用专业术语来描述计算机网络；

√ 培养实际操作中的探究精神。

6.1 网络基础知识

6.1.1 什么是网络

在计算机领域中，网络就是用物理链路将各个孤立的工作站或主机相连在一起，组成数据链路，从而达到资源共享和通信的目的。凡将地理位置不同，并具有独立功能的多个计算机系统通过通信设备和线路连接起来，且以功能完善的网络软件（网络协议、信息交换方

式及网络操作系统等）实现网络资源共享的系统，都可以称为计算机网络。本书中讨论的网络专指计算机网络。

当两台或更多的计算机为达到资源、信息共享的目的而连接在一起时，网络就产生了。网络小到可以是家庭中的两台计算机，大到可以是全世界有联系的所有计算机。

联网用户可以将计算机连接到 Internet 上，以查找和共享资源。Internet 是一个覆盖全球的网络资源，在这里用户可以与他人在线沟通，以寻找需要的资料。常见 Internet 网络的结构如图 6 - 1 所示。

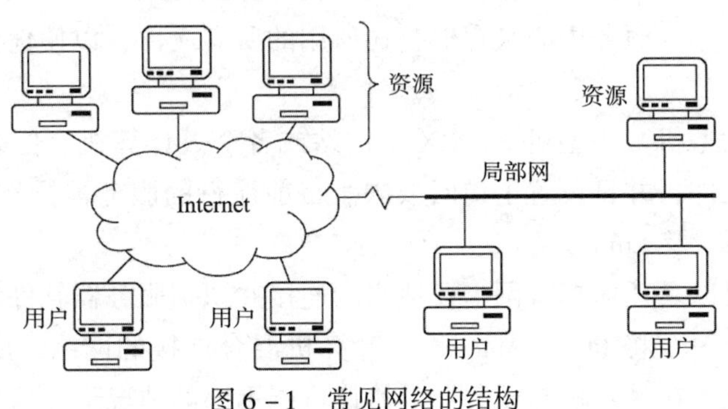

图 6 - 1　常见网络的结构

任何计算机都可以连接到网络，从大型机到 PC/苹果台式机或笔记本式计算机，再到 PDA 等。唯一的要求是该设备要拥有能够理解协议或规则的网络软件，以及能够识别计算机类型及其操作系统的语言。

6.1.2　网络标准与分类

1. 网络标准

网络标准即“网络协议”，是一套规则，该规则包括电缆的类型、接口卡及可用于设置或连接到网络的电子信号格式，如以太网布线标准（Intranet），该标准广泛应用于办公室和家庭网络。

网络上用于管理计算机之间信息流的协议称为传输协议，该协议解决了以下方面的问题：

①计算机在网络上发送信息的方法。

②接收到信息的计算机检验收到的信息是正确的。

③发送信息的计算机将信息正确地发送到目标计算机。

应用层协议决定一台计算机中的程序如何与另一台计算机中的程序通信。如计算机中的浏览器程序与网络服务器计算机中的网络应用程序使用超文本传输协议（HTTP）进行“会话”。

2. 网络分类

（1）按照工作模式划分

按照工作模式，可以将网络划分为点对点的网络和客户机 - 服务器网络。

① 点对点网络：点对点网络构建成本较低，并且易于互联，适应于家庭或小型办公室网络。该网络被称为“点对点”，是因为网络中所有的计算机都享有平等的权利——没有控

制网络的独立计算机。

这种网络中的任何一台计算机都可以与网络上的其他计算机共享其资源。例如，计算机C的用户将彩色打印机设为共享资源，当计算机A的用户想打印文件时，彩色打印机会出现在可用打印机列表中，就像该打印机是直接连接到计算机A一样。

② 客户机－服务器网络：客户端－服务器网络是一种典型的将网络中的一台计算机指定为网络服务器的大型网络，该网络服务器负责控制网络流量和管理资源。该网络类型提供了更好的性能和安全性，因为是由服务器决定哪台计算机可以访问什么资源，以及何时可以访问。该服务器也可作为服务中心来存储公司所用的所有文件，以便任何员工都可以在世界各地访问这些文件。

服务器可以是大型机、小型机、UNIX工作站或者个人计算机。但是要成为服务器，还必须安装有服务器软件，并且设置了访问权限。目前流行的服务器操作系统有UNIX、微软公司的Windows Server及Linux。

客户端计算机可以是任何拥有网卡及适当的连接并识别服务器软件的计算机。现实生活中，许多大公司都有一个将PC和Macintosh计算机混合连接的网络，所有用户都共享来自同一个服务器的信息，在计算机与服务器的协议可能不同的情况下，这些共享也可以实现。

（2）按照规模划分

计算机网络按照规模，可划分为局域网、城域网和广域网。

如果某个网络被限制在一个大楼里，那么该网络就被称为局域网（Local Area Network，LAN）。如果网络跨越公共街道且使用公共网络布线的部分，则被称为广域网（Wide Area Network，WAN）。绘图时，经常用“云”形状来表示当多台计算机或局域网连接到另一个城市或国家/地区的多台计算机或局域网时的情况，如图6－2所示。

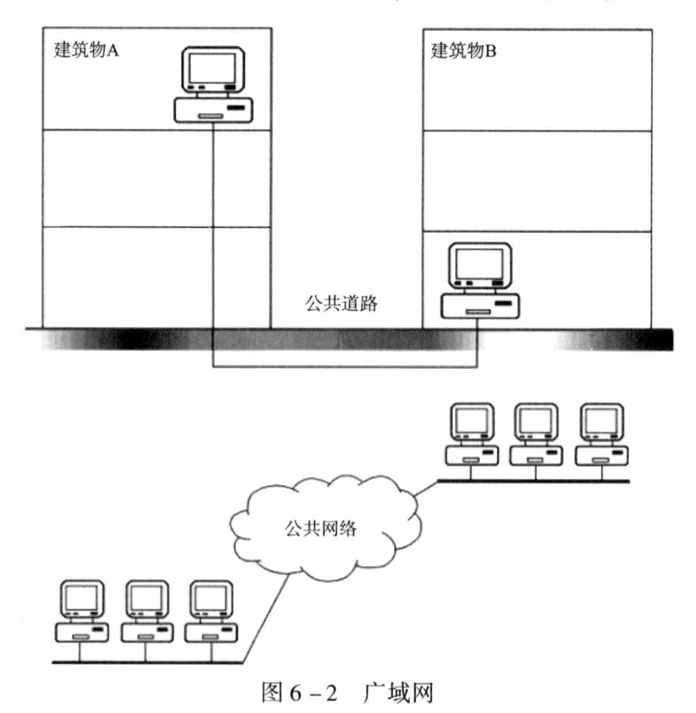

图6－2　广域网

6.1.3 连接到网络所需的软件和硬件

通过标准的网络设备，可以方便地将网络连在一起。究竟选用哪些方案、设备或软件，取决于网络的使用要求。下面讨论如何将近距离内（如办公室或家里）的一台计算机连接到网络。当然，也可以通过调制解调器连接到网络。

1. 连接/布线方式的选择

从网络中获取或分享信息有多种连接或布线方式可以选择。使用较新的连接类型可以使数据的传输速度更快一些。一些常用的连接方式包括：

（1）同轴电缆

同轴电缆的“芯”外包裹着一层绝缘材料，然后再包上编成麻花状的接地线，以此来尽量减少电气和无线电频率的干扰。这种类型的电缆主要用于公司网络或电视传输，并使用以太网的规范配置网络，如图6-3（a）所示。

（2）光纤

由一束玻璃或塑料纤维（线）组成，用来传输数据。与金属电缆相比，光纤拥有更大的数据传输带宽和更少受到干扰的特性，如图6-3（b）所示。

（3）双绞线

双绞线是当前综合布线工程中最常用的一种传输介质。

双绞线是由一对相互绝缘的金属导线绞合而成的。采用这种方式，不仅可以抵御一部分来自外界的电磁波干扰，还可以降低自身信号的对外干扰。把两根绝缘的铜导线按一定密度互相绞在一起，一根导线在传输中辐射的电波会被另一根线上发出的电波抵消。“双绞线”的名字也是由此而来，如图6-3（c）所示。

（4）无线

无线网络不需要任何电缆，但每台计算机都必须有一个无线网卡和一个接入点，可以利用无线电波进行数据传输，如图6-3（d）所示。

（5）红外线

红外线是利用红外光波传输数据的无线方式。红外线传输的一个缺陷是红外线传输设备之间的有效距离比使用无线电波的无线设备的有效距离小，而且速度比较慢，现在一般采用蓝牙连接，如图6-3（e）所示。

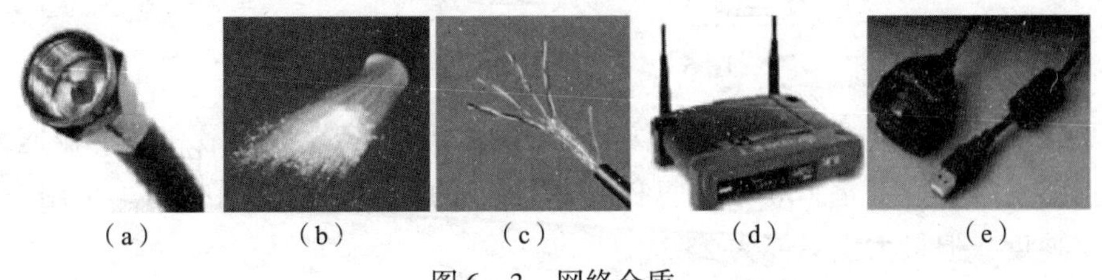

（a）（b）（c）（d）（e）

图6-3 网络介质

2. 网络接口卡

要连接到网络，计算机就必须拥有一个带有一组唯一数字地址的网络接口卡（NIC），以及适合线缆的接口。

由于计算机有不同的种类，因此，网络接口卡也有多种款式和型号。常见的网络接口卡如图 6 –4 所示。

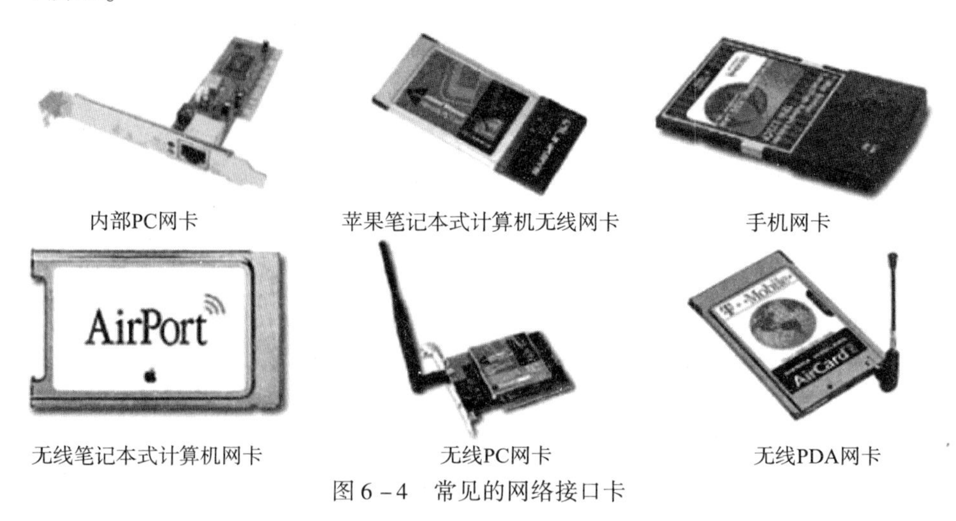

图 6 –4　常见的网络接口卡

3. 集线器

集线器将计算机连接在一起，以组成网络。图 6 –5 显示了一个由具有 4 个端口的集线器组建的网络。将从每台计算机的网卡中引出的电缆连接到集线器的每个端口上，同时也要从集线器中引出一根电缆，将集线器与网络连接起来。

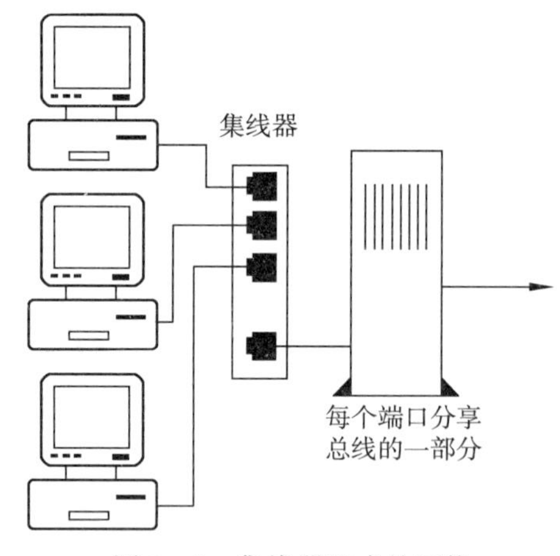

图 6 –5　集线器组成的网络

使用集线器的主要缺点是：所有连接到集线器的用户等额分享最高的传输速度。例如，如果网络连接的带宽速度是 100 兆位每秒（Mb/s）的，那么在此图中的每个用户将有一个相同的连接速度，但最大也只能为 25 Mb/s。

4. 网段

网段是用于某一特定用途的一部分网络，如工作组、部门、数据类型等。网段一般用于将较小类型的信息通过网络去完成特定的工作，也可以作为防止无访问权限的人员获取网络

中信息的一种安全防护措施。

5. 网桥

网桥连接各个网段，以处理网络的请求。网桥并不会为了使接收资料的速度更快而分析或重新路由信息。在完全接收完传输的信息前，即使连接的两端中的任意一端有错误，网桥也不会重新路由或重新传输信息。

6. 路由器

路由器除了审查信息的目标地址，并只允许信息通过合适的网段外，其基本功能和网桥相似。举例来说，当网络服务器收到外来的信息时，路由器将分析信息并路由到有效、适当的客户端。当信息通过 Internet 传送到外部时，路由器会检查当信息离开该服务器时，信息是否已经正确地做好了地址标记，然后转发到适当的服务器来管理这一信息。

网桥的速度可能会比路由器快一些，但它不会检查进入的信息。网桥会将这些信息发送到网络上的每个人，而不只是特定的接收者。

当在网络中安装无线路由器时，一定要建立加密安全选项，以防未经授权者访问。

7. 交换机

交换机的功能类似于集线器，但连接交换机的每个用户都能获得全部的带宽。当然，交换机也可以用来连接网段。

8. 防火墙

防火墙可以是物理设备，也可以是安装的专门软件。防火墙用于防止任何未经授权而进入某个已连接到 Internet 的网络的外部访问。防火墙用于检查通过网络的任何信息，并且能够完成具有特殊安全要求的设置任务。如果某些信息不符合安全要求，防火墙就会阻止这些信息进入或退出网络。当所要处理的信息附带病毒时，这一点特别有用。图 6 – 6 为专门用于这一目的而在计算机中安装防火墙软件的例子。根据网络配置的不同，防火墙软件可能会被安装在路由器或独立的计算机上。

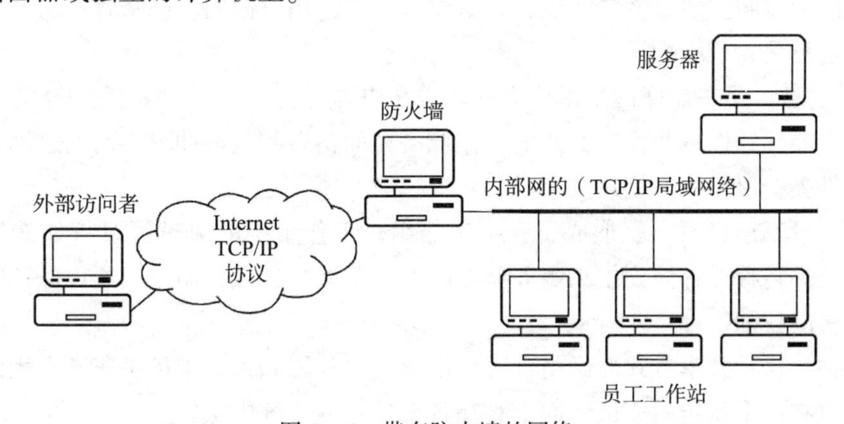

图 6 – 6　带有防火墙的网络

9. 蓝牙设备

蓝牙（Bluetooth）：是一种无线技术标准，可实现固定设备、移动设备和楼宇个人域网之间的短距离数据交换（使用2.4～2.485 GHz的ISM波段的UHF无线电波）。

蓝牙存在于很多产品中，如电话、平板电脑、媒体播放器、机器人系统、手持设备、笔记本电脑、游戏手柄及一些高音质耳机、调制解调器、手表等。蓝牙技术在低带宽条件下临近的两个或多个设备间传输信息十分有用。蓝牙常用于电话语音传输（如蓝牙耳机）或手持计算机设备的字节数据传输（文件传输）。

6.1.4 网络的优缺点

1. 网络的优点

网络并不会使个别的工作站更快或更强大。网络的好处主要有两大类，即交流和共享资源。

（1）交流

对于用户来说，许多通信软件都有一个特点，即可以实时地与某人发送信息，而不必使用交流软件的电子邮件（E－mail）功能。即时信息能够“实时互动”，类似于谈话的人就在对面。如果所有的用户都连入了同一网络，则这些用户可以参与同一对话。当几个用户需要讨论项目的状况，而每一个用户又处于不同的位置时，这种特点的好处是显而易见的。当然，使用即时信息与对方交流也会受到一些限制，用户可以根据实际情况权衡利益，再决定是否使用即时交流。

另外，信息可以存储在网络上，如果在发送信息时收件人并不在线，这些信息也不会丢失。当需要与某人交流，而又不知道他什么时候在线时，这一点就十分有用了。这种方法比打长途电话的成本要低很多。

（2）共享资源

① 共享设备：如果每一台PC上都安装打印机等设备，特别是在个别用户只是偶尔使用的情况下，费用会很昂贵。而通过网络共享这些设备，既可以降低购买成本，又可以减少技术支持和维修的时间。通过网络连接，这些设备可供多用户使用，网络管理员就可以在服务器端对设备进行更新或维护了。

② 共享信息：要在计算机互相独立的环境中共享信息，就必须将信息复制到每一台计算机上，这可能导致做一些没有必要的工作或潜在的错误和版本冲突。而通过网络，可以建立文件或文件夹，以供所有用户共享。

当一组人分享信息时，就形成了一个工作组。工作组中的成员可以将如文档、应用软件、模板等文件转移或存储到中央服务器上的一个共同的区域，而服务器可以控制该公共区域中文件的访问权限。

可以看到，这种共享方式对网络管理员设置网络权限和系统维护是非常有用的，因为所有任务都可以在一个系统内完成，而不必在各个独立的系统中操作。

③ 使用专用服务器：专用服务器是一台提供专门服务的计算机，与一般用途的计算机相比，它能够更好、更快地完成该服务。由于大硬盘、备份驱动器等处理任务的特殊要求，专用服务器的价格往往比普通计算机更高。使用专用服务器的最大优点是允许有访问权限的

用户进入服务器，浏览、操作或打印在此服务器上的相关信息。网络服务的分类见表6－1。

表6－1 网络服务的分类

提供的服务	描 述
网络服务	控制网络通信量和安全，也可以与文件或数据库服务器一样执行任务、保存资料
文件服务	文件共享，服务器具有高速度、高容量硬盘，通常配有备份设备
Web 服务	以 Web 格式存储用户可以使用浏览器获取的信息
邮件服务	处理和管理内部和外部电子邮件的服务器
数据库服务	通常用于多个用户由于不同原因需要在同一时间访问数据的数据库应用，如搜索信息、报告和数据录入等操作

2. 网络的缺点

（1）依赖性

若要组织的活动要依靠网络来启动和运行，那么如果网络出现故障，用户将无法访问信息，也不能进行电子通信。如公司的信息被存储、共享到服务器上，当网络出现故障时，服务器上的信息将不能被访问，从而致使工作被延误。

（2）昂贵

就安装和维护的设备及技术支持人员的成本来说，网络是昂贵的。任何额外的防止服务器崩溃的备份设备的花费都会增加组建网络或维修网络的成本。

在组建或升级网络服务器之前，应该和网络管理员或专门从事网络工作的技术人员进行讨论。注意，购置一台大型计算机作为网络服务器比购置几台专用于特定功能的强大计算机更具成本效益。

（3）安全风险

当网络中包含的信息是重要的或具有商业价值时，网络可能会为组织带来潜在的安全风险。可以购买一些限制和阻止非授权用户访问服务器上的资源的软件或程序，并将其安装在服务器上。

6.2 了解因特网

6.2.1 什么是因特网

因特网（Internet）是一组全球信息资源的总汇。有一种粗略的说法，认为 Internet 是由许多小的网络（子网）互联而成的一个逻辑网，每个子网中连接着若干台计算机（主机）。Internet 以相互交流信息资源为目的，基于一些共同的协议，并通过许多路由器和公共互联网而成，它是一个信息资源和资源共享的集合。

因特网是“Internet”的中文译名，它起源于美国的五角大楼，它的前身是美国国防部高级研究计划局（ARPA）主持研制的ARPAnet。

20世纪50年代末，正处于冷战时期，当时美国军方为了使自己的计算机网络在受到袭击时，即使部分网络被摧毁，其余部分仍能保持通信联系，便由美国国防部的高级研究计划局（ARPA）建设了一个军用网，叫作“阿帕网”（ARPAnet）。阿帕网于1969年正式启用，当时仅连接了4台计算机，供科学家们进行计算机联网实验用，这就是因特网的前身。

到70年代，ARPAnet已经有了几十个计算机网络，但是每个网络只能在网络内部的计算机之间互联通信，不同计算机网络之间仍然不能互通。为此，ARPA又设立了新的研究项目，支持学术界和工业界进行有关的研究，研究的主要内容就是想用一种新的协议将不同的计算机局域网互联，由此开发了TCP/IP协议，形成“互联网”。研究人员称之为internetwork，简称为Internet。

提示：TCP/IP是Internet最基本的协议，是Internet国际互联网络的基础，由网络层的IP协议和传输层的TCP协议组成。TCP/IP定义了电子设备如何连入因特网，以及数据如何在它们之间传输的标准。现在使用IPv4版本已产生地址枯竭的问题，逐步向IPv6版过渡。

为了使用户在联网的计算机上操作时，能够高效且方便地从千千万万台计算机中选出自己所需的对象，TCP/IP协议为每台计算机和其他设备都规定了唯一的地址，叫作“IP地址”。IP地址是一个32位的二进制数，通常被分割为4组“8位二进制数”（也就是4个字节）。IP地址通常用“点分十进制”表示成（a.b.c.d）的形式，其中，a，b，c，d都是0～255之间的十进制整数。例如，点分十进制IP地址100.4.5.6，实际上是32位二进制数01100100.00000100.00000101.00000110。

6.2.2 连接到因特网

有多种方式可以连接因特网。可以根据自己的需要及预算，从因特网服务提供商（ISP）那里取得与因特网的连接。

提示：因特网服务提供商

因特网服务提供商（ISP）拥有高速、高容量并与连接因特网的网络访问结点直连的连接。因特网服务提供商会将部分网络流量销售给公司或个人用户，人们经常接触到的有联通、电信等。

用户的网络费用是按年或月支付的，因特网服务提供商应提供以下服务：

（1）连线的维护

无论用户何时登录，因特网服务提供商都应保证网络畅通。当网络需要在线维护时，因特网服务提供商也应该根据经验给所有用户发出网络可能暂时不可使用的通知。通常采用电子邮件的形式。

因特网服务提供商提供软、硬件维护，从更广的意义上来说，这种维护还包括分发给客户并连接服务器的调制解调器的维护。因特网服务提供商会根据对用户的技术建议和对软件的联网更新情况，更新自己所使用的软件。

（2）技术支持

作为月费的一部分，无论用户何时遇到因特网的连接问题，因特网服务提供商都将负责

提供技术支持。

（3）部分维护和技术上的支持服务

这些服务也应该包括抵抗潜在病毒或拒绝未经认可的通路请求。因特网服务提供商通常有一个包括在其服务内的防火墙，该防火墙用来帮助用户将这些问题的发生概率降到最低。

1. 连入 Internet 的方式

随着计算机技术的发展和网络的普及，宽带接入已是计算机必不可少的基本功能。目前，家庭与一般商业用户的宽带接入主要有 ADSL、LAN、HFC、PLC 四种方式可以实现。

（1）ADSL 接入方式

ADSL 是目前应用最广泛的一种宽带接入技术。它利用现有的双绞电话铜线提供独享“非对称速率”的下行速率（从端局到用户）和上行速率（从用户到端局）的通信宽带。

这种方案的最大特点是不用改造信号传输线路，完全可以利用普通铜质电话线作为传输介质，只要配上专用的 ADSL Modem 即可实现数据高速传输，如图 6－7 所示。

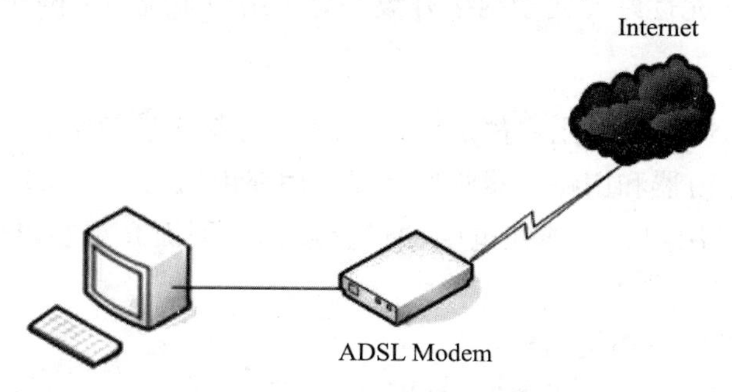

图 6－7　ADSL 接入方式

ADSL 支持上行速率 640 kb/s 到 1 Mb/s、下行速率 1 Mb/s 到 8 Mb/s，理论上可以满足各种在线播放需求，基本适合家庭用户的需求。

如果多用户以共享 ADSL 的方式上网，需增加一台宽带路由器，鉴于现在无线网络设备的普及，可以考虑加装无线宽带路由器，如图 6－8 所示。

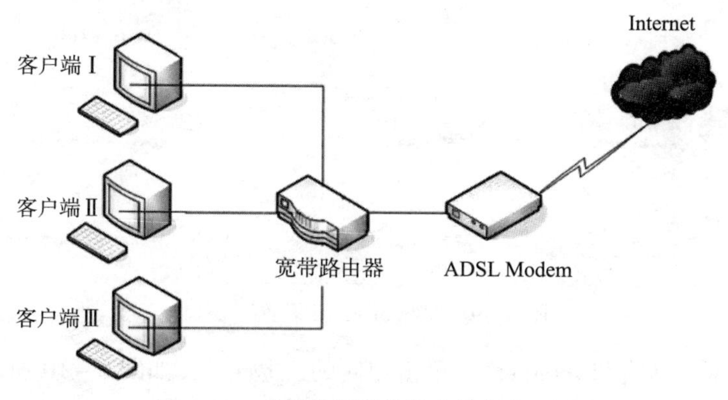

图 6－8　直接使用宽带路由器共享上网

（2）LAN 接入方式

LAN 方式是采用光缆＋双绞线的方式对小区进行综合布线，即采用光纤接入小区＋双绞线从小区端到末端用户的接入方式。双绞线总长度一般不超过 100 m，线路距离短，因而线路质量得到了更好的保障。采用 LAN 方式的宽带服务一般是吉比特光纤进小区、百兆光纤到楼、10M/100M 到户的模式，这比拨号上网的速度快得多，在传输速率上也基本可以满足用户的各种需求。

（3）HFC 接入方式

HFC 接入方式是基于有线电视网络提供的，也就是说，信号是通过有线电视闭路线传送的。

（4）PLC 接入方式

电力线通信技术，英文简称 PLC，是指利用电力线传输数据和话音信号的一种通信方式。该技术是把载有信息的高频加载于电流，然后用电线传输，接收信息的调制解调器再把高频从电流中分离出来，并传送到计算机或电话上，以实现信息传递。

目前家庭用户实现宽带上网的主要方式是 ADSL 和 LAN。LAN 技术成熟、成本低、结构简单、连接稳定、可扩充性好、便于网络升级，对于用户来说，上网速度较快。

2. 拨号连接方法

采用 ADSL 方式入网，一般用户都是拨号入网（需要账号和密码），这就需要建立登录连接。具体分为不用路由器和用路由器两种情况。用路由器的，必须在路由器中设置账号和密码，不用路由器的单用户，必须在电脑中设置连接。下面介绍在电脑中建立登录连接的方法。

按如下步骤先打开网络连接向导：

第一步，打开“Windows 10 设置”，如图 6－9 所示。

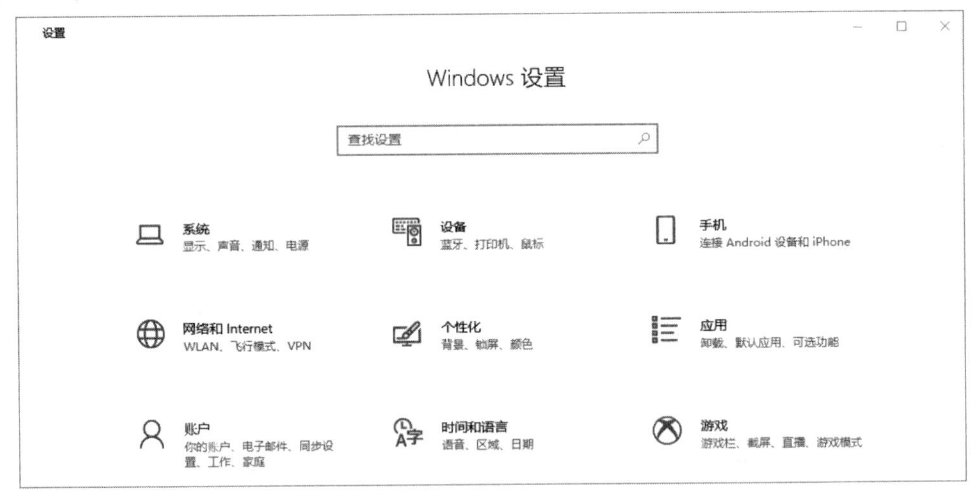

图 6－9 “Windows 10 设置”窗口

第二步，选择“网络和 Internet”，单击左侧的“拨号”，如图 6－10 所示。

第三步，单击“设置新连接”，如图 6－11 所示。

第四步，选择“连接到 Internet”，如图 6－12 所示。

第五步，单击“设置新连接”，如图 6－13 所示。

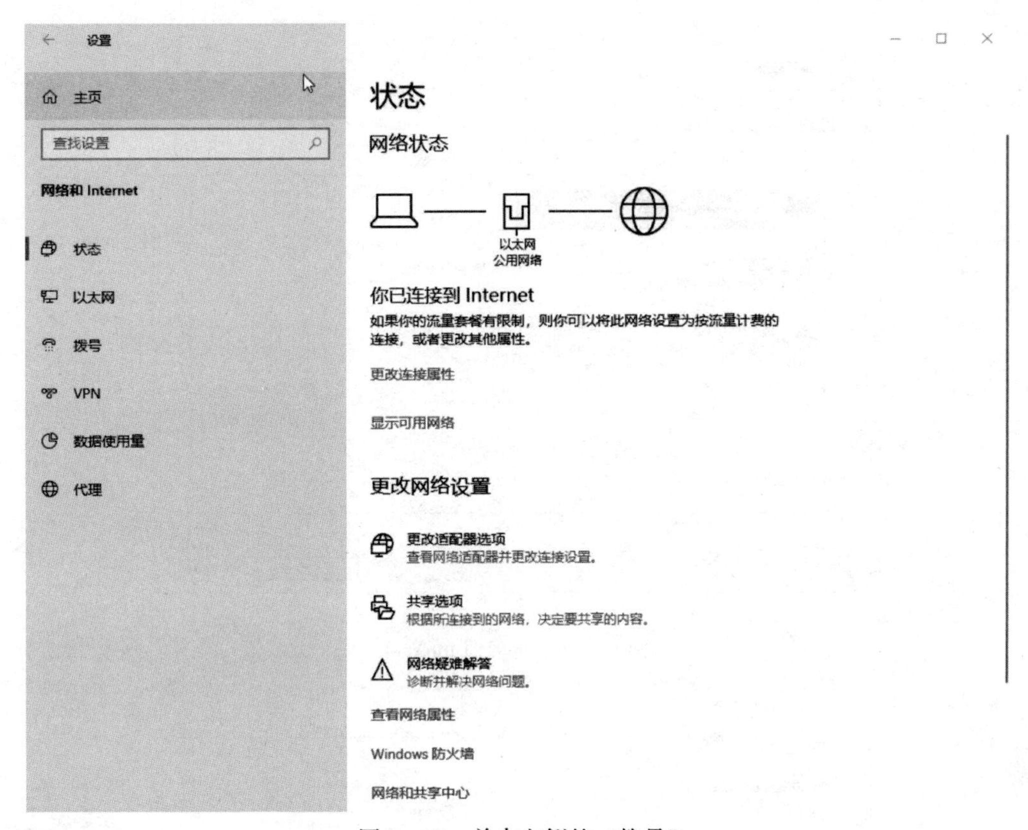

图 6 – 10　单击左侧的“拨号”

图 6 – 11　设置新连接

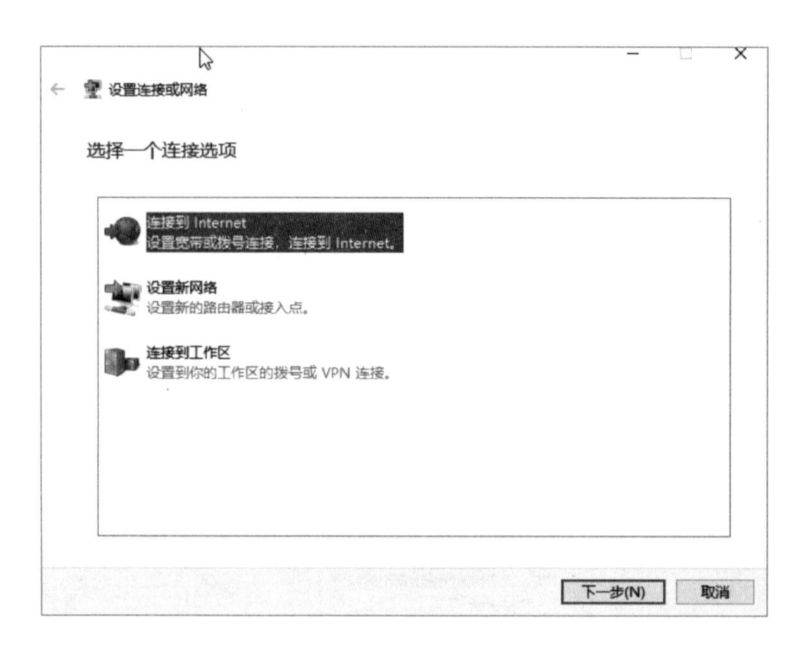

图 6－12　连接到 Internet

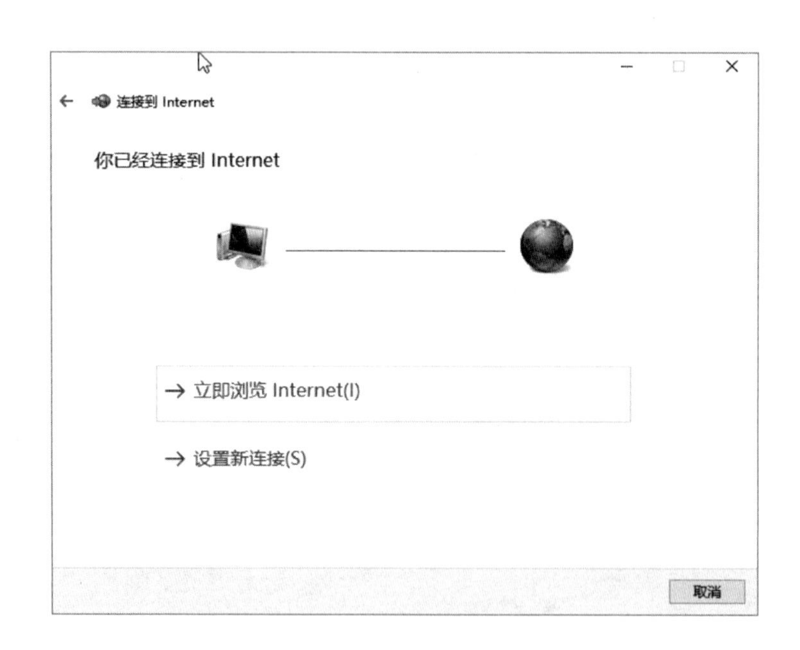

图 6－13　设置新连接

第六步，单击“宽带（PPPoE）”，如图 6－14 所示。

第七步，输入运营商提供的账号和密码，如图 6－15 所示。

第八步，单击“连接”按钮后，开始连接到宽带，如图 6－16 所示。

第九步，在“拨号”界面，出现刚才建立的宽带连接，如图 6－17 所示。

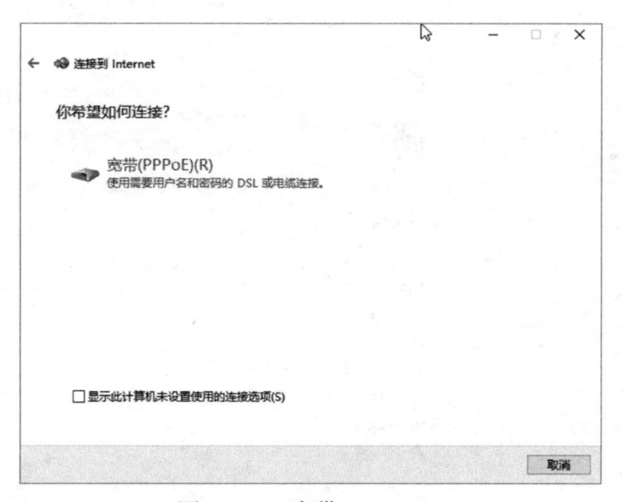

图 6－14　宽带（PPPoE）

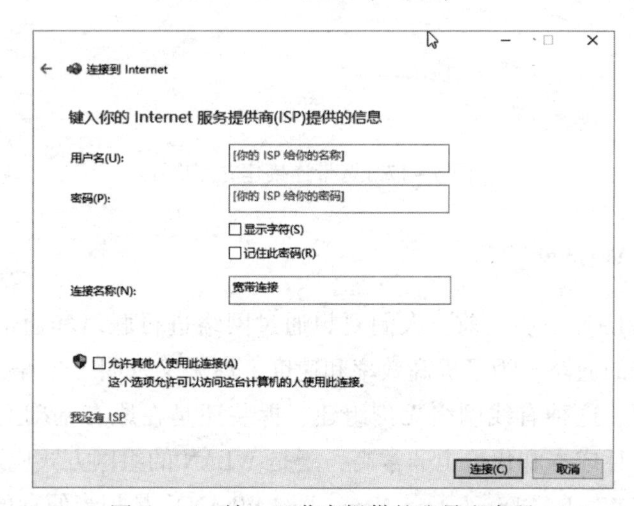

图 6－15　输入运营商提供的账号和密码

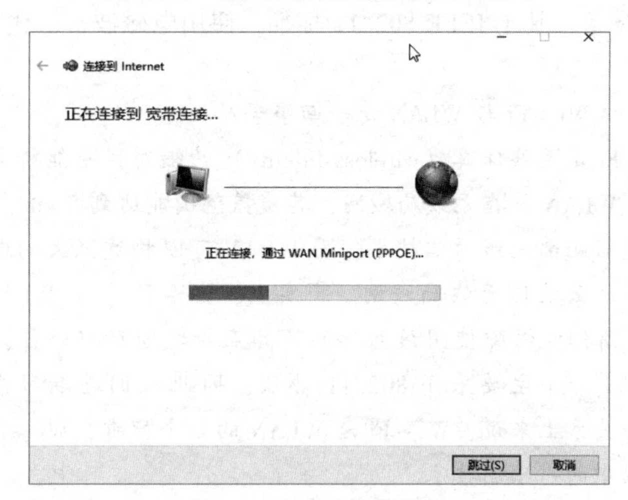

图 6－16　正在连接宽带

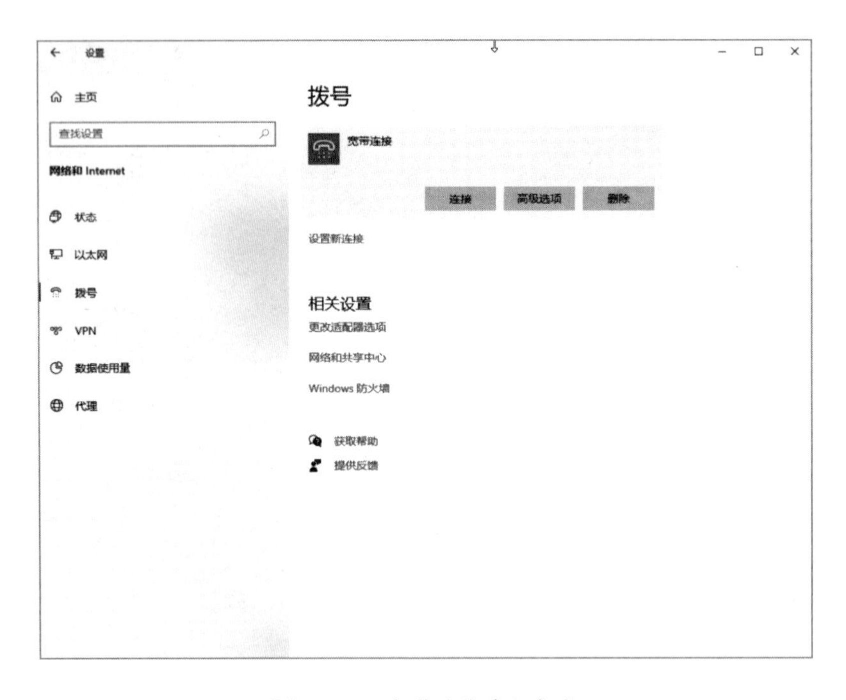

图 6－17　宽带连接建立完成

6.2.3　无线局域网 WLAN

在无线局域网 WLAN 发明之前，人们要想通过网络进行联络和通信，必须先用物理线缆组建一个电子运行的通路。为了提高效率和速度，后来又发明了光纤。当网络发展到一定规模后，人们又发现，这种有线网络无论组建、拆装还是在原有基础上进行重新布局和改建，都非常困难，并且成本和代价也非常高，于是 WLAN 的组网方式应运而生。

无线局域网络（Wireless Local Area Networks，WLAN）是相当便利的数据传输系统，它利用射频（RF）的技术，基于 IEEE 802.11 标准，使用电磁波，取代双绞铜线（Coaxial）所构成的局域网络。

注意：人们常说的 Wi－Fi 与 WLAN 是一回事吗？

简单来讲，Wi－Fi 是无线保真（wireless fidelity）的缩写，是能将电脑、手机等以无线方式互连的技术。而 WLAN 是指无线局域网，其覆盖范围能达到 5 km。Wi－Fi 是 WLAN 的一个子集，Wi－Fi 是短距离无线通信技术，而 WLAN 可以构建强大的电信级互联网络，布置多个 AP（热点），比如校园无线局域网。事实上，Wi－Fi 就是 WLANA（无线局域网联盟）的一个商标，该商标仅保障使用该商标的商品互相之间可以合作，与标准本身实际上没有关系，但因为 Wi－Fi 主要采用 802.11 协议，因此人们逐渐习惯用 Wi－Fi 来称呼 802.11 协议。从包含关系上来说，Wi－Fi 是 WLAN 的一个标准，Wi－Fi 包含于 WLAN 中，属于采用 WLAN 协议中的一项新技术。

1. 家庭无线组网所需设备

组建家庭或小型无线局域网首先要满足以下条件：

(1) 无线路由器(图6-18)

通过 Internet 连接传入的信号转换为无线广播,有点像无线电话基站。

图6-18 无线路由器

(2) 无线网络适配器(无线网卡)(图6-19)

无线网络适配器以无线方式连接无线路由器。如果是新的笔记本电脑或手机、平板电脑,其中已有内置的无线网卡功能,不需要无线网络适配器。

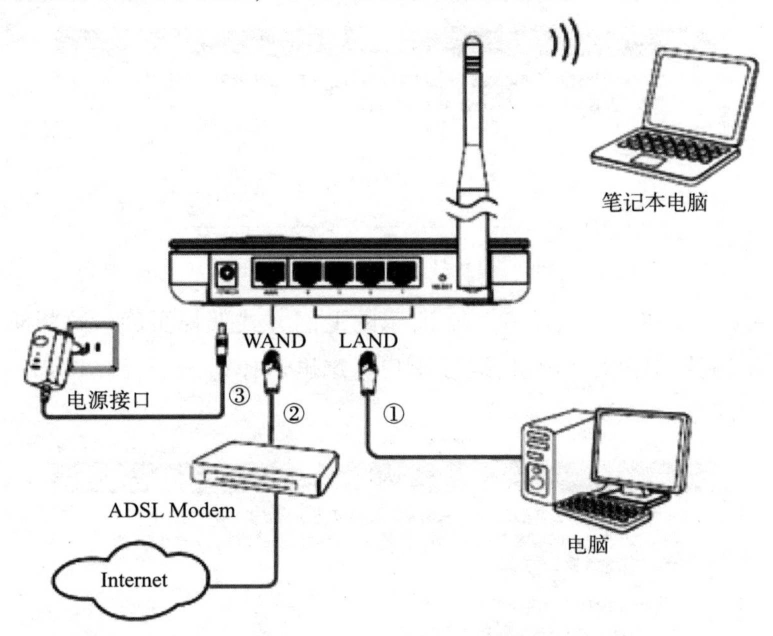

图6-19 无线网络连接图

2. 无线局域网组网过程

第一步,找到电缆调制解调器或 ADSL 调制解调器并拔出,以将其关闭。接着,将无线路由器连接到调制解调器。调制解调器应该可以立即连接到 Internet。稍后,等一切都连接好之后,计算机将以无线方式连接到路由器,而路由器将通过调制解调器向 Internet 发送通信。

第二步,配置无线路由器。

应该使用无线路由器附带的网线暂时将计算机连接到无线路由器上某个可用的 LAN 网络端口(标签不是 Internet、WAN 或 WLAN 的任意端口)。

打开 Internet Explorer 并键入用于配置路由器的地址(一般是 192.168.1.1),将会看到图6-20 所示登录界面,使用的地址和密码取决于所用路由器的类型和厂商,可以参阅路由器附带的说明书。

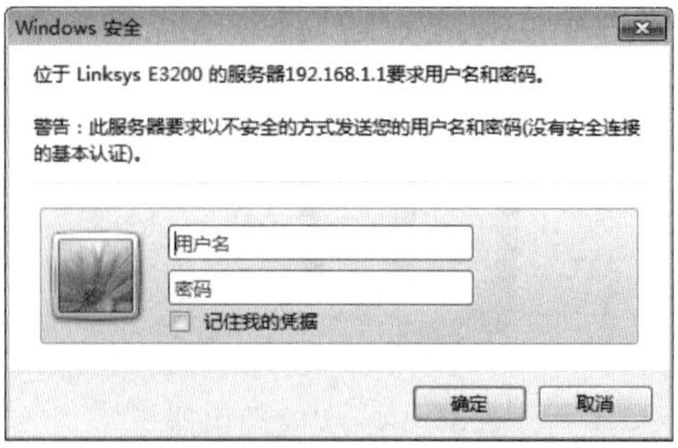

Windows 安全

位于 Linksys E3200 的服务器192.168.1.1要求用户名和密码。

警告：此服务器要求以不安全的方式发送您的用户名和密码(没有安全连接的基本认证)。

用户名

密码

记住我的凭据

确定 取消

图 6－20　无线路由器登录窗口

输入密码后，浏览器会弹出如图 6－21 所示的设置向导页面。如果没有自动弹出此页面，可以单击页面左侧的设置向导菜单将它激活。

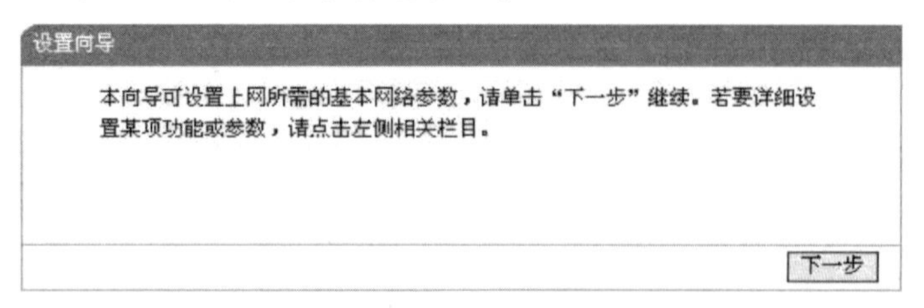

图 6－21　进入设置向导

单击“下一步”按钮，进入图 6－22 所示的上网方式选择页面，这里根据上网方式进行选择，一般家庭宽带用户是 PPPoE 拨号用户。这里选择第一项让路由器自动选择，弹出如图 6－23 所示窗口。

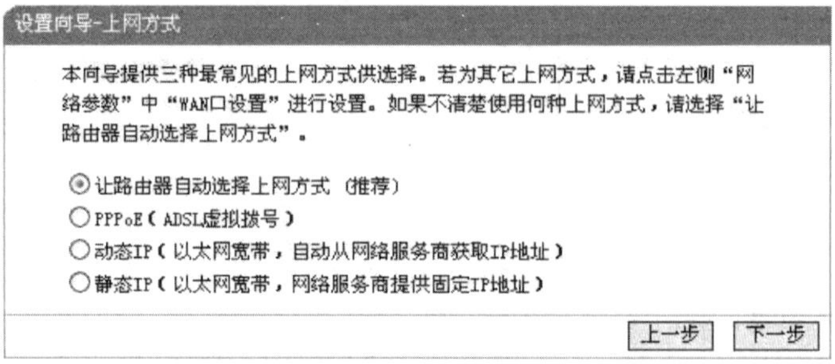

设置向导-上网方式

本向导提供三种最常见的上网方式供选择。若为其它上网方式，请点击左侧“网络参数”中“WAN口设置”进行设置。如果不清楚使用何种上网方式，请选择“让路由器自动选择上网方式”。

◉ 让路由器自动选择上网方式（推荐）
○ PPPoE（ADSL虚拟拨号）
○ 动态IP（以太网宽带，自动从网络服务商获取IP地址）
○ 静态IP（以太网宽带，网络服务商提供固定IP地址）

上一步 下一步

图 6－22　选择上网方式

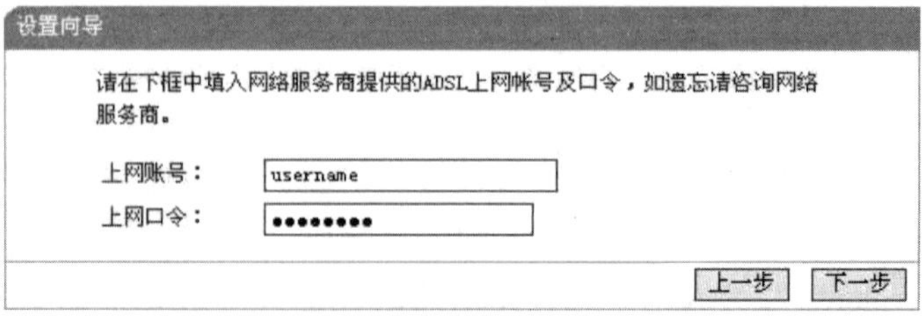

设置向导

请在下框中填入网络服务商提供的ADSL上网帐号及口令，如遗忘请咨询网络服务商。

上网账号： username
上网口令： ●●●●●●●●●

上一步 下一步

图 6－23　输入 ISP 提供的上网口令

设置完成后，单击“下一步”按钮，将看到如图6－24所示的无线网络参数设置页面。

设置向导 － 无线设置

本向导页面设置路由器无线网络的基本参数以及无线安全。

无线状态：开启

SSID：TP-LINK_DE00A0

信道：自动

模式：11bgn mixed

频段带宽：自动

最大发送速率：300Mbps

无线安全选项：

为保障网络安全，强烈推荐开启无线安全，并使用WPA-PSK/WPA2-PSK AES加密方式。

不开启无线安全

WPA-PSK/WPA2-PSK

PSK密码：

（8-63个ACSII码字符或8-64个十六进制字符）

不修改无线安全设置

上一步　下一步

图6－24　无线设置

无线状态：开启或者关闭路由器的无线功能。

SSID：设置任意一个字符串来标识无线网络。

信道：设置路由器的无线信号频段，推荐选择“自动”。

模式：设置路由器的无线工作模式，推荐使用“11bgn mixed”模式。

频段带宽：设置无线数据传输时所占用的信道宽度，可选项有“20M”“40M”和“自动”。

最大发送速率：设置路由器无线网络的最大发送速率。

不开启无线安全：关闭无线安全功能，即不对路由器的无线网络进行加密，此时其他人均可以加入该无线网络。

WPA－PSK/WPA2－PSK：路由器无线网络的加密方式，如果选择了该项，则在PSK密码中输入密码，密码要求为8～63个ASCII字符或8～64个16进制字符。

不修改无线安全设置：选择该项，则无线安全选项中将保持上次设置的参数。如果从未更改过无线安全设置，则选择该项后，将保持出厂默认设置关闭无线安全。

设置完成后，单击“下一步”按钮，将弹出图6－25所示的设置向导完成界面，单击“完成”按钮使无线设置生效。

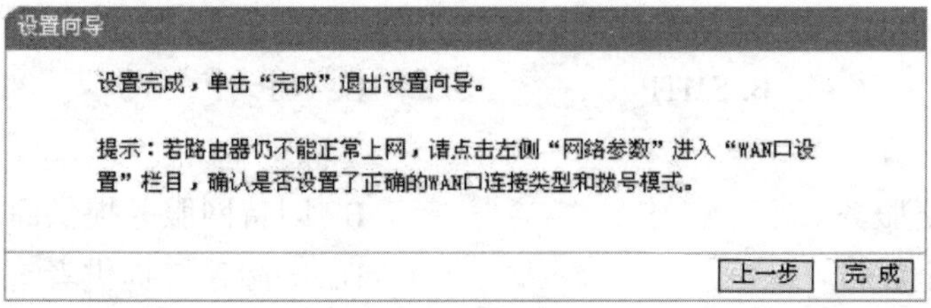

设置向导

设置完成，单击“完成”退出设置向导。

提示：若路由器仍不能正常上网，请点击左侧“网络参数”进入“WAN口设置”栏目，确认是否设置了正确的WAN口连接类型和拨号模式。

上一步　完成

图6－25　设置完成

第三步，使用笔记本电脑或是手机等终端设备，打开无线连接，会自动搜索区域内可用的无线信号，找到前面设置的 SSID 名，连接并输入正确的无线连接密码，即可连接到此无线路由器上了。

小　结

本章主要介绍了网络的基本概念、接入方式。网络最大的优点是可以资源共享，用户需要根据自己的实际需要进行组网及接入 Internet。

习　题

选择题

1. 网络是将两台或两台以上的计算机连接在一起，其目的是共享资源和信息。(　　)

A. 正确　　B. 错误

2. 在网络中，只能将 PC 或 Macintosh 类型的计算机连接在一起。(　　)

A. 正确　　B. 错误

3. 对用户来说，应该将更新反病毒程序和定期对计算机进行检查作为一项常规工作。(　　)

A. 正确　　B. 错误

4. 为了顺利地利用电话网络进行沟通，需要知道其他人的号码，并且还需要使用同一种语言。(　　)

A. 正确　　B. 错误

5. 要将一台 PC 连接到网络，需要的设备有（　　）。

A. 网络接口卡　　B. 正确的电缆

C. 适当的网络软件　　D. 因特网服务提供商

E. 上述所有　　F. 只有 A、B 和 C

6. 网络的缺点有（　　）。

A. 建立和维护网络的成本高　　B. 外部资源所带来的潜在安全风险

C. 组织的活动依赖于网络的正常运行　　D. 容易受到病毒的攻击

E. 上述所有　　F. 只有 A、B 和 D

7. 用户使用的因特网协议集被称为（　　）。

A. DNS　　B. SMTP　　C. TCP/IP　　D. 以上所有选项

8. ISP 是（　　）。

A. 可能的网络服务　　B. 因特网服务提供商

C. 因特网安全项目　　D. 国际系统提供者

9. 为了连接到因特网，需要的标准设备有（　　）。

A. 调制解调器　　B. 网卡　　C. 电缆
D. 因特网账户　　E. 浏览器　　F. 电信软件
G. 以上所有项　　H. 只有 A、B、D、F 正确

10. specialevents.org 是指（　　）。

A. ISP 的名称　　B. 组织的名称
C. 组织的活动名称　　D. 提供信息的网站

第 7 章

使用因特网

情境引入

随着 Internet 网络的发展，地球村已不再是一个遥不可及的梦想。可以通过 Internet 获取各种需要的信息，如文献期刊、教育论文、产业信息、留学计划、求职求才、气象信息、海外学讯、论文检索等。甚至可以坐在电脑前，让电脑带您到世界各地做一次虚拟旅游。只要掌握了在 Internet 这片浩瀚的信息海洋中遨游的方法，就能在 Internet 中得到无限的信息宝藏。

本章学习目标

能力目标：

√ 知道 Internet 的工作模式和基本元素；

√ 熟练使用 Web 浏览器；

√ 形成合理使用搜索引擎的能力；

√ 会使用 Microsoft Outlook 2010 完成邮件的基本操作。

知识目标：

√ Internet 的定义和运行模式；

√ Web 浏览器常见使用方法；

√ 合理使用搜索引擎；

√ 掌握 Microsoft Outlook 2010 的基本功能。

素质目标：

√ 培养学生使用专业术语来描述因特网相关概念；

√ 培养实际操作中的探究精神。

7.1 Internet 基础

目前，有数以亿计的计算机通过因特网相连。网络中的计算机分为两大类：用于提供服务的服务器和用户使用的客户机。服务器和客户机在 Internet 上互相作用或通信的模式如图 7－1 所示。

7.1.1 基本术语

Web 服务器用于连接或存储公司或个人的网站。网站是由包含有关公司、个人或者产

品/服务信息的网页组成的。要使 Web 服务器与其他计算机进行通信，必须使用超文本传输协议（HTTP）。

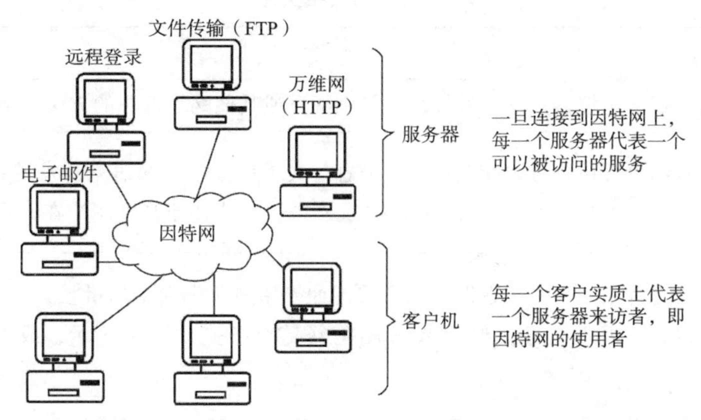

图 7－1　Internet 的工作模式

超文本是指使用超链接访问网页，即链接到其他网页或者在其他网站上寻找其他文本、图片、多媒体等的技术。

受欢迎的网站吸引人的元素主要是其色彩、图形和照片。存储在 Web 服务器上的网页没有格式，其显示在屏幕上之前被 Web 浏览器格式化。格式化说明被包含在网页文本中，由被称为超文本标记语言（HTML）的语言书写。典型网页如图 7－2 所示。

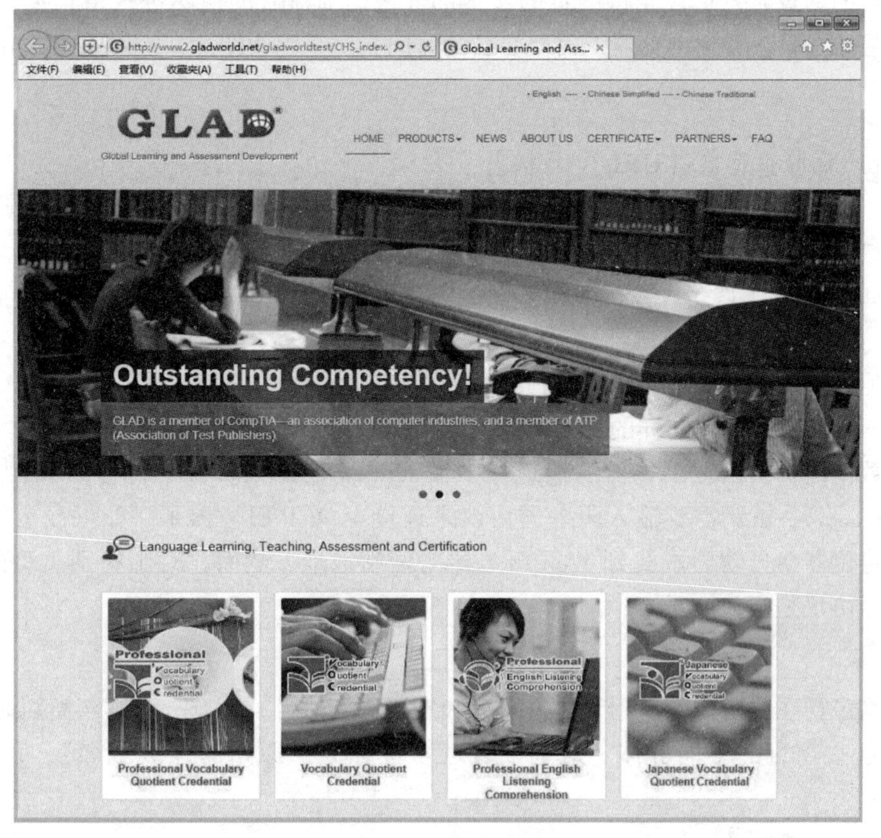

图 7－2　典型网页

与网页相关的术语的含义见表7－1。

表7－1　网页相关术语

名称	含　　义
URL	统一资源定位器。是一种标准的辨别网页或其他网络资源的方法
文本框	许多网页都包含可以在其中输入信息的文本框。输入的信息被发送到Web服务器中进行处理。大多数的网页包含至少一个文本框（通常用于帮助用户在该网站上查找资料）
状态栏	它将告诉用户软件正在做什么，或者如果用户单击一个超链接，打开相应的网页或网站，以此为视觉引导，判断Web浏览器是否已完成网页显示，或者用户是否不再连接Internet
首页	访问一个网站时，看到的第一页就是顶级页，它被称为首页或索引页。它也可以是启动Web浏览器时打开的第一个网页

虽然网页上有一个或多个图片，但是这些图片并不是网页的一部分，而是单独存储在Web服务器上的，该网页只包含标识图片放在网页上的占位符。当浏览器收到一个来自Web服务器的网页时，它首先将网页的文本部分根据HTML的说明进行格式化，并显示在网页上。图片从服务器到浏览器上需要更长的时间，这是因为图片在被网页格式化后才被放置在网页上。

7.1.2　统一资源定位器（URL）与域名

1. 统一资源定位器（URL）

Internet上连接了许多计算机，在下面的条件下，一台计算机可以与其他任何计算机进行通信：

①其他计算机的地址。

②这两台计算机使用同样的协议（包括语言）。

大多数情况下，当在浏览器的地址栏中输入www的统一资源定位器时（例如，www.ccilearning.com），就不需要输入服务器协议来连接至Web服务器了。如果没有输入www，统一资源定位器会自动尝试找到Web服务器的网站地址。然而，对于特别类型的服务器，输入服务器协议是至关重要的。

2. 域名

因特网最初在美国成立，用于促进研究和发展军事项目。拥有一套域名类别的定义，以区分参与这些项目的不同群体。这些领域通常被称为“原始的顶级域名”，顶级域名见表7－2。

表7-2　常见顶级域名

域名	含义	域名	含义
. mil	美国军事	. edu	高等院校
. gov	政府部门	. org	组织机构
. com	商业公司	. net	网络管理机构网站

对于最初的意图，原始顶级域名类别是够用的，但是它随着因特网成为国际化网络而变得不足，一些新的顶级域名已被提出，见表7-3。

表7-3　新顶级域名

域名	含义	域名	含义
. aero	航空运输行业	. museum	博物馆
. biz	商业	. name	个人注册
. coop	合作社	. new	新闻相关网站
. ecom	电子商务	. pro	会计师、律师和医生
. info	无限制使用		

7.1.3　认识其他元素

当访问 Internet 上的不同网站时，可能会涉及其他的元素，包括 Cookies、插件、下载或安全问题等。

1. 加密

不论何时去网站购买商品，一旦用户提交命令，该网站的加密软件就会对它进行加密，以保护用户和网站的数据库。此加密软件为每个客户提供了一个安全级别，防止有人通过递交命令获得其他个人的信息及金融交易信息。

2. Cookies

如果该网站的一个 Cookie 被添加到用户的系统中，加密也有可能发生。Cookie 是存储在用户硬盘驱动器上的一小段文字，以便网站返回有关用户访问了哪个网站的信息及其感兴趣的信息。Cookie 由以下两部分组成：

①一个标识符，可以是用户为了从这个网站得到信息而设立的一个名称，也可以是一个由网站分配的普通 ID 值。

②网站地址。如果一个网站要求用户注册其网站后才可以查找信息，那么该网站也会要求用户输入密码。这个密码会被加密，从而避免其他的公司或人以用户的身份登录该网站。

公司一般都会设立 Cookies 去收集统计信息，这个统计信息包括谁是首先访问该网站的人，谁是多次访问该网站的人，或者谁是偶然间访问该网站的人等。网站分配给用户的 ID 被用在他们的数据库中去记录网站的点击量和浏览该网站的用户信息。

Cookies 的另一个用途是用于电子商务和在线购物。网站分配的 ID 和密码用于识别谁是有效的购物者。

针对用户的喜好，其他网站可能会设立 Cookies 来帮助用户定制网站，用下载的网页代替它的主页。

注意，除了 Cookies 文件夹中包含的信息，Cookies 并没有给出其他有关系统的信息。Cookies 所面临的最大问题是垃圾邮件制造者和利用程序收集市场信息的公司可以获得数据库信息列表，也可以直接从别的公司或者通过收集程序获得。用户可以清除大量的垃圾邮件或其不想要的邮件。

3. FTP

登录 ID 和密码并不是 Cookies 产生的唯一途径。如果去一个网站下载资料，在用户访问文件之前，该公司通常要求其注册。这包括用户可能访问的任何 FTP（File Transfer Protocol）站点，用户可以在此上传（复制到 FTP 服务器）或下载（从 FTP 服务器复制）文件。

4. 插件

插件是一个可以下载并安装到用户系统中的程序。只有通过该插件，用户才可以查看网站上的项目。例如，许多网站要求用户下载 Adobe Acrobat Reader 插件，然后才可以查看其网站上的所有 PDF 文件。Flash 插件允许用户从网站上查看动画或视频。

5. 网页快照

当有人谈到网页快照时，他们通常在谈论另一种用于增加网络宽带的方法。一些因特网服务提供商提供了一个 Web 快取服务器，该服务器将在因特网上加快用户计算机和其他计算机的连接速度，并且需求的通信量流程信息控制在合理的成本中。

6. 弹出式窗口

弹出式广告可以从 Web 浏览器中以一个单独的窗口显示，或者在实际的网页中被设计成类似于窗口的形式显示。这些是基本的广告，公司已经支付费用，不论何时有人访问网站，广告都会显示。目前，有些程序可以帮助用户消除这些弹出式窗口，以阻止和/或临时启用弹出窗口。

7.2 Web 浏览器

7.2.1 概述

1. Web 浏览器的定义

Web 浏览器是用来通过显示图片、文本及动画互动的方式去获取信息的一个程序。应用程序通过浏览器的浏览成为“指向和单击”的应用。目前流行的 Web 浏览器见表 7-4。

表 7-4 常见浏览器

浏览器名称	公司网址
Microsoft Edge	https://www. microsoft. com/zh-cn/edge
FireFox 火狐	http://www. firefox. com. cn/
Google Chrome	https://www. google. cn/intl/zh-CN/chrome/

这些流行的浏览器及其任何更新的版本都可以从网上下载。

2. 跳转与冲浪

当单击链接时便打开网站中的其他网页，称为“跳转”。当用户根据自己的兴趣而不是为了寻找特定的信息进行网上浏览时，就是所谓的冲浪。

3. 图片显示状态

有些网站需要很长的时间才能打开，网站上的项目越多，在屏幕上显示出来的时间就越长。如果一个网页只显示了一部分，并显示了方形或者长方形的☒，通常表明在尝试下载或在屏幕中显示整个页面时发生了问题。可以单击↻（刷新）按钮来刷新显示这个网站。如果在屏幕上继续看到☒，那么表明这个网站中显示的这些图形或链接是有问题的。

4. 使用历史记录

用户在冲浪时，Web 浏览器可以随时掌握用户访问过的网页，建立一个历史记录以供参考。当用户想访问几天前访问的网站或不记得的网址时，单击“历史”按钮☆，打开一个面板，如图 7-3 所示，其中显示出了用户曾经访问过的网站，为用户提供了方便。

图 7-3 历史窗格

用户也可以根据需要清除历史记录。定期清理历史记录可以防止历史记录清单过长。

如果用户想将自己喜欢的网站地址保存在网络上，以便日后随时访问，那么可以考虑为该网站添加一个书签。书签的作用类似于现实生活中为所阅读的书中的一页做一个标记。

7.2.2 识别安全网站

当用户访问一个要求在线提供个人信息的网站时，这些信息有可能会被其他人拦截，然后用于不良目的。用户可以使用别名或者对自己的信息进行处理，而不提供自己的真实信息。这种处理方法同样适用于申请 ISP/在线邮件服务，以达到避免收到如垃圾邮件之类的无用信息的目的。

因特网的安全问题可以归结为以下三点：

①用户正在访问的电子商务网站是否真正属于提供该服务的公司。

②用户提交的信息是否会被其他团体“俘虏”并用于非法的目的。

③电子商务公司本身是否会将用户的信息用于其他目的，而不仅仅是进行目前的电子商务交易。

1. 保障用户安全的技术手段

①使用数字证书：数字证书是一种用于确定电子商务交易中一方当事人的技术。数字证书从“核证机关”获得，该中心按照严格的国际标准批准发行、管理和跟踪数字证书。

②使用加密技术和安全套接层（SSL）：当用户在一个电子商务网站提供个人信息时，会被连接到一个安全的链接。在状态栏及服务器协议上会有一个锁（🔒）标识，在 URL 中也会有个“s”的补充（https），如图 7－4 所示。

图 7－4　使用 https 协议的网页

这表明用户有一个安全套接层（SSL）连接，并利用加密技术进行信息转换。

当电子信息被加密时，密钥用混杂的方法把文字转换成文本文件，使其无法读取。当另一方收到加密的文件时，可以使用密钥将文件解密（解读），以获得原始文件。

不能在因特网上发送带有密钥的文件，因为这个密钥和文件都可以被截获，从而导致这个文件被其他人阅读。Internet 使用需要两个密钥的异步加密方法，这两个密钥分别是公共密钥和私有密钥。已加密的文件利用公共密钥，解码器的另一端使用私人密钥。私有密钥是从来不会通过因特网传送的。

密钥可以根据不同的安全级别被加密，这可以通过加密中所使用的位数来描述，通常使用 40 位和 128 位密钥。用户应该使用安全级别尽可能高的加密技术。大多数浏览器支持 128 位加密，如果某个浏览器不支持，那么请更新浏览器的版本。

2. 电子商务和电子加密

电子商务交易中的加密过程如图 7－5（a）所示。当用户已经将产品添加到购物车中，并选择“付款”后，Web 浏览器通常会向其发送一个网页，以获取其个人信息，这在安全连接下完成（SSL－https://）。在后台，服务器已经发送了页面和公钥。

一旦用户完成并提交了表格，他的浏览器就会首先使用公钥加密表单信息，然后需要私钥来查看客户订单的个人信息，如图 7－5（b）所示。

电子商务 Web 服务器将利用其匹配的私钥解密表单信息，以使该公司能够处理客户的订单。

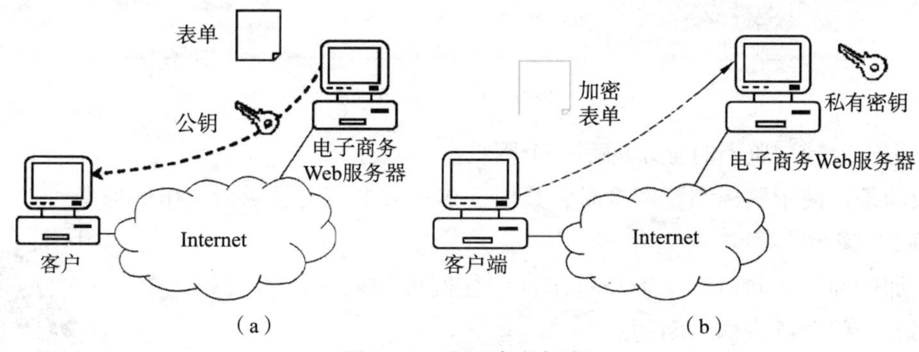

图 7－5　电子商务加密

3. 了解隐私权政策声明

在网站上填写信息之前，需阅读隐私权声明。如果确定要继续，可以考虑使用不常用的电子邮件地址，而不是用于商业或个人事务的主要的电子邮件地址。

7.2.3　认识 IE 浏览器

1. 启动 IE 浏览器

单击“开始”按钮，选择“Windows 附件”→“Internet Explorer”。为了方便使用，可以将其拖动到磁贴区。

IE 浏览器默认的主页一般为 http://www.msn.com，可以通过选择“工具”→“Internet

选项”命令将主页修改为其他网页（如公司的主页）。

2. 浏览器窗口

IE 浏览器窗口如图 7－6 所示。

图 7－6　IE 窗口

①主页：启动浏览器时显示的第一个网页。

②滚动条：使用鼠标浏览网页时，其用于在一页中滚动显示网页中的信息。

练习 1　使用收藏夹

微课 7－1

对于那些经常访问但是又不想每次都记住网址的网站，向收藏夹中添加一个书签，就能解决这个问题。

一旦某个网站被添加到收藏夹列表中，用户就可以通过在收藏夹列表中单击它来随时访问该网站。

按下面的操作步骤练习使用收藏夹：

①在地址栏中输入“www. zhaopin. com”，按 Enter 键。

②单击★按钮，选择“收藏夹”选项卡。

③单击“添加到收藏夹”按钮，弹出如图 7－7 所示对话框。

④用户可以选择接受在弹出的“添加收藏”对话框中默认的文件名称，也可以输入其他名称，或者为这类信息创建一个新的文件夹或类别。

⑤单击“新建文件夹”按钮，为这个网站创建一个新的文件夹，如图 7－8 所示。

⑥输入“就业机会”作为新文件夹的名称，按 Enter 键，如图 7－9 所示。

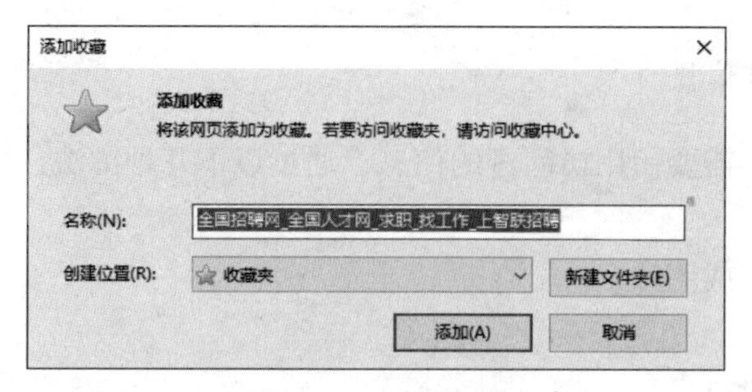

图7－7　添加收藏

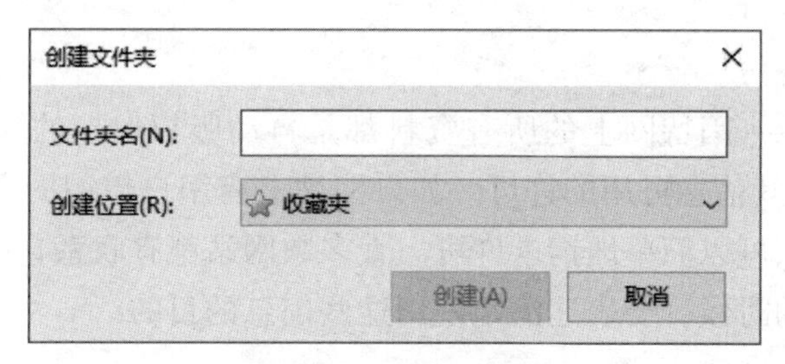

图7－8　创建文件夹

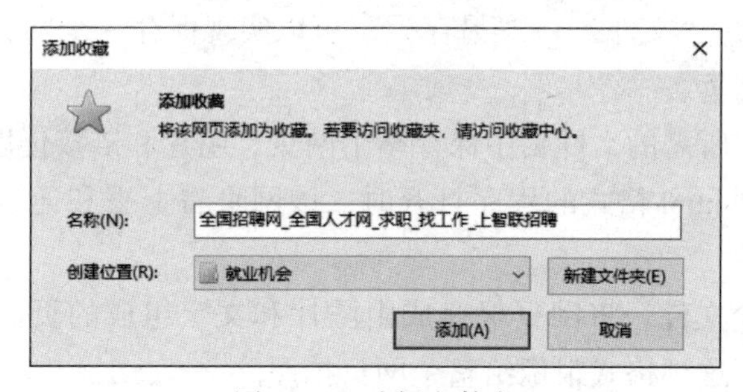

图7－9　选择文件夹

⑦单击“添加”按钮，网站已经被添加到收藏夹列表中了，如图7－10所示。

图7－10　验证结果

7.2.4 提取网页中的信息

在因特网上，经常需要使用访问过的信息，通过以下几种方法，用户可以从网页上获取信息：

①复制并粘贴文字或图片。

②屏幕捕获。

③将图片保存到磁盘。

④将网页保存到磁盘。

⑤打印网页的硬备份。

关于版权的警告——因特网上的所有资料都是自动版权保护的（该版权属于网站的拥有者），除非网站给出其信息可用的许可。如果网站上有用户想用的文本或图片，但是不确定是否可以使用，那么可以简单地请求许可。大多数网站都有联系它们的电子邮件链接。注意，在发送电子邮件的时候，要表述清楚使用这些信息的目的。

1. 保存网页

执行 IE 浏览器中的“文件”→“另存为”可以实现保存一个网页。IE 浏览器提供了 4 种不同的格式来保存网页。

①网页，全部：在所需的文件夹中保存整个网页，图片和链接仍以原始的格式分布在页面上。当网页被能识别 html 格式的程序打开时，该网页看上去和通过浏览器打开是非常相似的。

②Web 档案，单个文件：将网页保存成由图片和文字组成的页面，目的是能将其像一个页面一样进行发布。这种格式很像给整个网页拍照。

③网页，仅 HTML：仅以 html 格式保存网页，那么该网页可以在其他网络浏览器中打开或者在离线状态下打开。原始网页中的图片和多媒体不被保存。

④文本文件（.txt）：将网页保存为纯文本，表明网页以纯文本显示。

2. 使用复制和粘贴

在网页上使用复制和粘贴功能与在应用软件中使用这些功能的操作相同。用户必须在选择“复制”命令前先选择要复制的内容。

使用下列方法之一，可以从网站上复制选定的内容：

①选择“编辑”→“复制”命令。

②按 Ctrl + C 组合键。

③在选定条内容上右击，并选择“复制”命令。

要粘贴从网页上选定的内容到其他应用程序的空白文档中，首先打开应用程序中的一个新建的空白文档，然后使用下列方法之一：

①选择“编辑”→“粘贴”命令。

②按 Ctrl + V 组合键。

③在新位置处右击，选择“粘贴”命令。

提示：

当要从网站上复制和粘贴内容时，需要获得信息网站的许可，或者在应用的文档中清晰地注明信息的来源。

3. 打印网页

使用下列方法之一，弹出如图7－11所示的“打印”对话框，可以打印网页。

图7－11 “打印”对话框

①选择“文件”→“打印”命令。

②单击工具栏中的按钮。

③按Ctrl＋P组合键。

常规：选择使用的打印机，设置打印份数及打印的页面范围。

选项：设置页面布局。如果网页被设计成框架（文字和图片分块），会显示预览效果。

虽然网页的大部分格式都被包括了，但是有些区域仍然没有显示。如果这是想在宣传材料中使用的文件，则可以删除不想要的条目，并将其修改为所需的格式。

练习2 保存网页

微课7－2

按下面的操作步骤练习保存网页：

①在地址栏中输入“http://www2.gladworld.net/gladworldtest/CHS_index.php”，按Enter键。

②选择“文件”→“另存为”命令。

③单击“保存类型”下拉按钮，选择“网页，全部（＊htm，＊html）”选项。

④选择保存的位置。

⑤输入“ICT认证”作为文件名，单击“保存”按钮。

⑥最小化 IE 浏览器，启动 Microsoft Word 程序。

⑦在“标准”工具栏中单击按钮。

⑧打开刚才网页保存的位置，双击“ICT 认证”文件。

7.2.5 下载

下载是指从另一台计算机上向用户所使用的计算机复制文件的过程。用户可以从网上下载资料，例如音乐文件、软件、数据文件等。许多网站在用户下载开始之前要求其注册或填写某些信息。

从网上下载信息应注意以下方面：

①建立一个保存所有下载文件的单独文件夹，这样用户就可以在一个集中位置管理下载的文件，有助于一般文件的维护。

②当提示打开或保存程序文件时，可以先把文件保存到下载文件夹中，稍后再安装程序。

③在安装所下载的程序之前，应先对其进行扫描，这样能够保护用户的系统不受下载文件中潜在病毒的破坏。

④如果下载文件附带一个 Read Me 文本文件，那么在安装或者使用下载文件之前，一定要阅读该文本文件。这些文件通常包含一些影响配置的文件和建议调整的信息，以确保程序正确工作。

⑤提供视频的网站会显示一个单独的网页来查看下载信息，这些下载基本来源于这一网页的服务器。这个下载过程会快很多，就像是下载一个文件的副本到 RAM 存储器一样，所以用户能看见下载进程。这种类型的下载会显示一个进度条来表示文件已经下载了多少，在下载到一定比例后，可能会自动播放，用户也可以等全部下载完毕后再播放。这样的文件实际上没有保存到用户的硬盘上，它会在用户选择其他视频或关闭网络浏览器时自动卸载。

练习 3　使用 IE 浏览器下载文件

微课 7 – 3

按下面的操作步骤练习使用 IE 浏览器下载文件：

①在浏览器的地址栏中输入“https://www.microsoft.com/zh-cn/windows/”，按 Enter 键。

②在“如何使用 Windows 10”的图片上右击。

③选择“图片另存为”命令。

④从网站上保存图片在技术上被认为是下载，就像是从其他位置获取文件一样。

⑤选择适当的保存位置，文件自动命名为 testing，单击“保存”按钮，如图 7 – 12 所示。

7.2.6 定制 IE 浏览器

通过选择“工具”→“Internet 选项”命令，打开图 7 – 13 所示的“Internet 选项”对话框来改变或定制 IE 浏览器。

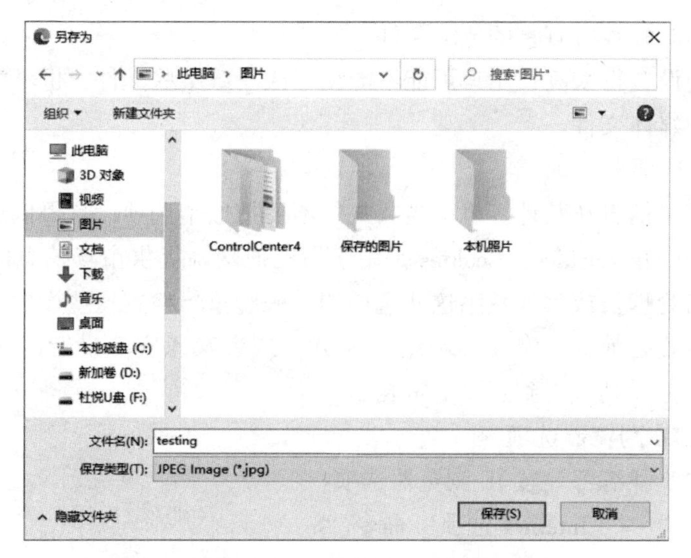

图 7－12　“另存为”对话框

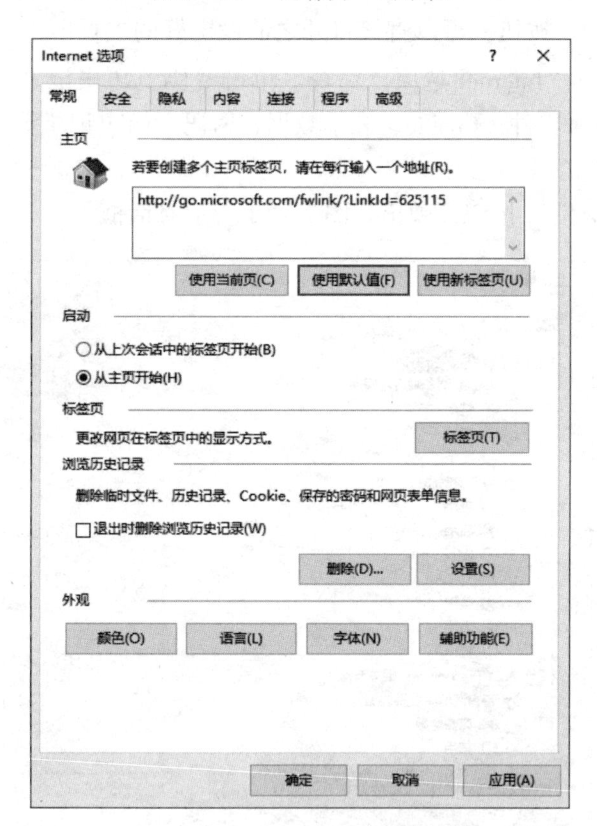

图 7－13　“Internet 选项”对话框

(1)“常规”选项卡

用户可以通过改变网址来设置主页，或者对访问过的网站进行一些基本的文件管理。

(2)“安全”选项卡

可以帮助用户设置上网时看到的插件，例如 ActiveX 插件、Java 脚本插件，这两类插件可能会包含潜在的对计算机有害的危险文件（病毒）。

如果安全级别设置得太高，用户可能不能浏览或下载某些文件，也不能显示网页上某些动画或某些类型的媒体文件。

（3）“隐私”选项卡

可以设置有多少信息从其计算机上被收集。不要把这个选项设置得低于中级，高级能给用户最大的保护来防止 Cookies，Cookies 是用于为其他网站提供市场信息的。在做任何改变之前，都要同网络管理员或其他熟悉这些选项的人一起重新检查这些设置。

在修改这些设置之前，一定要和网络管理员（或者熟悉安全设置的人）联系，以保证发出请求后能在网上看到或得到想要的资料。

练习 4　设置 IE 浏览器选项

微课 7－4

按下面的操作步骤练习设置 IE 浏览器选项：

①选择“工具”→“Internet 选项”命令。

②在主页的地址栏中输入“www. microsoft. com”，按 Enter 键。

③单击工具栏中的按钮，可以直接打开之前设定好的主页。

④选择“工具”→“Internet 选项”命令。单击“浏览历史记录”选项组中的“删除”按钮，清理临时 Internet 文件、Cookie、表单数据、密码、历史记录等。

⑤选择“安全”选项卡。

⑥单击“自定义级别”按钮，弹出如图 7－14 所示对话框。

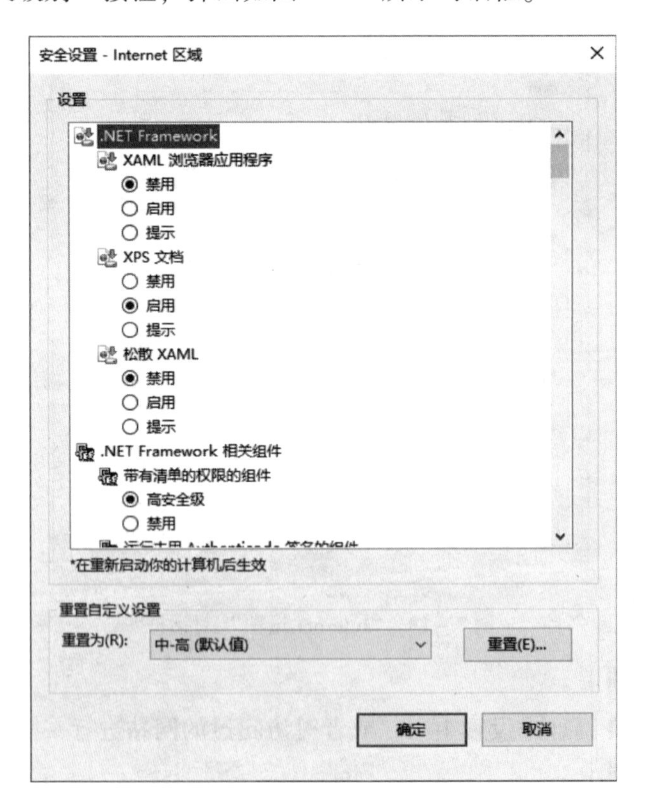

图 7－14　设置 IE 安全选项

出于安全考虑，不要在列表选项中做任何改变。单击“确定”按钮。

⑦选择“隐私”选项卡，可以控制和管理浏览器的 Cookie。

⑧单击“确定”按钮退出“Internet 选项”对话框。

7.3 使用网络搜索信息

由于因特网持续快速发展，因此需要花费更长的时间来查找用户所需要的信息。查找信息是指寻找包含所需信息或服务站点 URL 地址的过程。下面的步骤概述了在查找信息时所能运用的一般方法。用户可以从最简单的（通常是最快的）方式开始，根据个人需求逐渐转向使用更加复杂的搜索方式。

步骤如下：

①猜测：基本上是“使用您最好的猜测”的过程。大多数的组织或公司的 URL 地址通常反映了该组织的名称，例如 www.ibm.com。这种方法同样也可用于查找一个特定的主题，例如要查找 Flash 电影，可以尝试 www.flash.com。

②询问：询问同事、朋友或者和自己有相同兴趣的群体。

③使用目录：URL 地址列表通过主题进行分类。如那些编制了更多专业学科目录的搜索引擎公司、图书馆或者政府部门的网站。

④使用门户网站：专门用于缩小主题字段的网站。

⑤通过搜索引擎进行简单搜索：搜索引擎是把因特网上的相关网站的信息收集在数据库中。搜索时，使用一个或者多个关键字。

⑥通过搜索引擎进行高级搜索：高级搜索使用布尔逻辑值来编译搜索，以此返回一个更小范围、关联程度更高的匹配或者信息列表。

7.3.1 网上数据库

创建一个网页需要花费一些时间。某些组织需要提供基于产品或者服务类型的信息修改，如旅行社，此时创建一个随信息变化的新网页将是非常费时的。

解决的办法是把信息输入数据库中。当有人需要信息时，服务器可以搜索数据库并提取适当的信息，然后将资料放在预先设计的动态网页上，并返回该网页，提供给需要它的使用者，如图 7-15 所示。

这方面的例子是数据库的搜索引擎公司，如百度、搜狗、AltaVista 或雅虎等。

7.3.2 认识搜索引擎

1. 搜索结果页面的基本结构

在搜索引擎公司的网站主页上，通常会有一个搜索栏，用户可以在搜索栏中输入关键字信息。当用户单击“搜索”按钮时（该搜索按钮有时也标注为其他名称），浏览器会把关键字信息提交给网络服务器。网络服务器使用这些关键字信息扫描数据库，并编制一个与关键

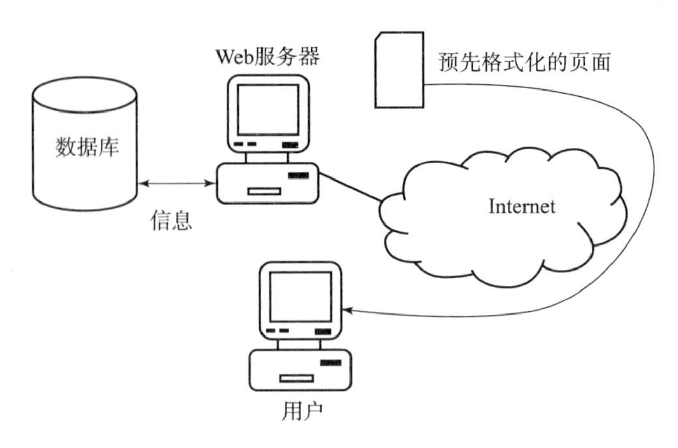

图 7－15　网上数据库

字相匹配的 URL 地址记录的列表，然后把该列表以网页的形式返回给用户查看。这个列表通常包括标题、描述和 URL 地址。

虽然搜索引擎公司在其各自的数据库中存储着上百万的网址，但是它们也只拥有因特网中所有网址的一部分。在过去，搜索引擎公司使用名为“蜘蛛”的特殊软件来“抓取网络”和截获相关信息。

2. 搜索引擎的特点

大多数的搜索引擎公司提供的服务是免费的，这些公司的收入来源主要是广告。每个链接会收取少量的费用。使用它们的数据库登记网址通常是免费的，但是现在很多收费的网站承诺用户所注册的网址在其数据中能获得更高的排名。

搜索引擎在不断地变化着。搜索引擎技术的主题是超越学科的界限，从而只关注重点部分。搜索引擎行业中有很多所谓的行业监控器，用户总能从中找到最新的信息。

练习 5　搜索信息

微课 7－5

按下面的操作步骤练习搜索信息。

①启动浏览器，输入网址“www.baidu.com”。

②在搜索栏中输入关键字“非洲，旅游”，然后单击“百度一下”按钮。结果如图 7－16 所示。

需要注意的是，这个搜索结果的页面并不存在于搜索引擎网站上，访问者每次提交关键字信息时这个页面便会自动生成。

7.3.3　搜索技巧

1. 缩小搜索范围

搜索引擎是用于在因特网上查找信息的工具，但是搜索结果并不都是有用的。输入一个或者多个关键字，搜索引擎会查找对每个关键字都匹配的信息。为搜索的关键字增加一些其他条件能有助于缩小搜索范围。搜索符号及功能见表 7－5。

图7－16　搜索结果

表7－5　搜索符号

符号	说　明
标点符号	大多数的搜索引擎会把诸如逗号、句号、斜线等符号翻译成空格符，然后返回对输入的两个关键字都匹配的结果。其他的一些搜索引擎则把这些符号转换成短句进行搜索
引号	把一段文本用引号引起来，以此来搜索匹配这段文本的信息，例如，输入“黄鳍金枪鱼”进行搜索，则返回包含这一具体短句的网址结果
加号和减号	加号和减号用于从用户的查询结果中增加某些关键字，例如，搜索“兔子－安哥拉”，则搜索结果中包括除了安哥拉兔子之外的所有兔子的相关网址
通配符	如果一个搜索关键字有不止一种拼写或者组合，则在搜索条件中使用“?”通配符来指定任意一个字符，或者使用“*”通配符来表示任意数量的字符。例如，输入“colo*”，则会搜索和color、colour、colon或colombia相匹配的信息。输入colo?r进行搜索，则会返回和colour及color相匹配的结果

2. 在搜索中使用符号

①打开浏览器，输入网址“www.sogou.com”。

②在搜索栏中输入“公益 爱心”然后单击“搜狗搜索”按钮。

观察搜索结果（图 7 - 17）的数量，可以发现结果太多了，以至于不能有效地进行管理。

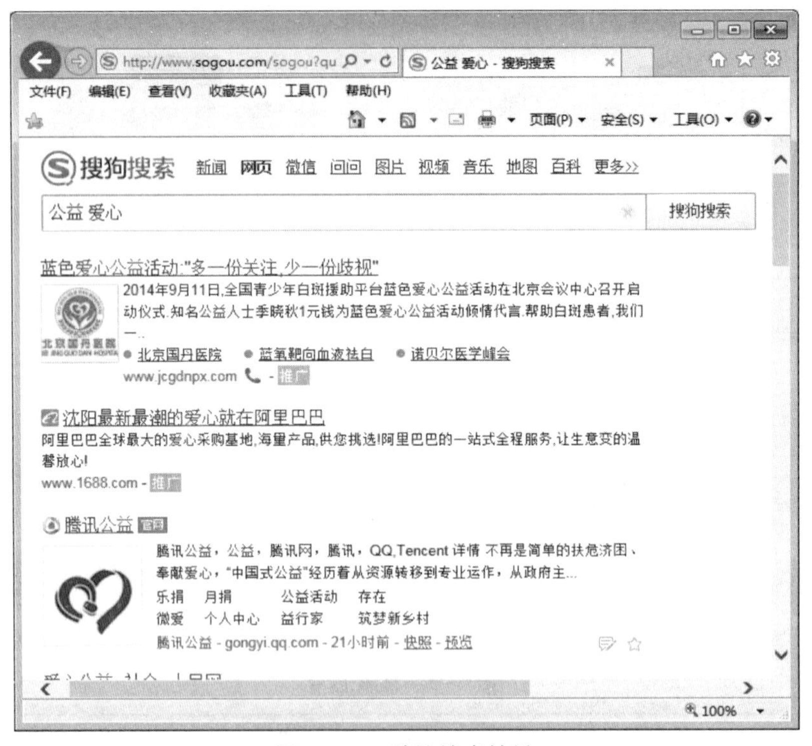

图 7 - 17　默认搜索结果

③在搜索栏中输入如下内容来缩小搜索范围：“公益” + “爱心”。单击“搜索”按钮，然后观察搜索结果。

根据输入搜索条件的不同，在大多数情况下，如果排除了与搜索条件相关的一些一般主题进行搜索，那么搜索结果列表会更短。在这种情况下，注意第二次搜索结果数量的变化，以及这些结果如何更有针对性地将搜索重点放在公益的统计上。

①进入 www.baidu.com 网站。

②在搜索栏中输入“金字塔”，单击“百度一下”按钮。

搜索结果主要集中在埃及金字塔上。如果用户输入更具体的搜索条件来缩小搜索范围，将会使查找其他金字塔变得更容易。

③在搜索栏中输入“玛雅 + 金字塔”，按 Enter 键。

3. 使用布尔关系

布尔关系类似于加法和减法，但是它具有更强大的搜索功能。最常用的布尔关系是 AND、OR 和 NOT 和 NEAR。这些布尔关系在关键字中通常以大写的形式突出显示，但是以小写形式输入进行搜索时，通常也会得到相同的结果。下面介绍最常使用的两种形式。

（1）使用 AND 进行搜索

在单个文档中搜索多项时，需要用到 AND 来表示同时满足多个条件。例如：

烹饪方法 AND 鲑鱼；

烹饪方法 AND 鲑鱼 AND 烧烤。

也可以把布尔关系和标点符号结合起来，例如：

瓷砖 AND “室内设计”；

“陶瓷砖” AND “室内设计”。

也可以输入“/&”而不用 AND 来实现相同的功能。

（2）使用 OR 进行搜索

使用 OR 进行文档搜索，返回的结果将包含分别和每个搜索项相关的信息。例如“海鲜” OR “鱿鱼”，“建材” OR “石板”。OR 有两种类型的功能：

OR 是一个包容性的搜索选项，用于查找包含和每一个搜索值相匹配的信息。

XOR 或 EOR 是排他性的搜索选项，用于查找并排除与每一个搜索值相匹配的信息。

也可以输入“/^”而不用 OR 来激活相同的功能。

NOT 通常和 AND 结合使用。例如，输入“网球 AND NOT 温布尔顿”进行搜索，将会返回不包括温布尔顿的网球信息。

7.4 电子邮件

电子邮件是因特网上应用最广的服务之一，掌握电子邮件的基本操作和使用时的网络礼节，有助于提高工作效率。

7.4.1 什么是电子邮件

1. 电子邮件的优点

电子邮件的本质和邮政邮件是一样的。使用 E－mail 的优点见表 7－6。

表 7－6 使用电子邮件的优点

优点	描　述
速率高	可以对一个或多个人发送或接收邮件，从而减少电话联系所花费的时间
文件线索	打印邮件的通信记录。电子邮件程序还允许用户通过创建文件夹来存储信息
分享信息	每一个电子邮件程序都可以根据需要添加附件档案，而可发送附件的大小可能有一定限制
容易获取	发送或接收的邮件可以从现场或远程地点获得
与其他人协同作业	可以发送一封邮件给某一个收件人，与此同时，将其副本发送给其他人，或者再将该邮件转发给其他人
节约成本	免去长途电话费用、运输费用或物理访问的成本

就一台计算机与另一台计算机的信息沟通而言，虽然电子邮件是最流行的通信手段，但是还是可以使用其他各种设备进行沟通，如手机短信服务或即时信息等。

即时信息服务就像与一个或更多的人即时交流一样。流行的即时通信程序，如 MSN、Yahoo 和腾讯 QQ 等，可以用于图形化显示的手持设备和手机上，这使用户之间进行实时交谈成为可能。

2. 电子邮件的分类

电子邮件因收发范围的不同，分为内部电子邮件和 Internet 电子邮件。顾名思义，内部电子邮件只能在内部网的范围内收发；Internet 电子邮件通常称为外部邮件，这是因为它来自用户计算机的“外部”。

3. 电子邮件地址

一个典型的 E－mail 地址的结构如图 7－18 所示。

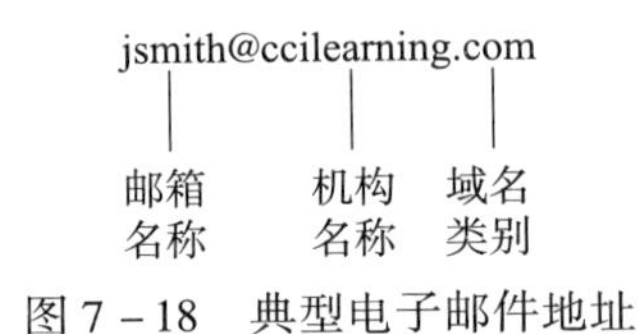

图 7－18　典型电子邮件地址

各部分的含义见表 7－7。

表 7－7　电子邮件地址含义

对应项目	含　　义
邮箱名称	在电子邮件服务器上，邮箱名称用于识别一个特定的电子邮箱。电子邮箱地址是基于公司或者 ISP 标准的。某些领域允许用户建立自己的邮箱名称，唯一的限制是它必须是唯一的
机构名称	确定该组织拥有的服务器。它可以用正式的组织名称、较短版本的公司名称或某个人的名字，例如 contact@ ccilearning. com
域名类别	确定服务器的信息域

往往可以通过电子邮件的地址来获知发件人所在组织的信息。如果用户收到来自 jsmith @ betterbuilders. com 的电子邮件，将获知可能有一个 Web 服务器及网站 www. betterbuilders. com，通过该网站地址，用户可以找到更多关于发件人 jsmith 的组织信息。

提示：POP3(Post Office Protocol 3)即邮局协议的第 3 个版本，它规定怎样将个人计算机连接到 Internet 的邮件服务器和下载电子邮件的电子协议。POP3 服务器是遵循 POP3 协议的接收邮件服务器，用来接收电子邮件。

SMTP（Simple Mail Transfer Protocol）即简单邮件传输协议，它是一组用于由源地址到目的地址传送邮件的规则，由它来控制信件的中转方式。SMTP 服务器是遵循 SMTP 协议的发送邮件服务器，用来发送或中转发出的电子邮件。

只有提供了 POP3 和 SMTP 服务的信箱才能直接利用 Outlook、Foxmail 等 E－mail 软件收发电子邮件，否则，只有进入它的主页，才能收发邮件，如 Microsoft 的 Hotmail 免费信箱等。

7.4.2　申请电子邮箱

要收发电子邮箱，必须先申请电子邮箱。目前国内很多网站都提供了免费的电子邮箱服务，如网易、腾讯、新浪等，下面以网易163邮箱为例，介绍基本申请流程。

①打开IE浏览器，输入网址 http://mail.163.com，打开网页，如图7－19所示，单击“注册免费邮箱”按钮。

②按打开的页面提示选择注册字母邮箱或手机号码邮箱，如图7－20所示。

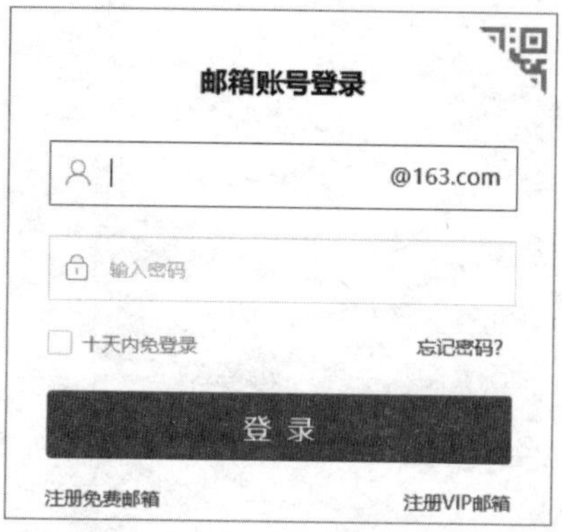

图7－19　163邮箱注册窗口

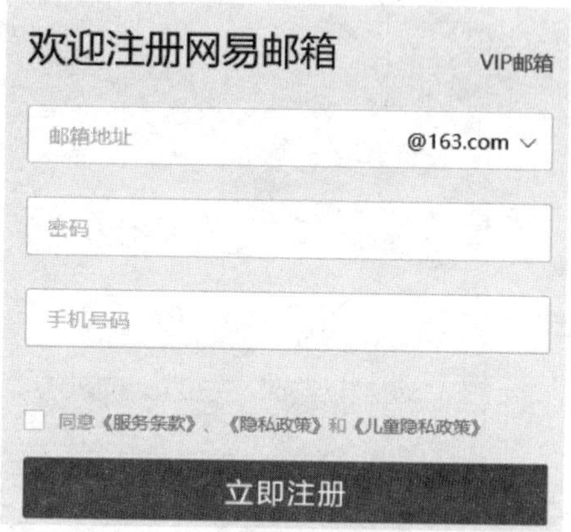

图7－20　填写邮箱信息页

填写邮件地址（填写用户名，由字母、数字、下划线组成）、密码（设定邮箱密码）、手机号码（可用于找回密码）等注册信息，单击“立即注册”按钮即可。

如用户名和密码符合要求，提示注册成功后，可以到“通行证页面”登录，在账户管理页面完善邮箱信息，填写邮箱密保信息及注册证件号等信息。163信箱申请完毕。

7.4.3　电子邮件常用操作

电子邮件的常用操作包括新建、发送、回复、转发、抄送、接收和添加附件等操作。

现在有许多不同的电子邮件程序，而可供用户使用的是Internet电子邮件。本节以Outlook 2010为例进行介绍。注意，电子邮件程序的概念保持不变，每一个电子邮件程序中的命令和功能都没有什么不同。

1. 一封电子邮件的构成

电子邮件信息的内容包括地址、主题、正文和附件。邮件窗口如图7－21所示。

（1）地址

①收件人：目的地地址或这封电子邮件的收件人。用户可以发送电子邮件给一个或多个收件人（使用逗号或分号将名称分开）。

②抄送和密件抄送，两项都是在把一封信发给多个人时使用的，但这两种方式是有区别的，下面分别介绍：

抄送：“抄送”人收到信件后，可以看到其他收件人的电子邮件地址。

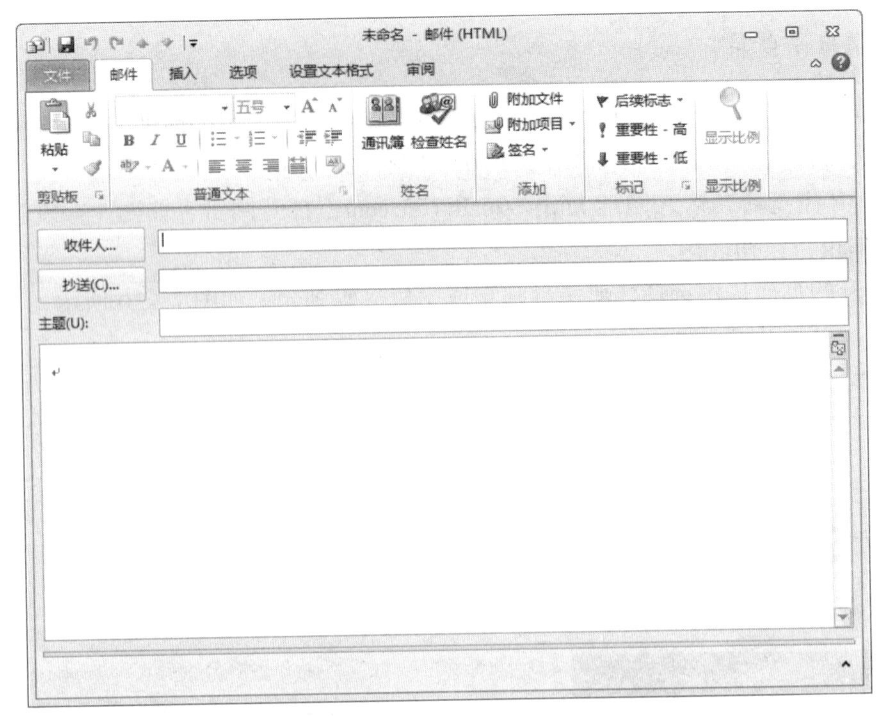

图 7－21　邮件窗口

密件抄送："密件抄送"人收到信后，不知道哪些人也收到了此信。

（2）主题

主题确定专题信息，通常是对电子邮件进行的简短的说明或对电子邮件的描述。

尽量不要发送没有主题的邮件，没有主题的邮件通常会被视为垃圾邮件。

（3）邮件正文

这是用户输入的信息，一些电子邮件程序提供特色格式，可用于强调或加强文章。用户还可以通过链接来链接到另一个电子邮件或网站，这个链接可以是图片、声音、幻灯片、电子表格等形式的附件。

（4）附件

当用户希望别人接收某个文件时，可以以附加文件的方式进行发送，这比用人工的方式传送文件更快速、更方便。为防止在收件人那里取回这些邮件的速度减慢或者在发送和收取时延误邮件的传输，因特网服务提供商可能会限制附件的大小。

2. 使用电子邮件选项

在发送电子邮件时，有 4 个基本的选项：创建邮件、答复、全部答复、转发。

用户所使用的选项取决于其发送电子邮件的目的。

（1）新建

当用户创建新的电子邮件时，该程序显示一个可输入所有必要的信息和邮件正文的窗口。创建邮件后，用户可以单击"发送"按钮，电子邮件程序使用的 SMTP 协议即会将信息发送到该服务器管理收件人的邮箱里。

(2) 回复选项

当用户收到一封电子邮件时，基本上有三件事可以做。

①回复：即回复发送信息的人。电子邮件程序自动设置发送邮件的人的地址。在“主题”文本框中有附加的“Re:”，使用户可以意识到自己回复的是以前的邮件。原始邮件放在邮件正文的底部，以供参考，如图7－22所示。

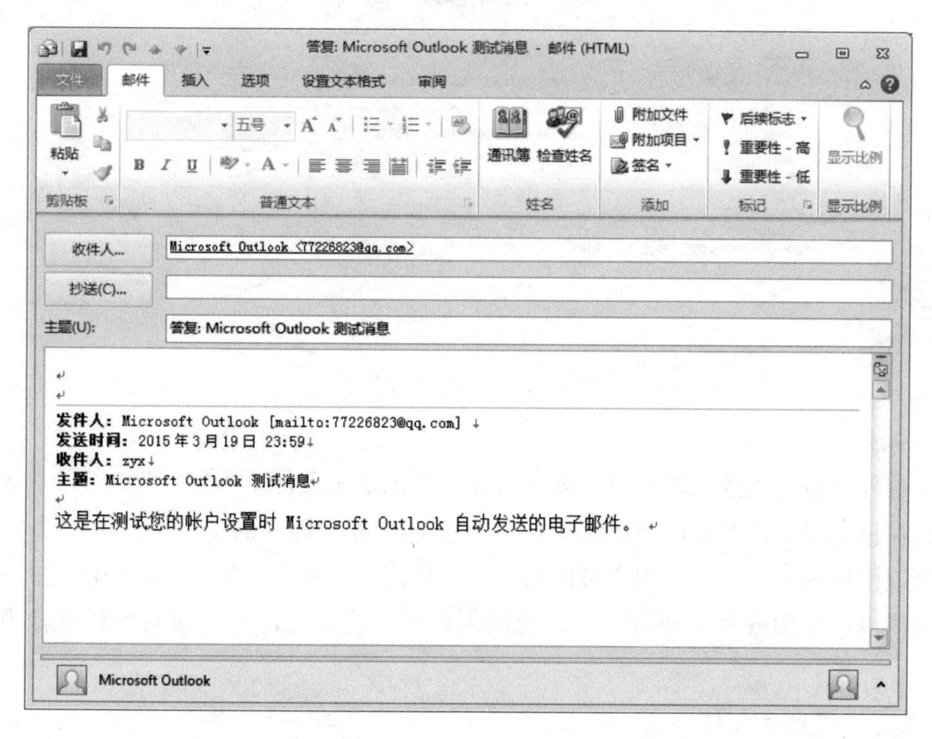

图7－22　答复发件人

②全部回复：将回复接收该邮件的所有人（包括抄送对象）。

③转发：将收到的邮件转发给其他人。

(3) 接收电子邮件

当用户使用POP协议从自己的邮箱服务器中请求电子邮件时，电子邮件程序通常把文件放在被称作收件箱的文件夹中。大多数程序都有发件箱文件夹，其中包括用户发送、起草或删除的项目，以帮助用户处理收到的大量的电子邮件。

并非所有的电子邮件程序的界面都相同，使用基于Web的电子邮件程序，如Hotmail邮箱时，会显示如图7－23所示的界面。

一个基于网络的电子邮件程序文件夹类似于其他电子邮件程序。如果没有计算机或计算机没有连入网络，又或者是在公共场所（如图书馆或网吧）查看接收的邮件，此时就可以选择这些基于网络的电子邮件程序中的一种。使用该类型的电子邮件程序也可以用来接收经过请求或未经请求的邮件，或区分商业和个人电子邮件。

PAD或者智能电话需要安装邮件软件来发送和接收电子邮件。

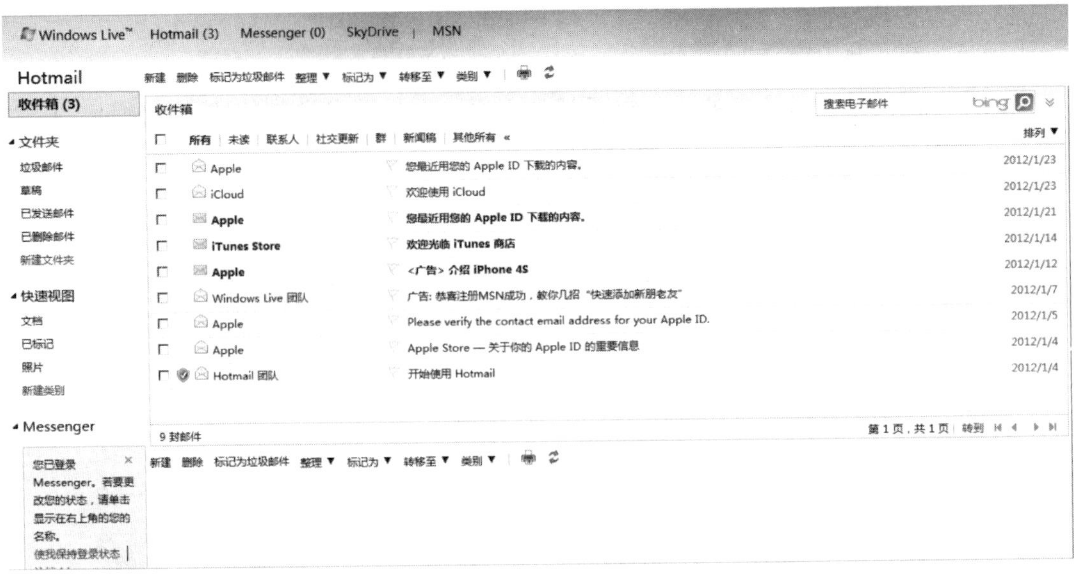

图 7－23　Web 邮件界面

（4）附件

电子邮件中最有用的功能是用户可以给邮件附加电子文件。当用户收到一个带有附件的邮件时，在该电子邮件名称的旁边通常有一个图标作为附件的指示器，在邮件被打开后，该附件会以图标的形式显示。用户可以通过单击该附件或其旁边的下载附件链接来保存附件文件，以供以后使用或者立即打开它。使用附件时，应注意邮件系统对附件大小和类型的限制。

3. 适当使用电子邮件

电子邮件的使用没有明确的规则，使用电子邮件时的写作风格及邮件中的强调之处应该符合使用者的意愿。一般准则可以参考以下几点：

①电子邮件绝不应该完全取代另一种形式的沟通，应同等对待，例如写一封信或直接说给对方。

②如果要发送一封商业电子邮件，无论在什么时候，都要保持专业的态度，要注意检查拼写和语法；商业电子邮件应该有一个正式的写作风格，并针对该产品和服务进行讨论。请记住，商业电子邮件是个人代表组织写给收信人的，所以应反映本组织的形象。

③确保电子邮件的主题明确，有目的性，并且主题应简短，详细内容应该在邮件正文中予以说明。

④在发送邮件之前，考虑是否在信息中使用一些格式，如是否会过于分散，或者收件人使用纯文本格式的邮件时，信息能否显示。

⑤在使用电子邮件程序中，电子邮件仍然是官方和公司应提交和存档信函的文件夹。

⑥如果有任何机密、敏感或要求签字批准的信息，电子邮件可能不是传输信息的正确方法。

⑦虽然发送电子邮件没有实际成本，但是它们需要时间来管理，这反映了生产力水平。

不要写不必要的电子邮件。

⑧确保电子邮件清晰、简明、重点突出，以避免有任何误解和错误。

⑨当发送邮件时，尽量不要发送有关个人隐私、种族笑话或不文明语言的邮件，即使是认识的人。

⑩无益的邮件对收件人是个人攻击。这种邮件在企业或学校的沟通、非正式或个人的沟通，或即时消息中都没有立足之地。如果用户遭受无益邮件的骚扰，最好忽略它；如果回应，将可能导致用户收到更多的此类邮件。

4. 使用表情符号或缩写

（1）使用表情符号

与他人说话时，人们可以使用语音语调、音调变化、面部表情和肢体语言来使意思更清楚。常用表情符号及含义见表7－8。

表7－8 常用表情符号及含义

表情符号	说明	表情符号	说明
:－D	开心	:－(	不高兴
:－P	吐舌头	:－x	闭嘴
< ※	献花	:－O	惊讶
$ _ $	见钱眼开	>_<	抓狂
（￣﹁￣）	流口水	（T_T）	流泪
= =b	冒冷汗	@_@	困惑
╮（￣▽￣）╭	两手一摊	* \(^_^)/ *	加油

（2）使用缩写

简称或缩写可以节省时间和精力，例如使用886来表示再见等。

作为一般规则，表情符号和缩写应只用于非正式的E－mail或即时消息，而不能用于企业或学校的电子邮件。了解这些后，应小心创建自己的表情符号或缩写，以确定与自己沟通的人能够明白这些表情符号或缩写。

5. 添加附件

发送带有附件的电子邮件，用户可以与他人分享信息。但是，一定要考虑到下面一些关于附件的准则：

①使该附件的文件尽可能小。接收邮件的大小取决于邮件中包含文本的多少和附件的大小。

②考虑附件是什么，以及是否可以用电子邮件的方式发送给他人。对于保密的文件，尽量不要在网上处理和发送给他人。

③确认收件人能否打开并查看附件。考虑该文件的类型，以及收件人是否有一个识别该文件类型的程序。

④如果该文件可以从某网站或企业内部网上获得，那么将相应的地址放入邮件中即可，这样发送的速度将大大超过发送整个文件的速度。

⑤考虑收件人用于发送或接收电子邮件的电子邮件程序。如收件人可能不能得到大的附件、所有附件都被阻断、发件人的域名被封锁等，此时可能需要考虑使用不会被阻止的文件类型或寻找其他能使收件人接收到邮件的方法。

6. 垃圾邮件的产生和防止接收垃圾邮件的方法

（1）垃圾邮件的产生

垃圾邮件是指向未主动请求的用户发送的电子邮件。垃圾邮件可以分为良性的和恶性的。良性垃圾邮件是各种宣传广告等对收件人影响不大的信息邮件。恶性垃圾邮件是指具有破坏性的电子邮件。

发送垃圾邮件者从专门从事电子邮件营销的公司购买电子邮件地址列表。这些清单可以使用软件程序产生，收获或收集任何出现在个人或商业网站上的电子邮件地址。

（2）防止接收垃圾邮件的方法

以下方法可以用来避免用户的邮箱地址被放置在垃圾邮件收件人的清单中，这些方法包括：

①不要让邮件地址出现在任何营销地址列表中。当访问一个需要电子邮件地址的网站时，务必阅读公司的隐私政策。只有公司可以保证隐私时，才能输入电子邮件地址。

②可以根据这些类型的请求，建立一个基于网络电子邮件程序的电子邮件账户。当检查基于网站的电子邮件程序时，可以一次删除所有的垃圾邮件。

③不要回复认为是垃圾邮件的任何电子邮件，尽管该公司担保将从他们的地址列表中删除你的信息。你的回复将确认电子邮件地址是真实的，从而会收到比以往更多的垃圾邮件。

④避免将姓名和 E－mail 地址写到公共清单上，如研讨会的邮件列表上等。

⑤避免在一般性的信息交流时将 E－mail 地址发送到任何网络论坛或新闻组里。如果不得不把邮件地址发送在网上的一个交流区，可以尝试用变换附加文本结构等方式加密或者隐藏地址。例如，j_smith at hotmail dot com 就是 j－smith－nospam@ hotmail. com 等。

⑥遵循一般准则发送电子邮件，避免所发送的邮件被其他服务器标记为垃圾邮件。为防止邮件被过滤，应使用恰当的方法，如提出相应文本行的主题，如“您好回复：”“您的订单”等。

7. 处理电子邮件系统的常见问题

当计算机处理大量的请求时，就可能会出现问题。其中有些问题自己可以诊断和解决，其他问题可能需要额外的软件。

（1）邮件没有被发送或接收

如果没有消息发送或接收，这可能表明由于某种原因，ISP 中邮件服务器没有和用户系统相连。检查系统和墙上插头之间的电话线连接情况及网络连接情况。另外，还要确保调制解调器或无线设备的电源线都已完全插入。

如果还不能解决问题，那么启动电子邮件程序并检查连接到 ISP 的设置。这通常是通过

电子邮件程序的一个菜单中的“选项”或“预置”命令来实现的。关于如何将正确的IP地址传入或传出邮件服务器，用户可能需要ISP提供援助。

如果用于信息传入或传出的邮件服务器并未改变，那么应致电ISP，询问邮件服务器是否有问题。如果没有问题，用户将被引导至技术支持那里，他们将要求用户将自己的电子邮箱用户名和密码提供给他们，以便在他们的系统环境下检查用户的线路，然后与用户一起解决这个问题。

（2）附件问题

电子邮件中的附件有时会出现比预期更多的问题。基于大小限制，附件可能被邮件服务器两端中的任一端阻止，因此，收件人可能无法收到邮件和附件。如果用户无法发送带有附件的邮件或打开收到的邮件，可能是由于系统设置了安全级别。许多电子邮件程序有一个用于防止潜在的有害文件被保存或打开的安全功能。除了在电子邮件程序中检查选项的安全设置外，还要非常仔细地检查每封收到的带有附件的邮件，以免激活附加在邮件中的病毒。

（3）收件箱溢出

由于Internet电子邮件很受欢迎，因此常会有收件箱溢出的问题。如果每天收到数百封电子邮件，可能没有时间来阅读它们，在必要时，可以把必要的电子邮件归档，或删除垃圾邮件。

（4）发送失败

如果收到发送失败的信息，应仔细阅读信息内容，以确定发送失败的原因是什么。该消息将确定是否存在于下列问题中：

①E－mail地址。邮箱无法使用、E－mail地址不存在、E－mail地址拼写不正确。

②域信箱。服务器正在维修、该邮件服务器的流量太大、域不存在等。

（5）乱码邮件

某些邮件在用户接收它们时会出现乱码，或部分信息缺失。这种类型的问题来自电子邮件发送或接收的格式。许多电子邮件程序允许用户在纯文本或HTML格式之间切换。使用纯文本格式保存的邮件体积小，但是查看或阅读时不太令人满意，HTML格式的邮件以类似的方式在因特网上寻找一个网页，但是会减缓邮件传递及信息显示的速度。

7.4.4 Microsoft Outlook 2010

Outlook 2010是Microsoft office 2010套装软件的组件之一。Outlook的功能很多，可以用它来收发电子邮件、管理联系人信息、记日记、安排日程、分配任务。Microsoft Outlook 2010提供了一些新特性和功能，可以帮助用户与他人保持联系，并更好地管理时间和信息。

在首次使用该软件时，会弹出“用户配置”对话框，只有按此向导完成用户名、密码及POP3、SMTP服务器的设置，才能正常使用。

1. Outlook 2010账户设置

①打开Microsoft Outlook 2010，单击“文件”→“信息”→“添加账户”，如图7－24所示。

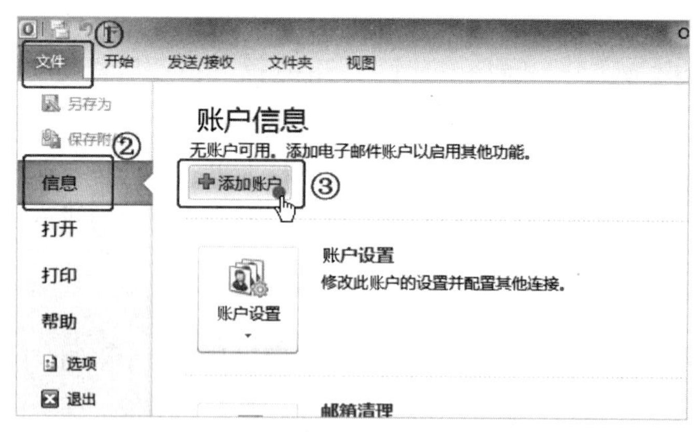

图 7－24　添加账户窗口

②弹出如图 7－25 所示的对话框，选择“电子邮件账户”，单击“下一步”按钮。

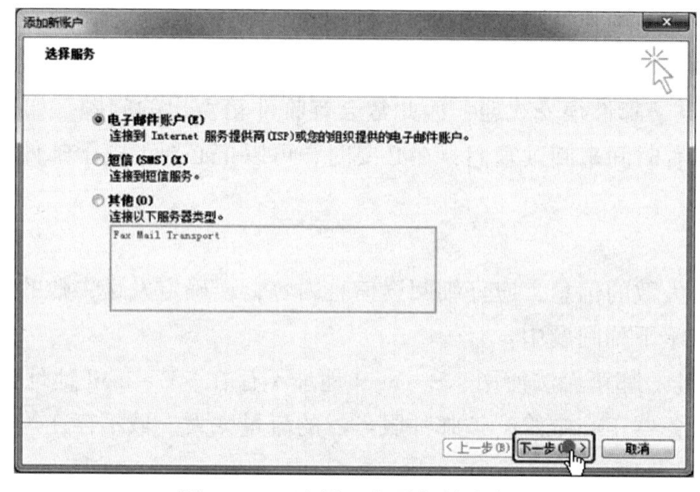

图 7－25　选择“电子邮件账户”

③选择“手动配置服务器设置或其他服务器类型”，单击“下一步”按钮，如图 7－26 所示。

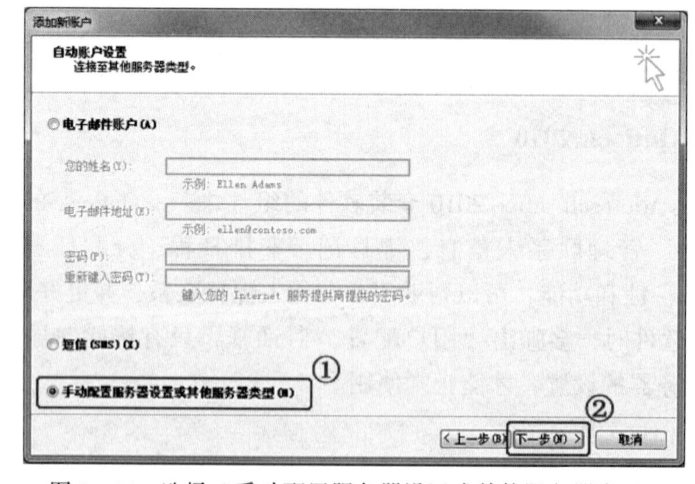

图 7－26　选择“手动配置服务器设置或其他服务器类型”

④选中“Internet 电子邮件”，单击“下一步”按钮，如图 7－27 所示。

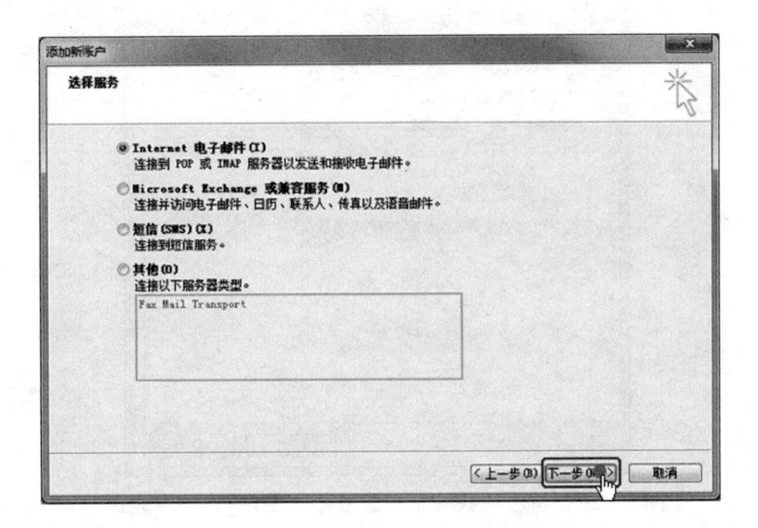

图 7－27　选中“Internet 电子邮件”

⑤按页面提示填写账户信息。

如图 7－28 所示，如果选择“POP3”，则在“接收邮件服务器”的输入框中输入“pop.163.com”，“发送邮件服务器(SMTP)”的输入框中输入“smtp.163.com”。

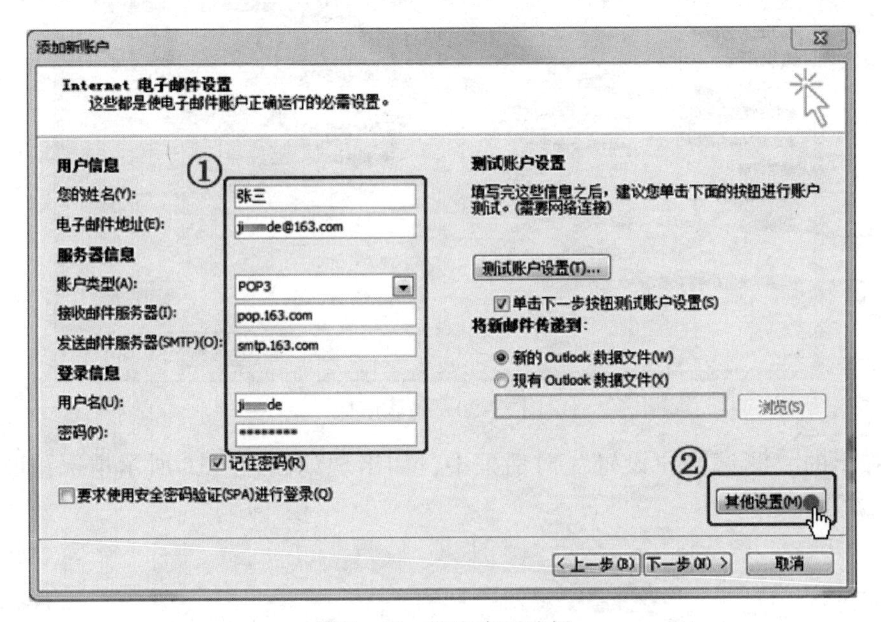

图 7－28　账户类型选择

如果选择“IMAP”，则在“接收邮件服务器”的输入框中输入“imap.163.com”，“发送邮件服务器(SMTP)”的输入框中输入“smtp.163.com”。

⑥单击“其他设置”，会弹出图 7－29 所示对话框，选择“发送服务器”选项卡，勾选“我的发送服务器（SMTP）要求验证”，并单击“确定”按钮。

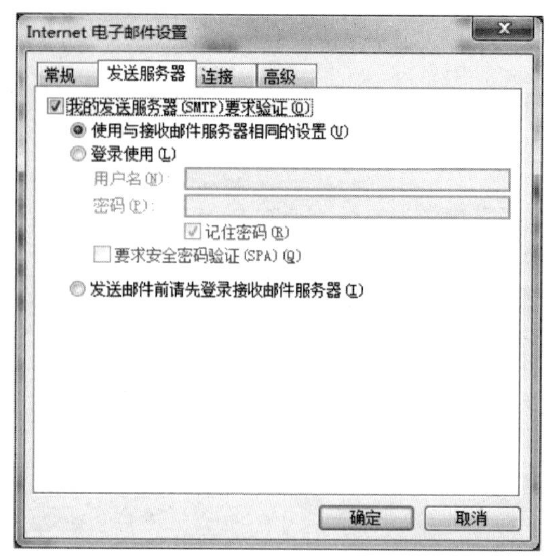

图 7－29　勾选“我的发送服务器（SMTP）要求验证”

⑦回到图 7－28 所示的对话框，单击“下一步”按钮，如图 7－30 所示。

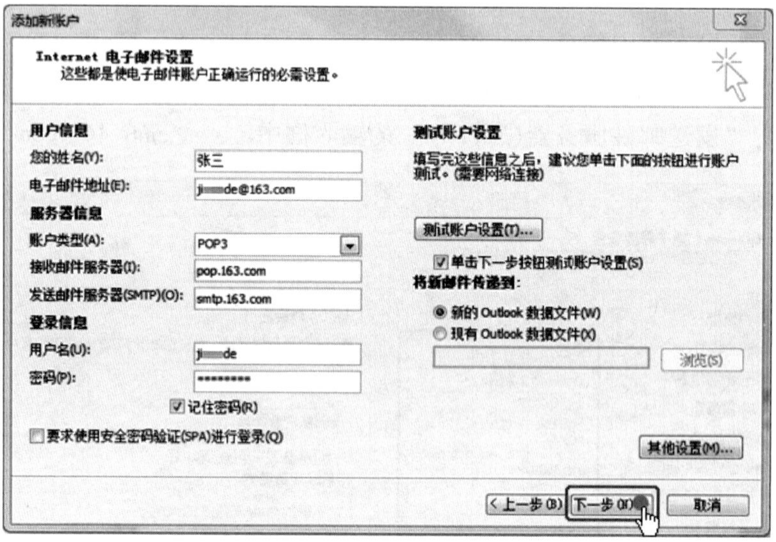

图 7－30　确认信息

⑧在弹出的“测试账户设置”对话框中，如出现如图 7－31 所示情况，说明设置成功了。

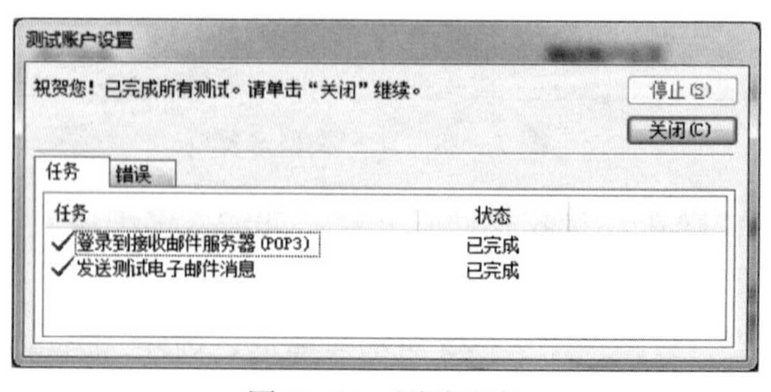

图 7－31　测试账户

⑨在弹出的对话框中，单击“完成”按钮，如图 7－32 所示。

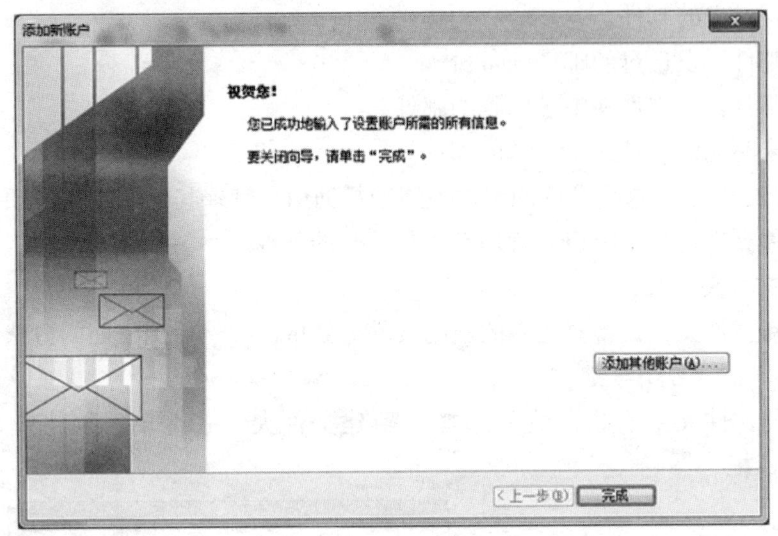

图 7－32　账号设置完成

2. Outlook 2010 窗口

当启动 Outlook 2010 时，将会弹出如图 7－33 所示的窗口，熟悉这些界面的组件，对用户使用 Outlook 2010 是很重要的。

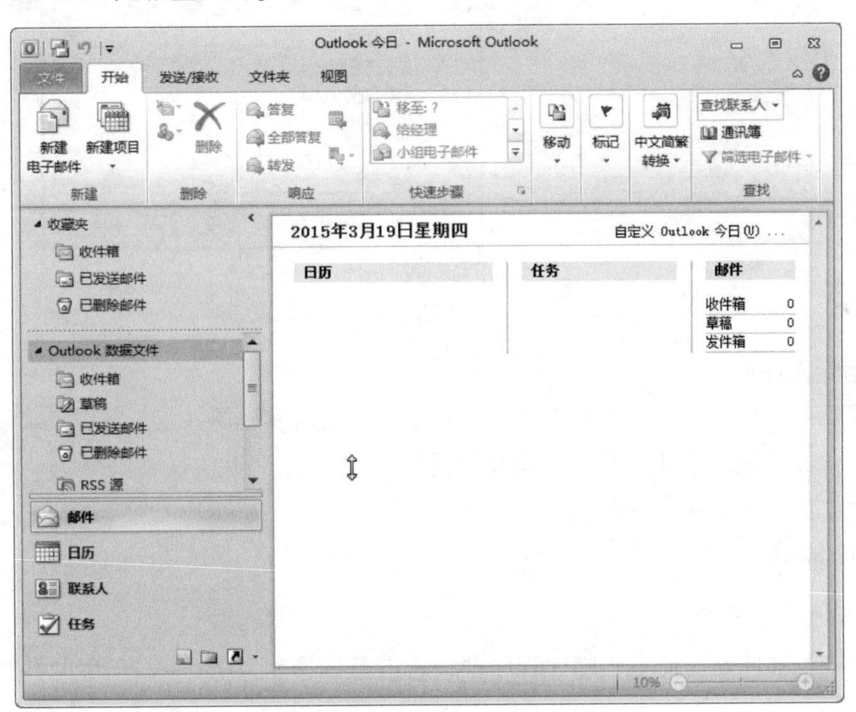

图 7－33　Outlook 2010 窗口

3. 使用文件夹列表

文件夹列表如图 7－34（a）所示。

①收件箱：所有新的或已经打开过的邮件。

②发件箱：发送的邮件。

③已发送邮件：发送过的邮件的备份。

④已删除邮件：从文件夹中已删除的邮件。

⑤草稿：未写完的邮件或未发送的邮件。

在 Outlook 2010 中，这些默认的文件夹用于帮助用户管理其邮件或其他项目。用户也可以创建新的文件夹来进一步组织和管理发送与接收的邮件。

(1) 新建文件夹

创建一个新文件夹，在将要建立的新的文件夹处单击，然后用下面的方法进行操作。

①按 Ctrl + Shift + E 组合键。

②在所选的文件夹上右击，然后选择“新建文件夹”命令，系统将弹出如图 7 - 34 (b) 所示的对话框。

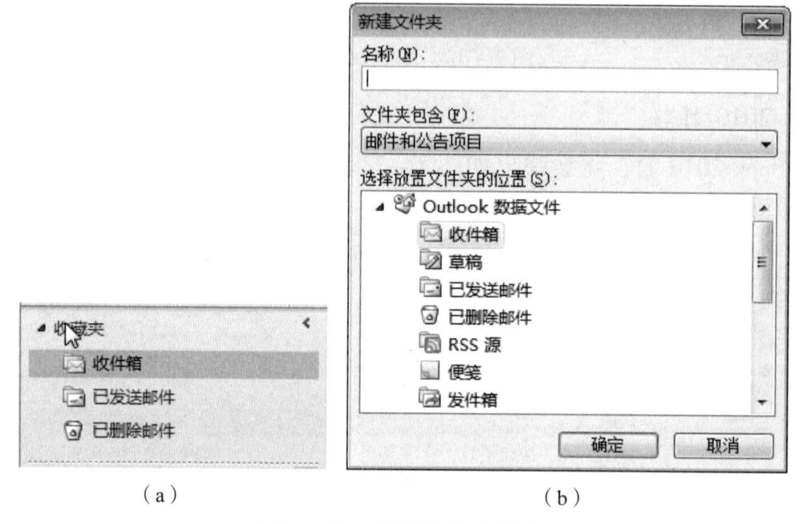

(a) (b)

图 7 - 34 使用文件夹列表

(2) 删除文件夹

当不需要一个文件夹时，选中它，然后用下列方法将其删除。

①选择“文件夹”右击，在级联菜单中选择“删除”。

②单击工具栏中的 ✕ 按钮。

③按 Delete 键。

4. 发送和接收邮件

发送和接收邮件是任何电子邮件程序都具备的基本功能，Outlook 2010 也不例外。

(1) 发送邮件

发送邮件的过程就像制作手工工艺品一样，想要从计算机中发送一封已经准备好的电子邮件，首先需要新建一个电子邮件账户，然后就可以发送或接收电子邮件了。选择的服务器也会限定接收和发送邮件的速度与频率。发送邮件应遵循以下步骤：

①新建一封新的电子邮件。

②输入收件人的地址。

③输入邮件内容，按照要求准确应用文本格式（如粗体、段落的首行缩进等）。如果想用电子邮件给别人发送一个文件，以添加附件的形式直接发送即可。

④拼写检查、校读邮件，以减少不必要的拼写错误或语法错误。

⑤发送邮件。

一旦邮件发送出去，它就会被临时存储在发件箱中，直到邮件服务器检测到该邮件已经被收件人接收。在保证及时发送邮件的前提下，这对用户离线工作和存储外寄邮件是非常方便的。

多文本格式文件（HTML）是新邮件默认格式的载体形式，用户可以看到普通文本信息之外的其他一些项目。用户可以通过选择“格式”→“纯文本”命令来改变默认选项。使用纯文本时，不能使用其他任何格式，然而收件人却能够成功地将其打开并读取，特别是如果收件人正在使用一个较老的电子邮件程序时，效果会更加明显，这是因为有些程序只能识别纯文本格式的文档。

发送邮件的详细操作方法如下。

1）创建一封新的电子邮件

方法如下。

①选择“开始”→“新建电子邮件”命令。

②单击工具栏上的创建邮件按钮。

③按 Ctrl + N 组合键。

新邮件窗口如图 7－21 所示。

打开“新邮件”窗口以后，需要设置收件人的电子邮件地址。如果已经知道对方的电子邮件地址，直接输入即可；或者直接选择储存在系统中联系人的名称。选择“选项”→“主题”→“页面颜色”命令对邮件的文本区添加背景，注意所使用的颜色、样式和文本显示的背景是否相匹配，例如用户能否在较暗的背景下阅读这封邮件。

在“新邮件”窗口中单击收件人或抄送按钮，打开联系人列表，如图 7－35 所示。

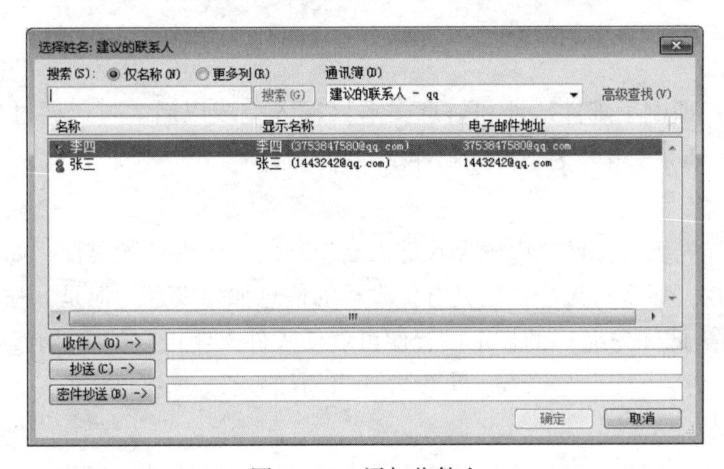

图 7－35　添加收件人

使用下列方法来选择通信录上的联系人，然后单击“选择”按钮。

①把所有的联系人都写在一个列表中，单击列表中的第一个名称，按住 Shift 键不放，直到单击列表中的最后一个名称为止，这样所有的联系人都被选中了。

②在列表中选择一个联系人，单击邮件的第一个收件人，然后按住 Ctrl 键不放，单击选择其他的联系人。

用户需要在地址栏中输入每一个要发送文件的联系人的邮箱地址。

注意，当收件人收到邮件时，抄送发送邮件时，会显示列表中所有的名字，但是密送时这些名字不会在邮件中显示。

输入主题时，尽量简明扼要，让收件人一目了然。

2）格式化文本信息

格式工具栏位于邮件正文的上面，当用户输入邮件正文时，格式工具就大显其效了。如果输入完正文后，要对文档进行编辑，一定要在选中要编辑的文本后再调整。

应用格式工具能够使邮件显示更专业的外观效果，同时，用户还可以强调想让收件人注意到的内容。但是要注意的是，过多的格式特征也会使邮件变得很分散。此外，如果收件人使用纯文本的邮件格式，就不会看到这些格式的特点。

3）校对邮件

Outlook 2010 可以检查出字典中常见的拼错的字或词，如图 7－36 所示。

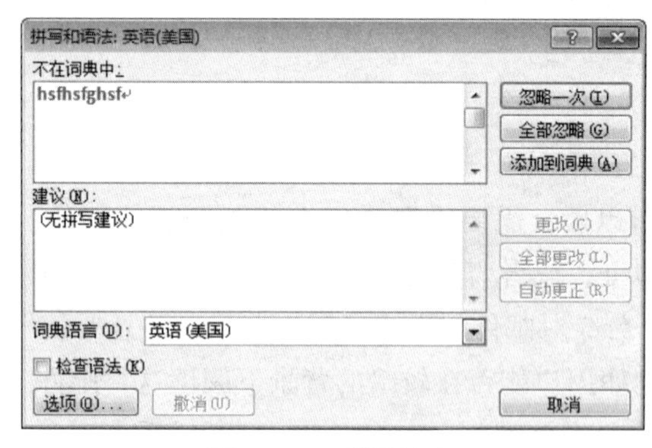

图 7－36　拼写检查

4）发送邮件

邮件的信息（即电子邮件地址和信息文本）输入完成以后，可以通过选择单击工具栏上的 按钮或按 Alt＋S 组合键来发送邮件。

5）设置优先级

发送一封高优先级的邮件，以确保收件人意识到此封邮件的紧急性。如果在邮件服务器中没有设置优先权，那么将无法控制具有优先权的信息如何发送。但是，邮件附带的一个图标（!高优先级和 低优先级）的显示设置便可以使收件人明白它的重要性。

选择“邮件”→“标记”命令，可设置适当的优先级。

（2）接收邮件

收到的邮件显示在信息显示窗格中，并附带着一个信封图标（ ），紧靠着未读邮件。

可以在一个单独的窗口中打开邮件，或者使用预览窗格查看邮件的内容。

可以使用下列方法检查收到的邮件。

①选择工具栏中的“发送/接收”→“发送/接收所有文件夹”按钮。

②在 Outlook 2010 主界面右上角单击 按钮。

③按 Ctrl + M 组合键或 F5 键。使用这个命令，把所有刚发送的邮件放在“发件箱”文件夹中，并从 ISP 邮件服务器中接收新的邮件，或者同时发送和接收所有邮件。

在完成所有邮件的发送和接收后，Outlook 2010 窗口会提示用户查阅新邮件，同时，收件箱文件夹旁边的括号内会显示新邮件的数目，如图 7 – 37 所示。

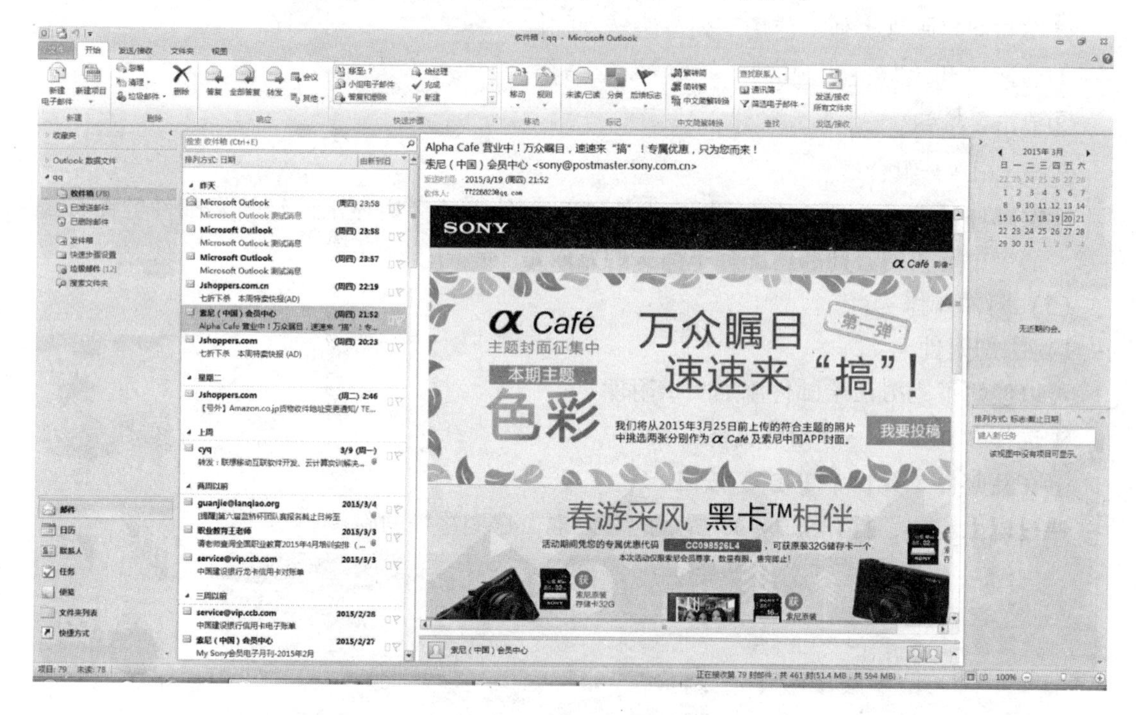

图 7 – 37　收到新邮件

要注意 Outlook 2010 中的邮件预览窗格中的内容。当用户打开或者查看一封新邮件时，信封图标将会由闭合变成打开（）。使用预览窗格可以查看邮件的部分内容或者前移到另一封邮件。在信息显示窗格中使用拆分条并且在预览窗格中显示出每个窗格。

用户还可以通过双击图标打开一个邮件。打开邮件有利于更加直观地查看 Outlook 2010 提供的所有信息（如附件被阻止等）。

（3）回复邮件

如果已经阅读了邮件，用户可以选择回复给收件人或者地址栏中的其他人。可以使用下列方法回复邮件。

①选择“邮件”→“响应”按钮组。

②单击 按钮。

③按 Ctrl + R 组合键。

可以使用下面的方法给原邮件中的每个人回复邮件。

①选择“邮件”→“全部答复”命令。

②单击按钮。

③按 Ctrl + Shift + R 组合键。

回复邮件后，Outlook 2010 将会在“收件箱”文件夹的旁边显示已经回复邮件的图标，该图标在回复给发件人和回复给所有人时是相同的。注意，该图标根据指令会显示同样的箭头指示方向。

（4）转发邮件

操作与回复邮件类似，使用下列方法转发邮件。

①选择“开始”→“响应”→“转发”命令。

②单击按钮。

③按 Ctrl + F 组合键。

转发邮件后，Outlook 2010 会在“收件箱”文件夹的旁边显示已经转发邮件的图标，注意，命令中箭头的方向和此图标中箭头的方向是一致的。

（5）附件操作

1）添加附件

可以使用下列方法给邮件添加一个附件。

①选择“添加”→“附件文件”命令。

②在新邮件工具栏中单击按钮。

通过以上方法，打开图 7－38 所示的对话框，选中添加的附件。

图 7－38　插入附件

可以一次附加一个文件，也可以同时选中多个文件。

2）删除附件

如果不想发送附件，可以使用下列方法删除邮件的附件。

①在附件栏中选择该文件，然后按 Delete 键。

②在附件栏中右击该文件，然后选择“删除”命令。

3）接收附件

当收到一封带附件的邮件时，Outlook 2010 会在邮件旁边显示图标。预览窗格右侧的邮件标题行也会显示一个按钮，如图 7－39 所示。

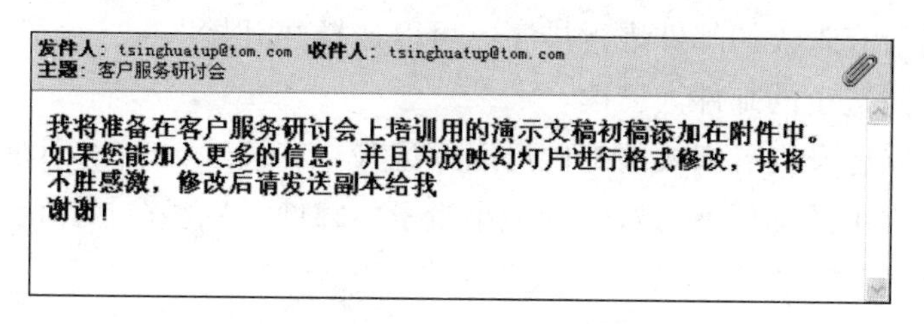

图 7－39　带有附件的邮件

单击“附件”按钮会显示几个可供选择的选项。可以选择单击附件直接打开它，也可以保存该附件以方便以后查看。

（6）管理邮件

当收到很多邮件时，必须合理地组织这些邮件。如果有必要，可以直接删除一些邮件，然后对剩下的邮件进行排序。

有多种选项可以帮助用户对邮件进行管理，如将邮件移动到特定的文件夹、从文件夹中删除，或浏览邮件和文件夹中的文件。

1）选择邮件

在对邮件进行操作之前，首先应该选中它。可以使用下列方法选中邮件：

①单击并选中一封邮件。

②按 Shift 键，然后单击列表中的最后一封邮件，这样所有的邮件都会被选中。

③按 Ctrl 键不放，然后单击每封需要选择的邮件。

④使用 Outlook 2010 自带的文件夹，或者创建新文件夹，将邮件移动或复制到相应的文件夹中。

2）更改查看视图

一般情况下，使用 Outlook 2010 默认的查看方式。用户可以通过“视图”→“排列”按钮下的命令更改查看视图，如图 7－40 所示。这些查看视图也是另一种管理邮件的方式。

图 7－40　更改查看方式

3）排序邮件

用收件箱的标题信息或者选择“视图”→“排列”按钮下的命令对邮件进行排序。

使用标题信息作为分类标准时，“/”表示升序排列（A～Z，或从以前收到的邮件到最近收到的邮件），“<”表示降序排列（Z～A，或从最近收到的邮件到以前收到的邮件）。

4）标记邮件

无论用户是否阅读邮件，都可以根据自己的需求进行标记。如果在收件箱中有大量不想读的邮件，这种功能将会给用户带来很大帮助。一旦消息被标记为已阅读，如果没有新邮件，收件箱旁边的数字就会自动消失。也许用户想把一封未读的邮件标记为已读，或标记为其他形式，例如对所有未读的邮件进行排序。可以选择“开始”→“标记”命令或按 Ctrl + Q 组合键，来标记一封选定的邮件为已读。

重要的邮件或问题及没有解决的邮件可以标记为“未读”或者“小旗子”。小旗子可以被添加到任何文件夹中的邮件上。对要标记小旗子的邮件，只要在邮件信息显示中的邮件人名称的前面单击即可。

5）复制邮件

若希望在不同的文件夹中保存一封邮件副本，可以复制该邮件。选中并一次性复制一组邮件，比一次复制一封邮件更加有效。按 Ctrl 键选中不连续的邮件，或按 Shift 键选中连续的邮件。选中邮件后，可以使用下列的方法将邮件复制到一个文件夹中：

①右击所选邮件，然后选择“复制”命令粘贴到文件夹。

②按 Ctrl 键，用鼠标拖动选中的邮件到所需的文件夹。

（7）使用通讯簿

通讯簿可以协助用户记录常用联系人的 E – mail 地址和其他联系方式，为工作提供更为便捷的途径。单击“标准”工具栏中的按钮或按 Ctrl + Shift + B 组合键，可以打开通讯簿窗口，如图 7 – 41 所示。通过该窗口可以添加、修改和删除联系人，并且可以将联系人增加至相应群组。

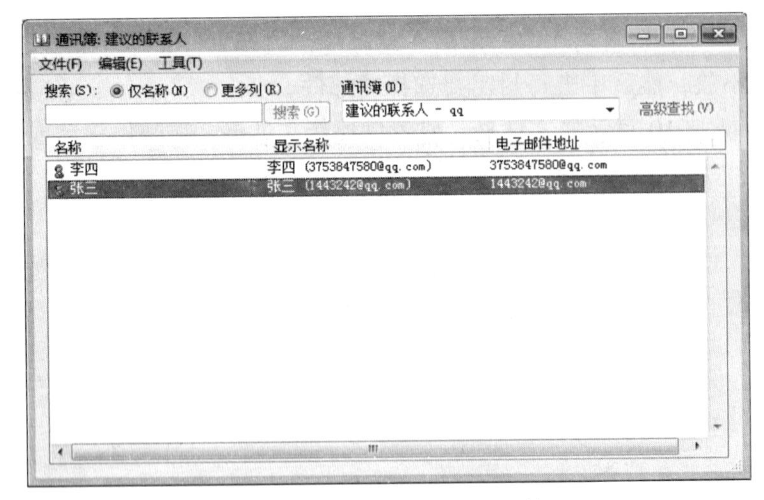

图 7 – 41　Outlook 2010 通讯簿

小　结

本章主要介绍了使用浏览器访问 Internet 的基本原理和方法，Internet 是一个典型的客户

机－服务器系统；使用URL进行资源定位，浏览器是访问Web页的主要工具，使用浏览器可以下载网页和文件；搜索引擎提供了在Internet上检索信息资源的服务，在搜索条件中使用运算符可以缩小搜索范围，精确搜索结果，从而大大提高工作效率；电子邮件提供了一种快速、低廉的沟通方式，可以通过Web和Outlook 2010电子邮件客户端应用来提高管理与使用效率。

习　题

一、选择题

1. 在www.ccilearning.com地址中，.com代表域的类型，在这种情况下，这是一个商业公司网站。(　　)

A. 正确　　B. 错误

2. Cookie是一小段储存在用户的硬盘驱动器上的文字，以便于网站返回有关用户访问的网站及其感兴趣的信息。(　　)

A. 正确　　B. 错误

3. 弹出式窗口通常是一个产品或服务的广告。(　　)

A. 正确　　B. 错误

4. 在地址栏中可以输入用户想要访问的网站的地址。(　　)

A. 正确　　B. 错误

5. 一旦设置好书签，就不能再重新组织它们，除非先将其删除，然后再重新将其加入列表中。(　　)

A. 正确　　B. 错误

6. 网络中的计算机有（　　）。

A. 客户端　　B. 网络

C. 服务器　　D. 以上三个都正确

E. A或C

7. URL代表的是（　　）。

A. 美国参考图书馆　　B. 统一资源定位符

C. 统一资源定位器　　D. 通用资源库

8. 在www.ccilearning.com地址中，ccilearning.com是指（　　）。

A. 服务器协议　　B. 域名

9. 如果在网页上看到类似的图标，意思是（　　）。

A. 在进一步浏览网页前需要关闭窗口

B. 某种链接遗失在这个位置上，例如图片、广告等

C. 必须停止下载此网页，然后重新输入网址，显示所有内容

D. 没有问题，问题出在Web服务器上

10. 使用电子邮件的优点包括（　　）。

A. 高速通信
B. 所有讨论可以围绕一个文件线索展开
C. 能够与其他人协作
D. 比传统方法节约成本
E. 以上所有
F. 只有 A 和 B

二、操作题

1. IE 浏览器应用综合训练。

（1）访问“搜狐”首页；

（2）进入“体育”频道；

（3）将频道首页添加至收藏夹；

（4）将上一步添加的书签，整理至“体育”文件夹中；

（5）清楚 IE 浏览器的历史记录和 Cookie；

（6）设置 Internet 选项为使用被动 FTP；

（7）在搜狐网站的体育频道中，挑选一张与篮球有关的图片并下载；

（8）将 IE 浏览器的主页设置为 https://www.certiport.com/。

2. 使用 BING 搜索。

（1）访问“必应”主页；

（2）使用布尔运算符搜索同时满足“微软”及“认证”条件的页面；

（3）浏览搜索结果，并将你认为权威的页面另存为文本文件。

3. 电子邮件应用综合训练：

（1）申请一个免费电子邮箱；

（2）在电子邮件服务提供者的网站上查找与客户端设置有关的信息；

（3）启动 Outlook 2010，添加申请到的电子邮箱账号；

（4）给自己发送一封含有主题、内容、附件和签名的邮件；

（5）接收邮件，并保存成文本文件。

第8章 数字公民

情境引入

当前，在数字社会背景下，一名合格的数字公民意味着能够安全、负责任地使用信息技术。在网络信息交流中，应保持礼仪，避免一些恶意的行为。同时，信息传递与共享变得越来越容易，人们应该更好地保护知识产权。因此，重视与完善数字公民教育尤为重要。

本章学习目标

能力目标：

√ 能知晓通信标准及礼仪；
√ 在线互动中能规范自己的行为；
√ 能有意识地保护网络知识产权；
√ 能知道数字生活中的常见概念。

知识目标：

√ 了解通信标准及礼仪；
√ 规范在线互动中的适当行为；
√ 了解网络知识产权；
√ 了解数字生活中的常见概念。

素质目标：

√ 培养学生成为合格的数字公民；
√ 培养实际操作中的探究精神。

8.1 电子邮件礼仪

在线通信的拼写规范及礼仪是成为合格数字公民的基础。需要人们在了解网络通信礼仪，掌握网络通信标准的前提下完成在线通信。

1. 拼写规范

在线通信时，应使用拼写检查功能检查拼写错误和错别字。例如，当使用电子邮件进行公文发送或日常交流时，如果是英文电子邮件，最好把拼写检查功能打开；如果是中文电子邮件，注意同音错别字。在邮件发送前，务必仔细阅读一遍，检查行文是否通顺、拼写是否有错误。

2. 全部大写与标准大写的区别

相比首字母大写，全部大写有时起到突出强调的作用，特别是重要的文件一类。不要过多使用大写字母对信息进行提示。合理的提示是必要的，但过多的提示则会让人抓不住重点，影响阅读速度。

3. 职场与私人通信的区别

如今网民几乎都有自己的电子邮箱，特别是职业人士，还可能拥有使用公司域名的邮箱。职业人士利用公司邮箱发送邮件与利用私人邮箱发送私人邮件有着很大的区别，存在着职场邮件礼仪方面的问题。

据统计，如今互联网每天传送的电子邮件已达数百亿封，但有一半是垃圾邮件或不必要的。在商务交往中，尊重一个人，首先就要懂得节省他的时间，电子邮件礼仪的一个重要方面就是节省他人时间，只把有价值的信息提供给需要的人。

4. 电子邮件与网络礼节

（1）关于主题

主题是接收者了解邮件的第一信息，因此，要提纲挈领，使用有意义的主题，这样可以让收件人迅速了解邮件内容并判断其重要性。

标题一定不要留空白，这是最失礼的。标题要简短，不宜冗长，不要让 Outlook 用省略号才能显示完你的标题。标题要能真反映文章的内容和重要性，切忌使用含义不清的标题，如“王先生收”等。一封邮件尽可能只针对一个主题，不在一封邮件内谈及多件事情。

可适当用使用大写字母或特殊字符（如“!”等）来突出标题，引起收件人注意，但应适度，特别是不要随便使用“紧急”之类的字眼。回复对方邮件时，可以根据回复的内容更改标题，不要“RE”一大串。

（2）关于称呼与问候

恰当地称呼收件者，拿捏尺度。邮件的开头要称呼收件人，这既显得礼貌，也明确提醒某收件人，此邮件是面向他的，要求其给出必要的回应。在多个收件人的情况下，可以称呼大家（英文邮件可以使用“ALL”）。如果对方有职务，应按职务尊称对方，如“×经理”；如果不清楚职务，则应按通常的“×先生”“×女士”称呼，但先要把性别弄清楚。不熟悉的人不宜直接称呼英文名，对级别高于自己的人，也不宜称呼英文名。称呼全名也是不礼貌的；不要对谁都用“Dear ×××”。在邮件开头和结尾最好要有问候语。最简单的开头，英文的写上“Hi”，中文的写上“你好”；常见的结尾，英文的写上“Best Regards”，中文的写上“祝您顺利”之类。

（3）邮件正文要简明扼要，行文通顺

邮件正文应简明扼要地说清楚事情。如果内容确实很多，正文应只做简要介绍，然后

单独写个文件作为附件进行详细描述。正文行文应通顺，多用简单词汇和短句，准确、清晰地表达，不要出现晦涩难懂的语句。最好不要让对方拉滚动条才能看完你的邮件。根据收件人与自己的熟悉程度、等级关系，以及邮件是对内还是对外性质的不同，选择恰当的语气进行论述，以免引起对方不适。电子邮件可轻易地转给他人，因此对别人意见的评论必须谨慎而客观。不要随便使用“:)”之类的笑脸字符，这在商务信函里面显得比较轻佻。

（4）附件

如果邮件带有附件，应在正文里面提示收件人查看附件。附件文件应按有意义的名字命名。正文中应对附件内容做简要说明，特别是带有多个附件时。附件数目不宜超过4个，数目较多时，应打包压缩成一个文件。如果附件是特殊格式文件，应在正文中说明打开方式，以免影响使用。如果附件过大（不宜超过2 MB），应分割成几个小文件分别发送。

（5）回复技巧

收到他人的重要电子邮件后，即刻回复对方，这是对他人的尊重，理想的回复时间是2 h内，特别是对一些紧急重要的邮件。对每一份邮件都立即处理是很占用时间的，对于一些优先级低的邮件，可集中在一特定时间处理，但一般不要超过24 h。如果事情复杂，无法及时确切回复，应该回复：“收到了，我们正在处理，一旦有结果，就会及时回复。”不要让对方苦苦等待。如果正在出差或休假，应该设定自动回复功能，提示发件人，以免影响工作。回件答复问题时，最好把相关的问题抄到回件中，然后附上答案。

（6）主动控制邮件的来往

为避免无谓的回复，浪费资源，可在文中指定部分收件人给出回复，或在文末添上以下语句“全部办妥”“无须行动”“仅供参考，无须回复”等内容。只给需要信息的人发送邮件，不要占用他人的资源。

（7）转发邮件要突出信息

在转发消息之前，首先确保所有收件人需要此消息。除此之外，转发敏感或者机密信息时，要谨慎，不要把内部消息转发给外部人员或者未经授权的接收人。如果有需要，还应对转发邮件的内容进行修改和整理，以突出信息。不要将“RE”了几十层的邮件发给他人，让人摸不着头脑。

5. 实例：创建邮件并进行检查拼写

①启动 Outlook 2010，如图 8－1 所示。

②单击工具栏“新建电子邮件”命令，打开新建电子邮件窗口，如图 8－2 所示。

③编辑邮件内容：输入收件人、邮件主题及内容，如图 8－3 所示。

④拼写检查：单击“审阅”菜单中的“拼写与语法”，如图 8－4 所示。

⑤完成拼写检查，如图 8－5 所示。

⑥单击“发送”按钮，发送邮件，如图 8－6 所示。

⑦可以在“发件箱”中查看刚才发送的邮件，如图 8－7 所示。

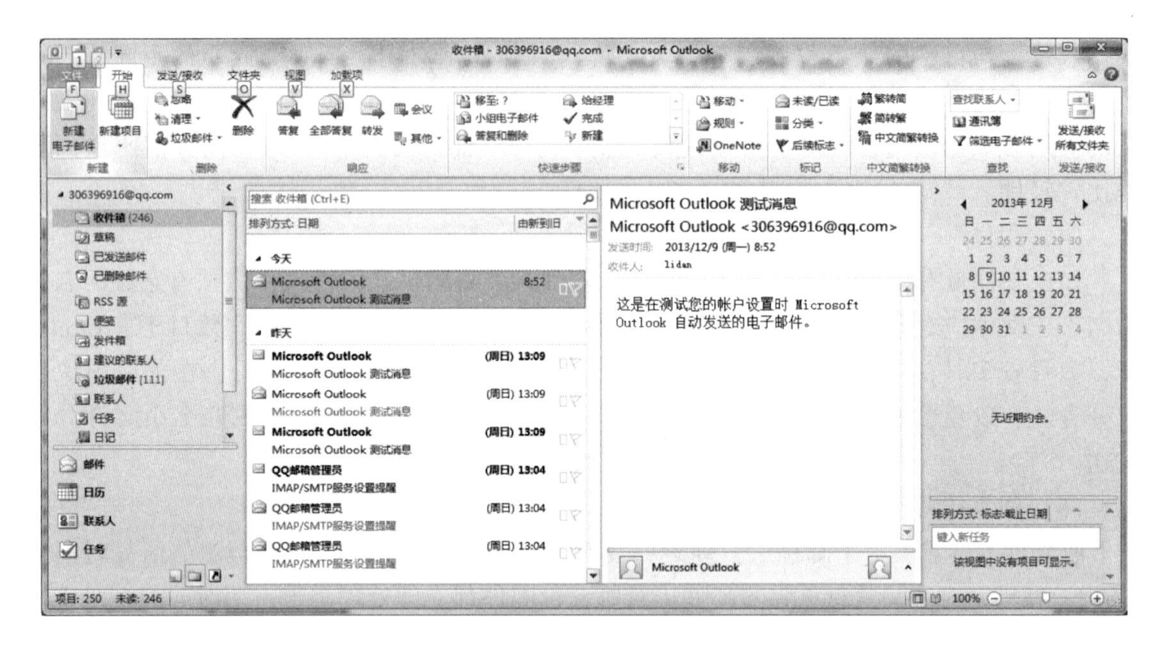

图 8－1　Outlook 窗口

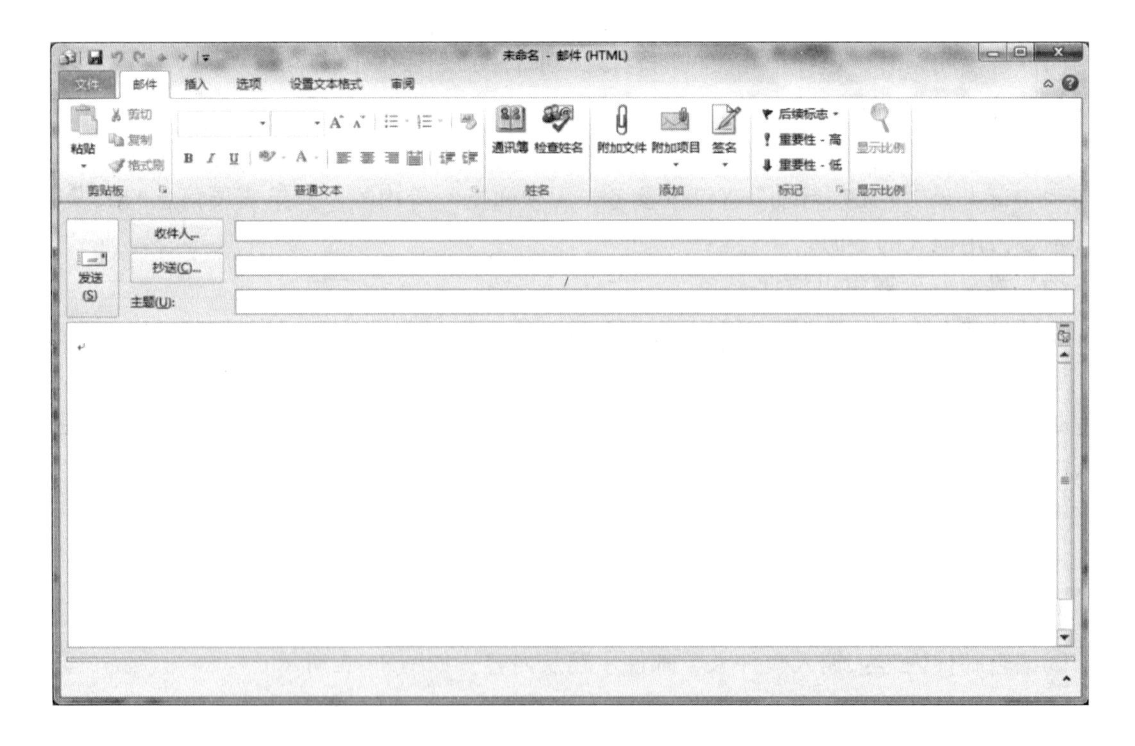

图 8－2　新建电子邮件窗口

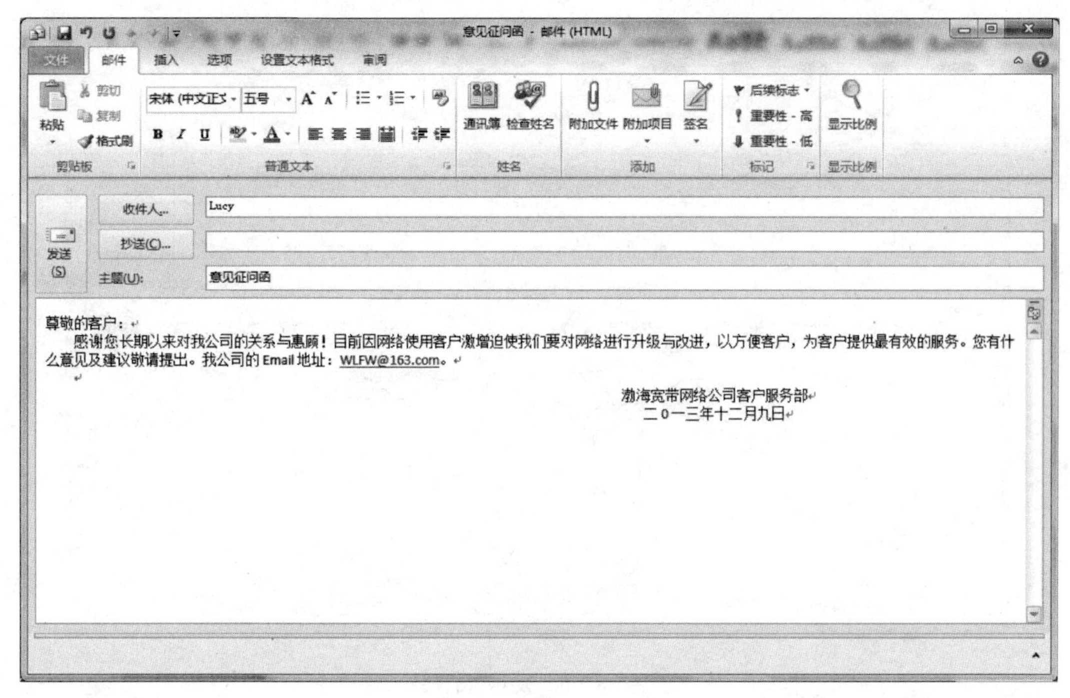

图 8－3　编辑电子邮件

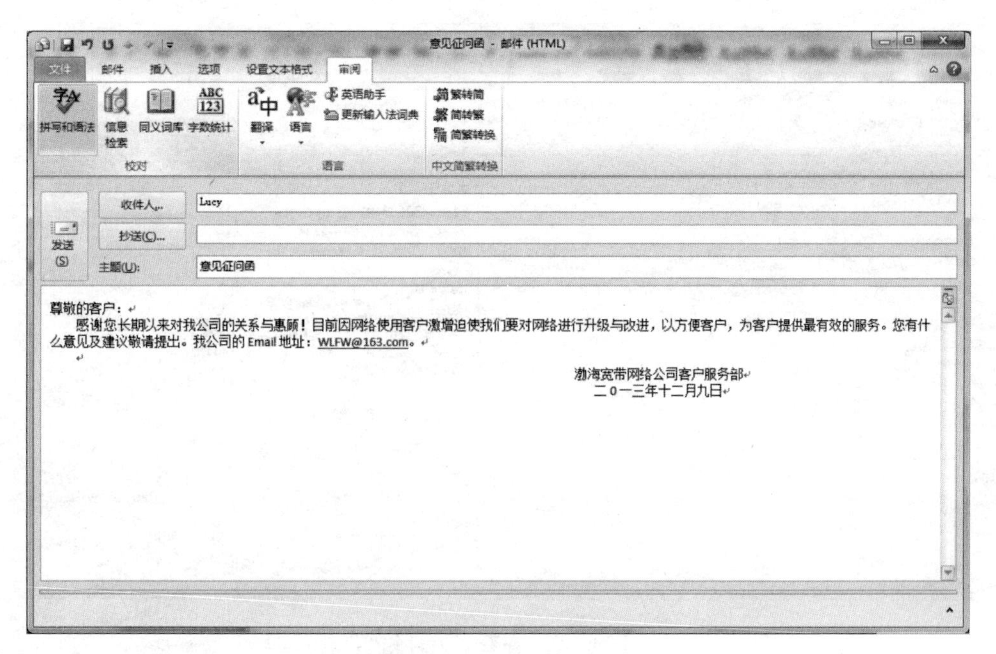

图 8－4　“拼写与语法”检查

图 8－5　完成拼写检查

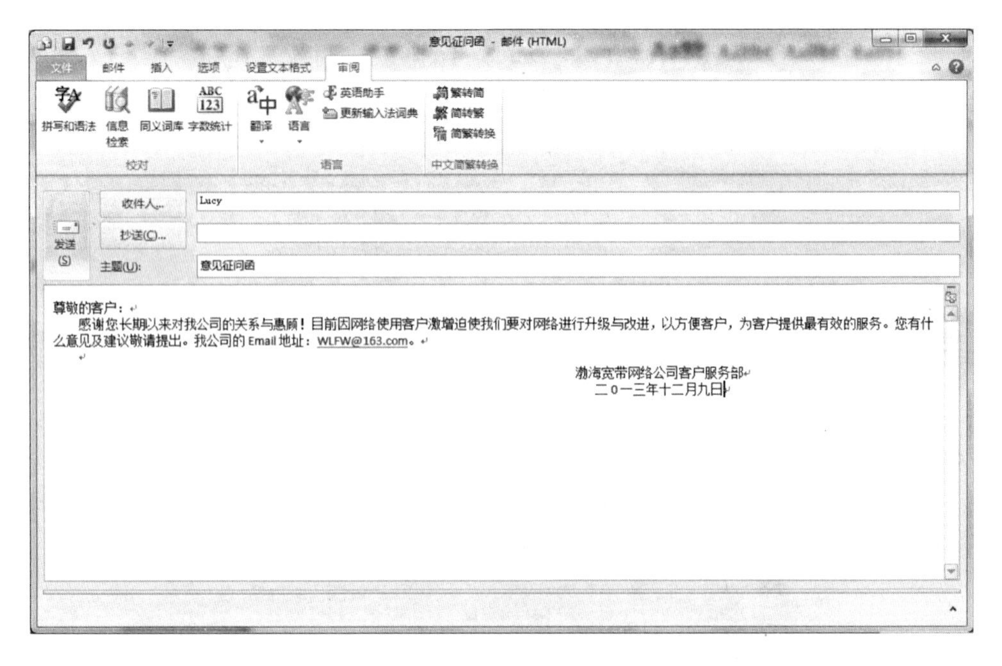

图 8－6　发送邮件

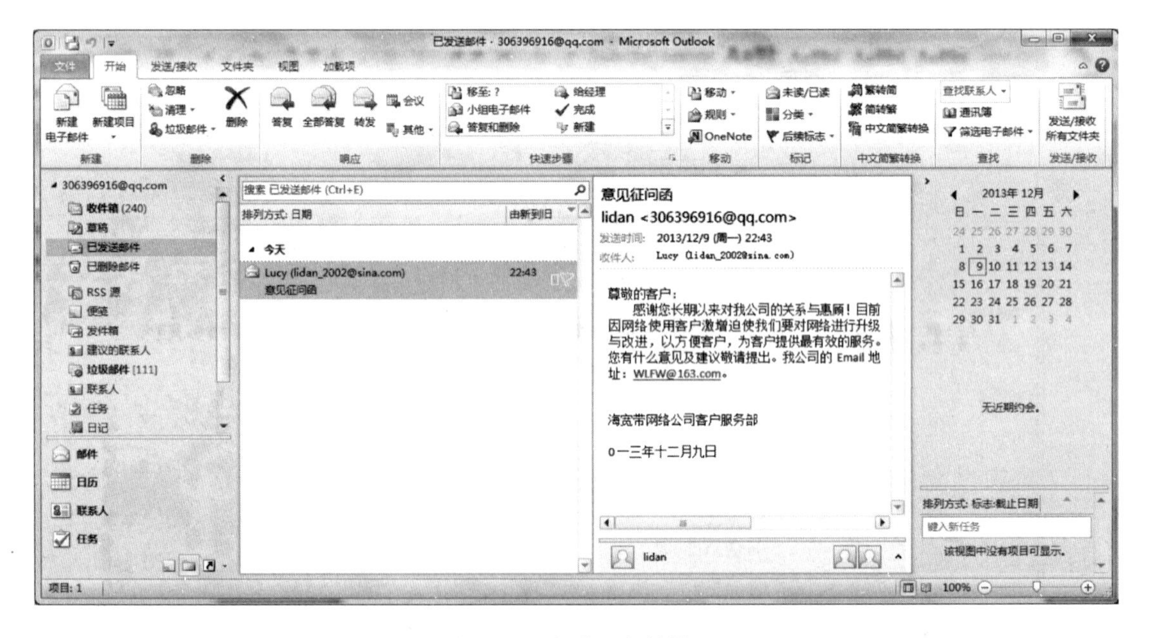

图 8－7　查看“发件箱”

8.2　在线互动中的适当行为

目前利用网络恶意中伤，肆意编造谣言，进行人身攻击、恐吓等违法行为屡见不鲜。网上谣言的危害是多方面的，这些恶意中伤或谣言违背了新闻真实性的原则，使事情真假难

辨，甚至黑白颠倒，不仅会给网民造成巨大的思想混乱，还会给个别组织或个人的名誉造成严重不良影响。对于这些行径，除了强烈谴责之外，还可以采取相应的法律措施来维护自身权益。

1. 网络诽谤与中伤

现在是一个网络时代，只要有计算机，手机连通到网上就可以发布消息，网络赋予人们更多的言论自由的空间。发布消息不再是电视台、报纸、广播电台的专利了。当然，网络在给人们带来便利的同时，也面临许多问题。最主要的是网络诽谤与中伤。诽谤和中伤是指制造不真实的公开声明，以损害别人的人格和声誉。实际上，人们每天都看到各种各样吵架的博客、评论等，都是诽谤和中伤他人的表现形式。受到诽谤和中伤的人可以控告诽谤或中伤者，不管这些侮辱性的陈述是口头的还是书面的，同样要承担法律责任。

2. 网络论战

网络论战是指网络使用者间的争执出现，属于虚拟社群内的冲突。这个词汇形容愤怒或无理的文字在对此主题有兴趣的社群成员中传递，目的在于推翻其他成员的观点，以此追求个人认同，或彰显自我优越。由于匿名而缺乏真实线索，加上文化差异及新手不遵守网络规范，网络论战的确比真实生活的论战频繁。

网络论战对于社群影响，分为社群认同的影响及议题内容的影响。大多数认为网络论战会导致无意义的谩骂，破坏社群成员的社群认同。但也有相关研究指出，论战有利于社群意识的加强。网络论战在个人层次方面，可能会加强或者降低虚拟社群成员的向心力。

对于冲突的处理方式，若站长或者版主经常采用压制的手段解决，没有协调或是公平投票的过程，往往导致社群成员的向心力降低，该议题的内容也无提升的可能。但若管理员能秉持中立性，适当依照版规来纠正论战观点，或是惩罚谩骂的网友，则有助于论战的进行及内容的提升。

有学者认为，论战会使讨论串失去焦点，偏离当初的主题。所以，论战对于议题内容而言，可能会产生不良的影响。但若是论战本身可以通过管理者的修正，以及专业者和高度信誉者的参与，使论战脱离人身攻击及避免议题发散，则论战对于内容层次的提升有正面的影响。

3. 在线互动中的适当行为

网络世界包罗万千，有黑白分明，也有鱼龙混杂；网络的发展惠及每个人，也影响大众的生活交流方式。网络，为人们创造了自由交流的空间，它是人们生活的一部分。但是长期以来，网络并不是一个温馨的家园，造谣生事的，人身攻击的，污言秽语的，这些不文明的行为，伤害了人们，也在误导着人们。下列这些行为是在线互动中的适当行为。

①主题或标题明确，不要让别人猜测信息内容。

②使用恰当的语言，如果现在有些情绪化，那么不要发信息，等心情平静后再审查一下信息。

③信息不能全用大写字母，否则，等于喊叫或尖叫。

④信息简明，人们将更乐于阅读。

⑤给对方留下好印象。信息的用词和内容代表着写信的人的素质，所以发送前要检查用词。

⑥有选择性地将有关信息资料放进邮箱或网站。因为网上的信息是公开的，谁都可以看到。

⑦只有得到发送者的同意，才可以转发收到的信息。

⑧永远记得你不是匿名的，你在邮箱或网站所写的东西都可以追踪到你。

⑨如果引用别人的作品，要确保引用格式正确。

⑩考虑别人的状况。如果你因为看到或读到网上的一些内容而不安，那么请原谅对方的拼写错误；如果你认为违法了法律，那么可以举报。

⑪遵守知识产权法。不要未经允许而使用别人的图片、内容等。

⑫在获得允许的情况下，合适地使用分配名单。

⑬不要发送垃圾邮件。

⑭不要发送连锁信。如果收到，通知网络管理员。

⑮不要回应人身攻击。

4. 实例：发表评论并举报违法信息

①启动 IE 浏览器，登录腾讯论坛，如图 8 –8 所示。

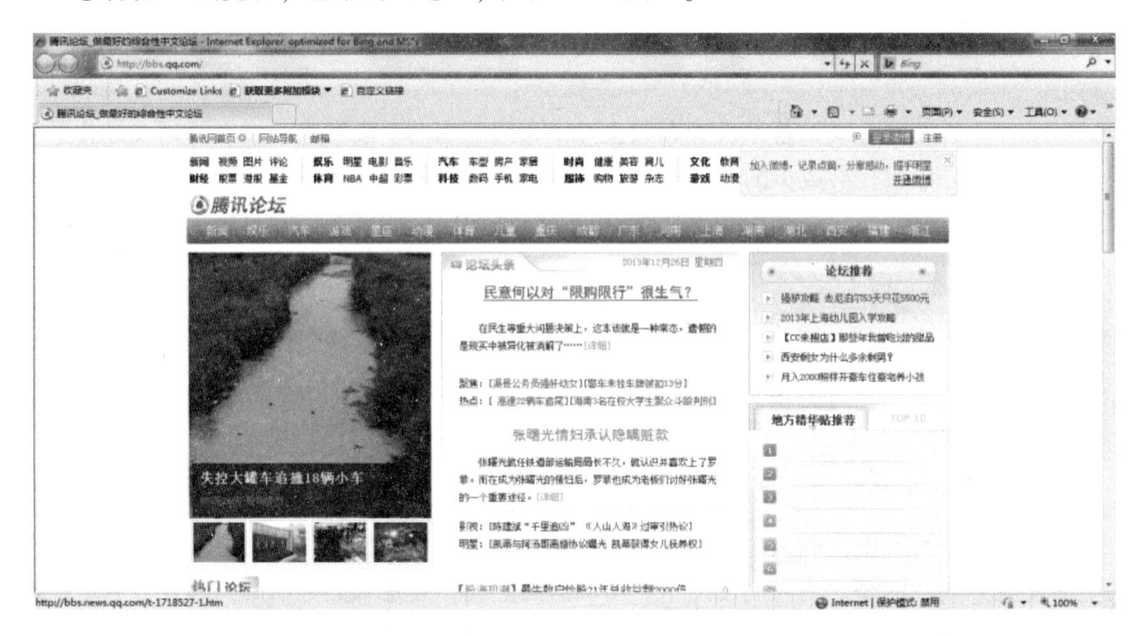

图 8 –8　腾讯论坛首页

②在论坛首页，单击论坛头条“民意何以对‘限购限行’很生气?”，打开该话题的评论页面，如图 8 –9 所示。

③将页面滚动在最下方，可以看到发表评论的文本框，如图 8 –10 所示。

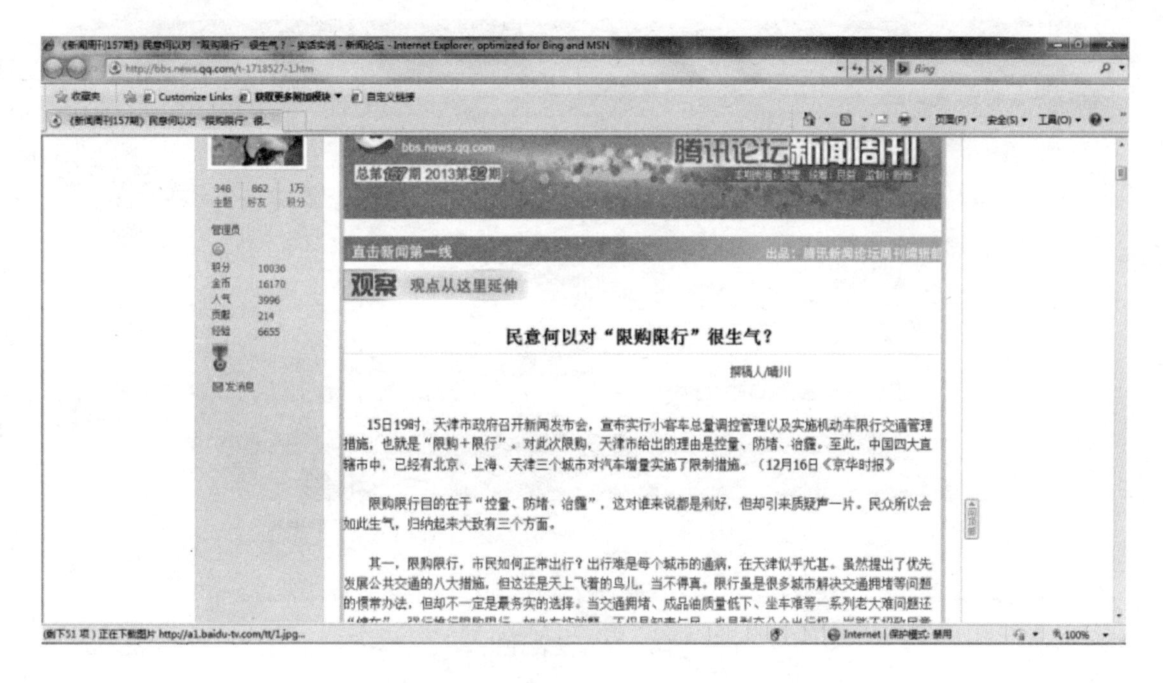

图 8－9　评论页面

图 8－10　发表评论窗口

④在文本框中输入内容，单击“发表回复”按钮，完成发表评论，如图 8－11 所示。

⑤可以单击图 8－11 中的“下一页”按钮浏览其他评论的内容，如果发现违法评论内容，可以单击该评论右下角的“举报”按钮，如图 8－12 所示。

图 8－11　发表评论

图 8－12　举报违法评论

8.3　合法尽责使用计算机

某大学一名博士生因为通过学校的一个免费代理服务器，从某期刊网站大批量地下载电子期刊论文，从而被出版商封禁了学校代理服务器所属的 IP 段。据该大学的有关负责人介绍，数据库由该大学购买，每年要支付数十万元，但是学校和数据库供应商之间有明确协议，只能用于科研用途，凡是大批量地下载，一律视为侵犯知识产权，对方有权利暂时停止数据库资料的提供，直到情况明确为止。据有关专家介绍，在网上，只要是合法的用户，都

可以用数字文献。但是同时大量下载论文材料就会被视为不是用于自己科研，而有侵犯知识产权的嫌疑，数据库提供方有权中止使用方的使用权利。因特网的发展对于在传统媒体环境下建立起来的著作权法产生了前所未有的冲击，著作权法的修订远远落后于因特网的飞速发展，网上信息资源的利用成了一场“没有规则的游戏”。但是，网络空间绝不是非法使用版权作品的天堂。

1. 知识产权

知识产权是指公民或法人等主体依据法律的规定，对其从事智力创作或创新活动所产生的知识产品享有的专有权利，又称“智力成果权”“无形财产权”，主要包括发明专利、商标及工业品外观设计等方面组成的工业产权，以及自然科学、社会科学及文学、音乐、戏剧、绘画、雕塑、摄影等方面的作品的版权（著作权）两部分。知识产权是基于人们对自己的智力活动创造的成果和经营管理活动中的标记、信誉依法享有的权利。它是一种私权，本质上是特定主体依法专有的无形财产权，其客体是人类在科学、技术、文化等知识形态领域所创造的精神产品。保护知识产权的目的，是鼓励人们从事发明创造，并公开发明创造的成果，从而推动整个社会的知识传播与科技进步。

知识产权包含领域如下：

①传统领域（线下）：商标权、专利权、著作权等。

②互联网领域的地址资源（线上）：英文域名、中文域名、通用网址、无线网址等。

2. 网络知识产权

网络知识产权就是由数字网络发展引起的或与其相关的各种知识产权。网络知识产权除了上面所介绍的传统知识产权的内涵外，还包括数据库、计算机软件、多媒体、网络域名、数字化作品及电子版权等。因此，网络环境下的知识产权的概念的外延已经扩大了很多。网络上，电子布告栏和新闻论坛上的信件，网上新闻资料库，资料传输站上的电脑软件、照片、图片、音乐、动画等，都可能作为作品而受到著作权的保护。

3. 侵权方式

网络资源相对于传统的文字资源有着自己独有的特征：一是数字化、网络化，这是网络信息资源的基本特征；二是信息量大，种类繁多，每天的 IE 浏览量堪称天文数字；三是信息更新周期短，网络信息节省了印刷、运输等环节，数据可以及时上传；四是资源庞大，开放性强，信息资源不受地域限制，任何联网的计算机都可以上传和下载信息；五是组织分散，没有统一的管理机制和机构。

网络信息资源的这些特征决定了网络知识产权与传统知识产权完全不同的特点，如传统知识产权具有专有性，而网络知识产权的保护则是公开、公共的信息；传统知识产权具有地域性，而网络知识产权则是无国界的。

按照传统的知识产权的侵权分类方式，网络知识产权的侵权方式可以分为以下几种：

（1）网上侵犯著作权

根据我国《著作权法》第 46 条、第 47 条的规定，凡未经著作权人许可，又不符合法律规定的条件，擅自利用受著作权法保护的作品的行为，即为侵犯著作权的行为。网络著作权内容侵权一般可分为三类：一是对其他网页内容完全复制；二是虽对其他网页的内容稍加修改，但仍然严重损害被抄袭网站的良好形象；三是侵权人通过技术手段偷取其他网站的数据，非法做一个和其他网站一样的网站，严重侵犯其他网站的权益。

（2）网上侵犯商标权

随着信息技术的发展，网络销售也成为贸易的手段之一，在网络交易中，人们了解网络商品的唯一途径就是浏览网页并单击商品图片。网络的宣传通常难以辨别真假，而对于明知是假冒注册商标的商品，却仍然进行销售，或者将别人的注册商标用于商品的包装、广告宣传或者展览自身产品，即以偷梁换柱的行为来增加自己的营业收入，这是网上侵犯商标权的典型表现。网购行为的广泛性，使得网店经营者越来越多，从电器到家具，从服装到配饰，应有尽有，而一些网店经营者更是公然在网络中低价销售假冒注册商标的商品，有的销售行为甚至触犯刑法，构成犯罪。

（3）网上侵犯专利权

互联网上侵犯专利权主要有下列四种表现行为：未经许可，在其制造或者销售的产品的包装上标注他人专利号的；未经许可，在广告或者其他宣传材料中使用他人的专利号，使人将所涉及的技术误认为是他人专利技术的；未经许可，在合同中使用他人的专利号，使人将合同涉及的技术误认为是他人专利技术的；伪造或者变造他人的专利证书、专利文件或者专利申请文件的。

（4）盗版

盗版是指在未经版权所有人同意或授权的情况下，对其拥有著作权的作品、出版物等进行复制、再分发的行为。在绝大多数国家和地区，此行为被定义为侵犯知识产权的违法行为，甚至构成犯罪，会受到所在国家的处罚。盗版出版物通常包括盗版书籍、盗版软件、盗版音像作品及盗版网络知识产品。当前比较流行的基于 P2P 分享的正式或非正式的、匿名或非匿名的软件共享行为都属于盗版。

4. 知识共享，合理使用

开放和共享是因特网的生命。因特网的这一特征使得网络作品有别于传统作品。对网络作品的作者而言，其作品一旦上载，传播范围将很难确定，同时，网上作品确实也应该会被更多的网络使用者阅读。如果将网络作品的保护与传统作品的保护一视同仁，不仅在技术上难以操作，更有可能遏制中国网络业的发展，这就需要在网上作品的保护和社会公共利益之间重新寻求平衡点。因此，适当扩大网络作品的合理使用范围显得十分必要。

所谓知识共享，根据我国《著作权法》第 22 条的精神，是指可不经著作权人许可而使用已发表的作品，无须付费，但应指明作者姓名、作品出处，并不得侵犯著作权人享有的其他权利。合理使用是版权法中唯一维护版权使用者权利的机制。网络作品的合理使用应包括现行《著作权法》第 22 条的规定及针对网络作品的特性所增加的特别规定，例如个人浏览时在硬盘或 RAM 中的复制、用离线浏览器下载、网站定期制作备份、远距离图书馆网络服务、服务器间传输所产生的复制、网络咖啡厅浏览等。这里特别值得一提的是发表于电子布告栏（BBS）上的作品，将作品上传于 BBS 的目的一般是作者希望其作品更广泛地被传播，

因此，他人自行将 BBS 上的作品粘贴于其他 BBS 上的行为应认定为合理使用。当然，如果将作品删改或更换署名后再送到 BBS 就显属侵权了。

网络作品合理使用范围的扩大并不意味着网络作品是公有财产。在这里，必须区分“合理使用”与“自由使用”的界线。判断合理使用的关键是作品使用目的，即是为商业营利还是个人欣赏研究。在《电脑商情报》侵权一案中，该报纸刊载网上作品的商业目的是显而易见的，当然不属于合理使用。同理，网络使用者免费阅读和下载网站上享有著作权的作品属于合理使用，但下载后自行复制并出售复制品就是侵权行为了。

5. 互联网审查制度

我国对互联网进行网络内容审查，是一种政府行政行为。由于我国在网络内容审查的范围和力度标准等方面都与绝大多数国家有极大的差别，从而引发了大量不同且反差极大的评价。但其在客观上为中国网民创造了一个绿色、健康的网络环境。

在逐步发达，提倡物质文化与精神文化、科技文化共同发展进步的今天，互联网在人们日常生活中的普及程度之大毋庸置疑。

人们所说的“网络审查”，有部分专家认为“对于个人通信和特别是来自海外的信息，从建立互联网的第一天起，中华人民共和国政府就开始了网络审查。”近年来，多部为互联网制定的法律也开始在我国实行。我国对网络内容进行审查的原因和方式是多样、多层次、跨部门的。对网络的审查是从“互联网接入服务提供者”到“各级人民政府及有关部门”的责任。

目前我国对互联网络监管的法律规定主要有：

（1）2000 年 12 月 28 日中华人民共和国第九届全国人民代表大会常务委员会第十九次会议通过的《全国人大常委会关于维护互联网安全的决定》第七条

各级人民政府及有关部门要采取积极措施，在促进互联网的应用和网络技术的普及过程中，重视和支持对网络安全技术的研究和开发，增强网络的安全防护能力。有关主管部门要加强对互联网的运行安全和信息安全的宣传教育，依法实施有效的监督管理，防范和制止利用互联网进行的各种违法活动，为互联网的健康发展创造良好的社会环境。从事互联网业务的单位要依法开展活动，发现互联网上出现违法犯罪行为和有害信息时，要采取措施，停止传输有害信息，并及时向有关机关报告。任何单位和个人在利用互联网时，都要遵纪守法，抵制各种违法犯罪行为和有害信息。人民法院、人民检察院、公安机关、国家安全机关要各司其职，密切配合，依法严厉打击利用互联网实施的各种犯罪活动。要动员全社会的力量，依靠全社会的共同努力，保障互联网的运行安全与信息安全，促进社会主义精神文明和物质文明建设。

（2）《中国互联网行业自律公约》第十条

互联网接入服务提供者应对接入的境内外网站信息进行检查监督，拒绝接入发布有害信息的网站，消除有害信息对我国网络用户的不良影响。

根据公安部 33 号令《计算机信息网络国际联网安全保护管理办法》第五条规定：

第五条　任何单位和个人不得利用国际联网制作、复制、查阅和传播下列信息：

（一）煽动抗拒、破坏宪法和法律、行政法规实施的；
（二）煽动颠覆国家政权，推翻社会主义制度的；
（三）煽动分裂国家、破坏国家统一的；
（四）煽动民族仇恨、民族歧视，破坏民族团结的；
（五）捏造或者歪曲事实，散布谣言，扰乱社会秩序的；
（六）宣扬封建迷信、淫秽、色情、赌博、暴力、凶杀、恐怖，教唆犯罪的；
（七）公然侮辱他人或者捏造事实诽谤他人的；
（八）损害国家机关信誉的；
（九）其他违反宪法和法律、行政法规的。
从而导致在互联网上查阅违法信息也是违法。

6. 实例

以浏览腾讯博客为例，将感兴趣的内容转载到个人 QQ 空间，并且将其分享给好友。

①启动 IE 浏览器，打开腾讯博客首页，如图 8－13 所示。

图 8－13　登录腾讯博客网站

②浏览博客内容，单击图 8－13 左侧的图片，进入该博客空间，如图 8－14 所示。

③单击图 8－14 中的“转载”按钮，弹出“转载文章”对话框，如图 8－15 所示。

④单击“确定”按钮，完成转载，如图 8－16 所示。

⑤进入自己的空间，查看转载的内容，如图 8－17 所示。

⑥单击图 8－14 中的“分享”按钮，弹出“添加到我的分享”对话框，如图 8－18 所示。输入分享理由或分享主题等相关内容，然后单击“发送”按钮完成分享。

⑦进入自己空间，查看分享的内容，如图 8－19 所示。

图 8－14　进入博客空间

图 8－15　转载设置

图 8－16　转载成功

图 8－17 个人空间查看转载内容

图 8－18 查看搜索结果

图 8－19 查看分享的内容

8.4　数字生活

1. 微信

微信（WeChat）是腾讯公司于2011年1月21日推出的一个为智能终端提供即时通信服务的免费应用程序，由张小龙带领的腾讯广州研发中心产品团队打造。微信支持跨通信运营商、跨操作系统平台，通过网络快速发送免费（需消耗少量网络流量）语音短信、视频、图片、文字和进行资金往来。截至2019年年底，月活跃用户超过11亿，用户覆盖200多个国家、超过20种语言。此外，2019年微信带动就业机会2 963万个，其中直接带动就业机会2 601万个。

2. 微博

微博（Weibo），即微型博客（MicroBlog）的简称，也即是博客的一种，是一种通过关注机制分享简短实时信息的广播式的社交网络平台，如图8－20所示。

图8－20　微博网页版界面

微博是一个基于用户关系信息分享、传播及获取的平台。用户可以通过Web、WAP等各种客户端组建个人社区，以140字（包括标点符号）的文字更新信息，并实现即时分享。微博的关注机制分为单向和双向两种。

微博作为一种分享和交流平台，其更注重时效性和随意性，更能表达出每时每刻的思想和最新动态。

3. 电子商务

电子商务是以信息网络技术为手段，以商品交换为中心的商务活动；也可以理解为在互联网（Internet）、企业内部网（Intranet）和增值网（Value Added Network，VAN）上以电子交易方式进行交易活动和相关服务的活动，是传统商业活动各环节的电子化、网络化、信息化。

电子商务通常是指在全球各地广泛的商业贸易活动中，在因特网开放的网络环境下，基于浏览器/服务器应用方式，买卖双方不谋面地进行各种商贸活动，实现消费者的网上购物、商户之间的网上交易和在线电子支付，以及各种商务活动、交易活动、金融活动和相关的综合服务活动的一种新型的商业运营模式。各国政府、学者、企业界人士根据自己的地位和对电子商务参与的角度与程度的不同，给出了许多不同的定义。电子商务分为 ABC、B2B、B2C、C2C、B2M、M2C、B2A（即 B2G）、C2A（即 C2G）、O2O 等。

（1）B2C（Business to Customer）

B2C 模式是中国最早产生的电子商务模式，如今 B2C 电子商务网站非常多，比较大型的有天猫商城、京东商城、一号店、亚马逊、苏宁易购、国美在线等。

（2）C2C（Consumer to Consumer）

C2C 是用户对用户的模式，C2C 商务平台就是通过为买卖双方提供一个在线交易平台，使卖方可以主动提供商品上网拍卖，而买方可以自行选择商品进行竞价。如淘宝网。

（3）O2O（Online to Offline）

O2O 是新兴起的一种电子商务新商业模式，将线下商务的机会与互联网结合在一起，让互联网成为线下交易的前台。这样线下服务就可以用线上来揽客，消费者可以用线上来筛选服务，成交后可以在线结算，很快达到规模。该模式最重要的特点是：推广效果可查，每笔交易可跟踪。其通过搜索引擎和社交平台建立海量网站入口，将在网络的一批消费者吸引到网站，进而引流到当地的线下体验馆，线下体验馆则承担产品展示与体验以及部分的售后服务功能。如饿了吗、美团、共享单车等。

4. 随身课堂

（1）慕课（MOOC）

第一个字母“M”代表 Massive（大规模），与传统课程只有几十个或几百个学生不同，一门 MOOC 课程动辄上万人，最多达 16 万人；第二个字母“O”代表 Open（开放），以兴趣导向，凡是想学习的，都可以进来学，不分国籍，只需一个邮箱，就可以注册参与；第三个字母“O”代表 Online（在线），学习在网上完成，无须旅行，不受时空限制；第四个字母“C”代表 Course，就是课程的意思。

中国大学 MOOC 网站如图 8－21 所示。

具体特征为：

①工具资源多元化：MOOC 课程整合多种社交网络工具和多种形式的数字化资源，形成多元化的学习工具和丰富的课程资源。

②课程易于使用：突破传统课程时间、空间的限制，依托于互联网，世界各地的学习者在家即可学到国内外著名高校课程。

③课程受众面广：突破传统课程人数限制，能够满足大规模课程学习者学习。

图 8－21　中国大学 MOOC 网站

④课程参与自主性：MOOC 课程具有较高的入学率，同时也具有较高的辍学率，这就需要学习者具有较强的自主学习能力，才能按时完成课程学习内容。

（2）微课

微课（Micro Learning Resource），是指运用信息技术，按照认知规律，呈现碎片化学习内容、过程及扩展素材的结构化数字资源。

微课只讲授一两个知识点，没有复杂的课程体系，也没有众多的教学目标与教学对象，看似没有系统性和全面性，许多人称之为碎片化。但是微课是针对特定的目标人群，传递特定的知识内容的，一个微课自身仍然需要系统性，一组微课所表达的知识仍然需要全面性。

微课的特征有：

- 主持人讲授性。主持人可以出镜，可以话外音。
- 流媒体播放性。可以视频、动画等基于网络流媒体播放。
- 教学时间较短。5～10 min 为宜，最短的 1～2 min，最长不宜超过 20 min。
- 教学内容较少。突出某个学科知识点或技能点。
- 资源容量较小。适于基于移动设备的移动学习。
- 精致教学设计。完全的、精心的信息化教学设计。
- 经典示范案例。真实的、具体的、典型案例化的教与学情景。
- 自主学习为主。供学习者自主学习的课程，是一对一的学习。
- 制作简便实用。多种途径和设备制作，以实用为宗旨。
- 配套相关材料。微课需要配套相关的练习、资源及评价方法。

5. 了解移动终端

（1）移动终端操作系统

①安卓系统。安卓是一种基于 Linux 的自由及开放源代码的操作系统，主要使用于移动设备，如智能手机和平板电脑，由谷歌公司和开放手机联盟领导及开发。如图 8－22 所示。

图 8－22　安卓手机界面

安卓平台特点：

开放性：安卓平台首先就是其开放性。开放的平台允许任何移动终端厂商加入安卓联盟。显著的开放性可以使其拥有更多的开发者，随着用户和应用的日益丰富，一个崭新的平台也将很快走向成熟。开放性对于安卓的发展而言，有利于积累人气，这里的人气包括消费者和厂商，而对于消费者来讲，最大的受益正是丰富的软件资源。开放的平台也会带来更大竞争，这样消费者可以用更低的价位购得心仪的手机。

丰富的硬件：这一点还是与安卓平台的开放性相关。由于安卓的开放性，众多的厂商会推出千奇百怪、功能特色各异的产品。虽然功能上存在差异，但是不会影响数据同步，甚至软件的兼容。

方便开发：安卓平台提供给第三方开发商一个十分宽泛、自由的环境，不会受到各种条条框框的阻挠，因此会有很多新颖别致的软件诞生。但与此同时，如何控制非法的程序正是留给安卓难题之一。

谷歌应用：谷歌经过多年的发展，从搜索巨人到全面的互联网渗透，谷歌服务如地图、邮件、搜索等已经成为连接用户和互联网的重要纽带，而安卓平台手机将无缝结合这些优秀的谷歌服务。

APK 是安卓应用的后缀，是 AndroidPackage 的缩写，即安卓安装包。

②iOS 系统。iOS 是由苹果公司开发的移动操作系统。苹果公司最早于 2007 年 1 月 9 日的 Macworld 大会上公布这个系统，最初是设计给 iPhone 使用的，后来陆续套用到 iPod touch、iPad 及 Apple TV 等产品上，如图 8－23 所示。iOS 与苹果的 Mac OS X 操作系统一样，属于类 UNIX 的商业操作系统。

图 8－23　iOS 手机界面

iOS 系统从一开始就能为用户提供内置的安全性。iOS 专门设计了底层硬件和固件功能，用于防止恶意软件和病毒；同时，还设计有高层级的 OS 功能，有助于在访问个人信息和企业数据时确保安全性。可以设置密码锁，以防有人未经授权访问设备。还可以进行相关配置，允许设备在多次尝试输入密码失败后删除所有数据。该密码还会为存储的邮件自动加密和提供保护，并能允许第三方 App 为其存储的数据加密。iOS 支持加密网络通信，它可以供 App 用于保护传输过程中的敏感信息。如果设备丢失，可以利用“查找我的 iPhone”功能在地图上定位设备，并远程擦除所有数据。一旦 iPhone 失而复得，还能恢复上一次备份过的全部数据。

此外，iOS 系统中安装的程序只能从其官方 App Store 中安装，而这些 App 在上架之前都已通过苹果公司的严格测试和检查，保证了 App 的品质与稳定性。

③Windows 10 Mobile 系统。Windows 10 Mobile 是微软最新 Windows 10 手机系统的名称。相比 Windows Phone 8.1，其增添了许多新功能，并改善了用户体验，同时，支持跨平台运行的 UWP（Universal Windows Platform）应用，如图 8－24 所示。

（2）App 的概念

App（Application，应用程序）一般指手机软件。手机软件，就是安装在智能手机上的客户端软件，完善原始系统的不足与个性化，如图 8－25 和图 8－26 所示。随着科技的发展，现在手机的功能也越来越多，越来越强大，甚至发展到了可以和电脑相媲美。与电脑一样，下载手机软件时，还要考虑这一款手机所安装的系统。

图 8－24　Windows 10 Mobile 手机界面

图 8－25　华为安卓 App 应用市场

图 8－26　苹果 App Store 应用市场

(3) 使用手机要注意的健康问题

①颈椎反弓。正常人都有颈椎生理弯曲，如果没有生理弯曲，甚至向相反的方向弯曲，称为反弓。“颈椎反弓”是构成颈椎病最常见的病理基础，高枕可使头部前屈，增大下位颈椎的应力，有加速颈椎退变的可能。而卧高靠背看电视及长时间上网、躺着玩手机等不良的生活习惯，长时间牵拉着颈椎，也会导致其曲线前凸日渐减少、变直甚至反弓。

②视疲劳。在地铁上、公交车上，随处可以看到拿着手机的“低头族”，他们或是在刷屏看微信，或是在手机上煲韩剧。

中山大学中山眼科中心屈光科副教授杨晓指出，长时间看手机对眼睛的伤害很大。研究发现，人们通过手机阅读信息或上网时，眼睛会比手里拿着一本书或一张报纸离得更近，这意味着，眼睛聚焦手机图文更费劲，眼部睫状肌处于调节紧张的状态，时间过长则会导致调节痉挛，更容易导致视疲劳。

其次，手机的屏幕色彩鲜艳，并且亮度过高，在玩游戏、煲剧时，精神高度集中，闪烁的光线会造成视网膜视细胞及大脑中枢的过度刺激，更容易引起视疲劳。小孩子在玩手机时，姿势也会很随意，趴着、躺着、侧着，这样的姿势会令双眼的焦距不一致，出现双眼配合方面的困难，可能引起双眼近视度数不一，甚至斜视。

此外，玩游戏时，注意力高度集中于屏幕，不自觉间，眨眼频率会显著减少，使泪液蒸发过多、过快，造成眼干、眼涩等问题，导致“干眼症”，这些正是眼睛过度疲劳的表现。在临床上，将长时间操作电脑、手机等视频终端引起的视疲劳称为“视频终端综合征”，重者还会引起重影、视力模糊，甚至头颈疼痛等并发症。

③影响生物钟。

很多人在临睡前喜欢在床上玩手机，上网、看小说、玩游戏、发微信。玩手机就好比婴儿在睡前要喝奶一样，成为一种睡前习惯。然而，广东省人民医院睡眠研究室副主任张斌却指出，睡前玩手机会影响睡眠质量，因为手机屏幕发出的强光线，对人体褪色素的生成有一定的影响。据研究，在床上看手机会令褪黑素生成总数减少 22%。而一旦人们的褪黑激素受到了抑制，直接影响便是人们始终处于浅睡眠，甚至大大减少了睡眠时间。

张斌说，如果经常地、长时间地在床上玩手机，还会导致入睡时间的推迟。比如，平时 11 点能入睡，玩手机可能 12 点还未入睡，而真正入睡的时间有可能推迟到凌晨 1 点。这就打乱了人体的生物节律，导致失眠的问题出现。

④损害皮肤。

手机对人的辐射，这个其实也不可小觑。人们使用手机时跟面部距离很近，会对皮肤有一定影响，不能确定是否会长斑，但肯定不利于皮肤，容易长痘痘。

小　结

通过本章的学习，要求学习者了解网络通信礼仪等相关知识，熟悉网络知识产权及在线互动中的适当行为，能够合法使用网络信息资源，并了解数字生活的若干概念与应用。

习　题

一、选择题

1. 以下行为没有侵犯别人知识产权的是（　　）。

A. 将别人创作的内容拿来用于商业行为而不付报酬

B. 在网上下载盗版软件、影片等免费使用

C. 将别人的作品稍加修饰当作自己的

D. 和著作权人协商一致免费使用对方的作品

2. 下列行为中，（　　）一般不涉及网络环境下的知识产权保护。

A. 域名抢注　　B. 信息网络传播行为

C. 技术规避　　D. 浏览网页

3. 著作保护的技术措施有（　　）。

A. 反复制设备　　B. 电子水印

C. 数字签名或数字指纹技术　　D. 电子版权管理系统

E. 以上所有

4. 正当使用网络信息资源是（　　）。

A. 得到查看信息权限的许可　　B. 使用部分的版权信息评价或注解

C. 只要获得许可，可以完全使用信息　　D. A 和 B

5. 抄袭是（　　）。

A. 使用别人的原著并为此获奖　　B. 修改重述别人的原著并为此获奖

C. 引用别人的原著　　D. A 和 B

6. 以下不属于网络诽谤的是（　　）。

A. 利用信息手段，捏造虚假事实

B. 通过网络传播损害他人名誉的行为

C. 通过网络传播恐怖图片

D. 在聊天室里发布侮辱他人人格的虚假事实

7. 以下不属于网络不明文现象的是（　　）。

A. 论坛、聊天室侮辱、谩骂　　B. 传播谣言、散布虚假信息制作

C. 网络色情聊天　　D. 通过网络发布违法乱纪的真相

8. 以下不是电子邮件礼仪的是（　　）。

A. 标题简单明了，突出重点

B. 不着急的事情，不需要及时回复电子邮件

C. 可适当使用大写字母或特殊字符来突出标题，引起收件人的注意

D. 避免邮件中的错别字是对别人的尊重，也是自己认真态度的体现

9. 以下不是回复电子邮件的技巧的是（　　）。

A. 任何邮件都不要急于回复

B. 进行针对性回复

C. 如果收发双方就同一问题的交流回复超过 3 次，就说明此问题不适宜用邮件

D. 对于一些邮件可以集中在一个特定的时间处理，但一般不要超过 24 小时

10. 下列说法不属于网络中伤的危害是（　　）。

A. 侵犯他人言论自由　　B. 扰乱网络公共秩序

C. 歪曲事实　　D. 损害他人荣誉

11. 以下行为属于诽谤犯罪的有（　　）。

A. 同一诽谤信息实际被单击、浏览次数达到 5 000 次以上，或者被转发次数达到 500 次以上

B. 因为在网络上发布或传播损害他人名誉的事实，造成被害人或者其近亲属精神失常、自残、自杀等严重后果

C. 两年内曾因诽谤受过行政处罚，又诽谤他人的

D. 两个人在聊天软件里私聊损害他人名誉的事实，但是没有公开聊天记录

E. 两个人在办公室聊天，内容涉及他人的隐私事件

12. 以下属于网络著作权内容侵权的有（　　）。

A. 对网页内容完全复制

B. 对网页内容稍加修改，但仍然严重损害被抄袭网站良好形象

C. 通过技术手段偷取其他网站数据

D. 做一个和其他网站一样的网站，严重侵犯其他网站的权益

E. 转载他人 QQ 空间中的文章或评论

F. 写文章时，引用名人名句

13. 互联网上侵犯专利权的表现行为主要有（　　）。

A. 未经许可，在产品的包装上标注他人专利号

B. 未经许可，在广告或者其他宣传资料中使用他人的专利号

C. 经过许可，在合同中使用他人的专利号

D. 伪造他人的专利证书、专利文件或者专利申请文件

E. 在授权的情况下，使用他人的专利号

14. 在网络环境下，保护网络知识产权的做法有（　　）。

A. 建立和完善网络著作权的管理规范

B. 只追究网络在线服务商的侵权责任

C. 通过技术手段，对上传的网络作品的信息进行数字水印，其复制、下载全过程全程跟踪等技术保护

D. 构筑网络道德体系，凭借人内心的自我约束来作用，规范人的网络道德行为

E. 不追究网站的侵权责任

15. 以下行为属于电子邮件礼仪的有（　　）。

A. 当与不认识或不熟悉的人通信时，使用正式的语气

B. 使用简单易懂的主题行，以准确传达电子邮件的要点

C. 使用易于辨认的字体和字体大小

D. 如果要外出 24 个小时以上，不要使用“外出时的助理程序”自动回复功能

E. 避免幽默、随意或俚语等易被人误解的表达

16. 版权用于保护由个人创作的作品，无论其是否出版。（　　）

A. 正确　　　　B. 错误

17. 编造谣言、恶意诽谤及进行人身攻击、恐吓等网络行为都是违法的。（　　）

A. 正确　　　　B. 错误

18. 网络论战由于是在网络虚拟的环境下产生的，所以可以随意发展，对社会没有任何影响。（　　）

A. 正确　　　　B. 错误

19. 网络知识产权就是由数字网络发展引起的或与其相关的各种知识产权。（　　）

A. 正确　　　　B. 错误

20. 凡未经著作权人许可，有不符合法律规定的条件，擅自利用受著作权法保护的作品的行为，即为侵犯著作权的行为。（　　）

A. 正确　　　　B. 错误

二、操作题

1. 使用搜索引擎搜索与“网络诽谤和中伤”相关的信息。

2. 使用网络聊天室等工具，遵守适当的在线互动准则。

第9章 网络安全基础

情境引入

在网络中，人们应当保护自己的信息、隐私、资金安全。当网络中包含的信息可能是敏感的或具有商业价值时，网络可能会给组织带来潜在的安全风险。人们应该掌握一些网络安全方面的基础知识，逐步养成良好的网络安全意识，保护自身合法利益。

本章学习目标

能力目标：

√ 能合理地进行信息评估；

√ 知道计算机中存在的风险及规避方法；

√ 能知道计算机病毒防治策略并安全使用因特网。

知识目标：

√ 了解信息评估的方法和注意事项；

√ 了解计算机中存在的风险及规避方法；

√ 了解计算机病毒防治策略；

√ 了解安全使用因特网的策略。

素质目标：

√ 培养学生使用网络的安全意识；

√ 培养实际操作中的探究精神。

9.1 评估信息

通过使用相关软件，用户可以很容易地在网站上创建和发布信息。因为没有任何国际机构对因特网上发布的信息进行监控或质量控制，所以，在网站上搜索到的信息都是由用户自身来评估的。

9.1.1 怎样评估信息

一般来讲，网站的信誉、组织或企业的知名度对关系到自身声誉的利害关系是很重要的。忽略反对的观点或对其持有偏见都会带来问题。

当在因特网上搜索信息时，在收集信息之前，需要对多个网站上的信息进行评估，如同购买大件家庭用品一样，在做购买决定之前都要货比三家。不要使用从一个网站上获得的且事先没有经过评估的信息。可以去当地图书馆查找原始文件、资料来源、杂志或者参考资料，用来帮助研究或验证从因特网上所获得的信息。

1. 如何识别信息的准确性

免费的信息可能存在明显的事实错误，或者语法和拼写错误。将网站放在一起查看是一种有效检查错误的方式。浏览网站，以确定该网站是有目的地发布有关用户、市场或者出售产品的信息，或者是分享观点和意见。

在查找那些有深度覆盖范围的主题，以及那些支持其他类型的有实质的内容覆盖面的信息时，要了解是否有相关的组织或者认证机构支持这些信息。

2. 如何识别信息的真实性

①信息的发布者是否合格。对科学著作来说，该页面制作者的身份应该得到确认，可以检查其资格证书。了解这个作者是否还有其他的著作，作者在该领域工作了多长时间等。

②谁是这些材料的出版商。查看谁是出版商能使用户判断这些信息是否具有权威性。检查作者和出版商之间的关系，可以帮助用户确定这个作者是否具有相应的资格来谈论该主题。

③打开存在于网站上的关于作者、出版商或者该网站所属公司的任何链接，以便更多地了解他们。这些链接可能包含诸如“关于我们”“我们的使命”“愿景”“公司简介”“背景”等之类的文本。另外，还要注意查看该页面上和这个主题相关的其他信息的链接。

④把网页或网址作为引导，查看在个人网站上的内容是否附属于某一特定的组织、公司或者出版商。当怀疑这些信息是从其他地方复制过来的或者更改了原始出版商时，这种方法也是有用的。要注意检查页面上是否有版权信息及其链接是否有合法来源。

⑤如果有问题或疑问，直接和作者或者出版商联系。尝试通过电话、信件和电子邮件来联系作者或者出版商。

3. 如何识别信息的客观性

客观的信息应该是不带任何偏见的信息。很多公司的网站上会包含一些众所周知的带有偏见的议事日程和信息，但这并不意味着这些信息是不正确的。这需要看这个网站的目的及它是怎样传递信息的。

该网站是不是由某个有议事日程的组织创建和支持的？在其页面上是否存在广告？如果有，这些广告是否独立于网站的内容？

查看网站的观点能否得到有事实根据或者未经证实的证据支持。如果主题是有争议性的，那么给出的观点应该是带有平衡性的，赞成的和反对的观点都应该有。

考虑信息的基调和它试图传达的信息。这个页面是否告知用户某些事情或者具有劝说的语气？它们是否共享具有证明文件的信息的链接并且该链接能链接到其他相关网站，或者仅仅只是表示某个人的个人观点？该页面是用幽默的还是带有讽刺或夸张的语气来传递信息？

4. 如何识别信息的时效性

就像错误一样，网站的时效性表明了该网站的建设情况，以及其中包含的信息的质量。

可以通过网站的设计结构来了解该网站的新旧程度，也可以查看网站上的链接是否还能使用或是已经被移除了。

检查网站显示的上一次更新的日期。有些网站可能不需要定期更新，而有些网站可能每天都要增加新的信息。如果网站的日期和当前日期不符，就应该仔细检查该网站，例如该网站可能是出售季节性产品的。

5. 评估网站的设计

网站的组织性很好并且很容易浏览吗？它的外观吸引人吗？虽然这些方面和信息没有直接的关系，但是好的网站设计可以作为一个指标，用来衡量信息的编制及是否理解用户的需求，使用户能又快又容易地找到信息。

寻找一些与该网站相关的链接和联系信息，用来沟通交流。如果网站不提供这类信息，那么用户在浏览这些信息时就需要小心，同时要确定链接是可用的。

如果该网站是一个组织或服务的官方网站，那么网站的颜色配置、整体设计和布局就能告诉用户该网站的制作者是谁。大多数公司的网站有专门的风格样式，通常使用白色背景搭配一些不太普通的颜色在网页上。包含相同信息的个人网站则可能在其文本和背景上使用更丰富的颜色。

9.1.2 信息化对社会的影响

1. 使用计算机的优点

随着因特网和计算机的速度、准确性及效率的提高，人们可以进行更多的传统活动。

电子邮件沟通的速度提升了业务，使得不同的团体和国家或地区之间可以更好地沟通，减少了之前存在的壁垒。网站使得访问因特网的每个人都能很容易地获得信息。

许多活动的效率得到了提高，例如计算机辅助绘图使设计人员能在更短的时间内更好地设计建筑物。计算机模拟的飞机和建筑物使得问题检测和灾难避免变为现实。

计算机技术已经改善了很多有疾病的人的生活质量。四肢瘫痪的人可以控制家中的设备，语音识别能帮助那些视觉和听力有缺陷的人。计算机技术扩大了残疾人的世界，否则，他们在和其他人交流的能力上是非常有限的。在线学习和电子书籍（在线书籍）给残疾人的学习创造了新的可能性。电子商务网站给那些不能离开自己家的或者局限于一定范围内活动的人带来了便利。

科技的发展给各种类型的人带来了益处。语音控制的电梯能使人们移动大件物品，也能使触不到楼层按键的人通过向电梯“说话”来操作电梯。

计算机也促进了社区产业的发展，人们可以共享信息或公共服务，如许多咖啡店现在提供因特网服务。有些企业提供帮助人的服务，如编写简历、找工作或者在其网站上进行在线学习等。

2. 教育领域

教育可能是受益最大的领域之一。高中及以下的教育、学院和大学基本实现网络信息化，学生通过使用计算机来完成作业。

学生几乎可以无限制地访问在线信息和资源，以用于其研究，尤其是大学生能通过学校图书馆查看在线的书籍、期刊和杂志。

确定计算机能否应用于学校环境中的最重要的因素之一是，在课程中可以用批判性的思维来解决“现实世界”的问题。能在线查找信息或学习课程是解决问题和提出问题的起点。

很多课程都有学前和学后的评估，以确保学生能理解怎样将所学的知识运用到理论和实践的环境中。这些评估可以是案例教学，在案例教学中要求学生能和其他不同地方的学生相互配合地共享、分析和评估方案。

3. 在家中使用计算机

随着计算机价格的下降和软件的使用越来越方便，计算机已经成为家庭中一个有价值的资源。

通过因特网可以和其他人玩交互式游戏，纸牌游戏在成人中很受欢迎；年轻人喜欢参加虚拟现实的游戏，在游戏中，他们可以选择一个图形化的标识作为头像，在显示器上，他们可以看见自己和别人的头像。还有一些教育性的游戏，从拼写到数学，以有趣的学习方式来传授知识。

财务管理软件可以记录家庭支出，人们可以跟踪和管理家庭的投资组合。几乎所有的银行都允许客户通过因特网办理银行业务。

远程办公是指在家中通过因特网和办公室进行沟通的工作方式。有些人每周有一部分时间是远程办公，这使得他们能更灵活地利用时间。

通过在线聊天能让用户和其他人互动沟通，而不需要通过见面或者支付长途电话费来完成。在线聊天增加了即时回复的功能，在节约了时间的同时，使工作变得更有效率。学生能使用在线聊天来讨论或者核实作业或任务的完成情况。很多的在线聊天软件能在手机或PDA上运行，从而使通信变得开放，人们在任何时候都能通过短信进行沟通。

有了计算机设备和因特网连接，就可以建立家庭办公室。办公用品供应商允许家庭办公者在网上订购办公用品，并会在当天送货上门。员工可以通过手机向其他人发送即时短文本信息，因此不必要求他们必须在计算机旁。视频会议允许员工或者顾客在不同的地方相互沟通交流，就好像他们在同一个地方参加传统的会议一样。

4. 其他使用计算机的行业

计算机在很多应用中扮演着幕后的角色。例如微处理器嵌入在大多数的家用电器中，如微波炉和录像机。此外，计算机已经成为汽车制造业、医疗服务业、交通行业、公共事业等领域的主力。

5. 网上购物

无论什么时候，只要用户在线购买物品，都被认为是电子商务交易。任何一种通过因特

网购买商品或服务的交易都是电子商务。电子商务有了很大的发展，例如用户个人信息的保护变得更高级，用户在线购买物品变得更容易。

在线购物是非常方便的，它能提供对特定商品或服务的即时访问，也能同时对大公司和小公司进行比较。如果要寻找一些少见的、独特的或者很难找的物品，因特网是非常方便的，它能知道哪些公司可能会有这些产品或服务。

网上购物的在线支付通常是通过使用信用卡或金融交易公司来完成的。对于大的公司或政府来说，电子商务公司通常也接受传统的支付方式来完成订单的支付。

公司受益于电子商务，这是因为它可以节约成本，提供购买商品或服务的多种选择，而公司不用投资建设多层次的销售地点，并且可以根据先前的销售记录将存货保持在最低水平。电子商务网站不但可以使大中型公司收益，也可以使那些想直接从公司网站上购买而不是打电话或者直接去公司购买的小企业或公司受益。

9.2　计算机中的风险

9.2.1　系统与数据安全基础

1. 保护自己的数据或计算机

用户的计算机及其特定的数据很容易被盗或损坏。服务中断或恢复丢失信息的费用往往超过实际设备。无论是因为别人通过“黑客”技术进入计算机还是因为版权侵权，在因特网上数据被窃取这个问题很受关注。计算机中存在的风险与预防措施见表9－1。

表9－1　计算机中的风险与预防

风险类别	防御措施
盗窃	可以购买系统来锁定计算机，或使用特殊持久的电缆将计算机和办公桌固定在一起，对于拥有大量计算机的区域（如网络室）来说，安装摄像机是很有必要的
损害	确保计算机和显示器放在稳固的平面上，应隐藏所有线缆，以防有人绊倒，从而拖倒计算机或显示器
数据丢失	对于重要的信息，应该准备一个应急预案来处理因故障而造成的丢失
备份	数据应定期备份，并且备份应存储在另一个位置。只需要对数据进行备份，因为应用程序可以随时从原始数据重新还原
电源	计算机很容易受两种电源问题影响：中断和受潮。如果突然断电，计算机将关闭，并且将丢失最后一次工作的未被保存的信息数据。不间断电源（UPS）可以提供一些保护来防止全部数据丢失

2. 数据安全

在大多数情况下，计算机系统上的数据价值超过了计算机设备本身，这是因为它代表团队已完成的工作。数据丢失将对公司及客户对其的信任产生不良影响。数据丢失往往有连锁反应，影响会扩大到其他与该组织有关的或有业务往来的组织。

（1）黑客威胁

计算机黑客是指某人未经授权而擅自进入另一台计算机，其目的通常是“到处看看”、盗取或破坏数据。应采取预防措施防止任何未经授权的人进入自己的系统，这是因为一个黑客能够：

①窃取信息（如设计构思或项目方案信息）并出售；

②破坏数据导致公司无法按时交付产品、服务或项目；

③修改信息或对公司的声誉产生负面影响。

黑客能够通过物理的或者在线的方式进入用户的系统中并使用其中的某台工作站。物理防护措施（如访问控制、身份确认和视频监控等）是防护此类威胁的重要手段。

（2）保护数据的重要措施

保护数据的一个重要的方法就是使用密码。用户可以通过确保每个人都有一个有效的用户名和密码来限制重要信息的访问。使用某种策略将会使黑客很难猜出用户的密码，如：

①使用不太明显的逻辑词等。

②避免使用昵称，或配偶、子女、喜欢的宠物的名字。

③使用字母与数字的组合。

④密码应定期更换。

⑤如果担心记不住太多密码，那么就交替使用3～5个密码。

⑥机密文件尽量使用不同于登录网络或因特网的密码，这样即便有人能猜到密码进入系统，也威胁不了文件。

⑦与网络管理员或国际因特网接入服务供应商核对一下密码，有时可能有大小写限制，也可能没有。

员工应懂得密码的重要性并且应谨慎使用密码。不同的文件使用不同的密码，尽管这很难记住，但是这可能是一个好的策略。

如果用户忘记了密码，网络管理员可以将其更改为一个普通的密码，但是当用户下次登录时，必须将其改为独特、唯一的。

数据安全是一个非常专业的领域。大多数公司会请安全顾问做一个风险评估和为公司推荐合适的安全计划，该计划还应该包括培训员工。

9.2.2 建立安全的工作环境

一般的职业健康和安全公约都适用于计算机的工作环境。用户必须避免因火灾、触电、化学损伤和物理损伤（设备砸伤）导致的损伤。为确保环境安全，用户可以采取的一些措施包括：

①如果有些设置需要长时间使用，那么应避免它们总处于临时状态。将显示器放在稳定的桌面上并进行适当的布线。

②确保主机安置在稳定的位置，如地面或一个坚固的工作台上，并且在主机的后面要有

充足的空间来使空气流通。有时，需要清除计算机和风扇的累积灰尘。

③使用带有过电压保护功能的电源杆将计算机和电源相连。注意电源杆不要超载，因为这将会导致计算机功率波动。

④为防止自己和他人被电缆意外绊倒，应使用合适的工具整理电缆并使其不挡通道。避免电缆通过走道，如有必要，应确保电缆有适当的保护装置覆盖。捆绑电缆线应购买合适的线，而不是用手捻线或弹性线。

9.2.3　人类工效学

人类工效学，或人体工程学，是对人类的工作场所和扩大计算机使用而已确定存在的一些潜在问题的研究。遵循人类工效学的原则并使用适当的设备，就可以大大减少受伤害的风险。

这里有4个特别的关注领域：

①手腕上所有的神经和血管通过腕骨的一个狭窄的通道，该通道就称为腕管。在反复的压迫下，这个区域会变得红肿和疼痛，从而导致腕管综合征。

②腕关节的类似情况也可能出现在肘关节。

③频繁的快速运动，如打字或使用鼠标，可能导致手部重复性运动损伤。

④长时间不正确的坐姿压迫腿部血液流通和神经，导致脚肿胀、神经损伤疼痛、血栓和血管阻塞。

1. 基于工作站的人类工效学

如果需要每天在计算机前工作几个小时，那么就需要把人类工效学铭记在心。

第一件要做的事就是要有规律地休息。每隔一个小时起来伸展和散步，以促进血液循环。符合人类工效学的坐姿如图9－1所示。

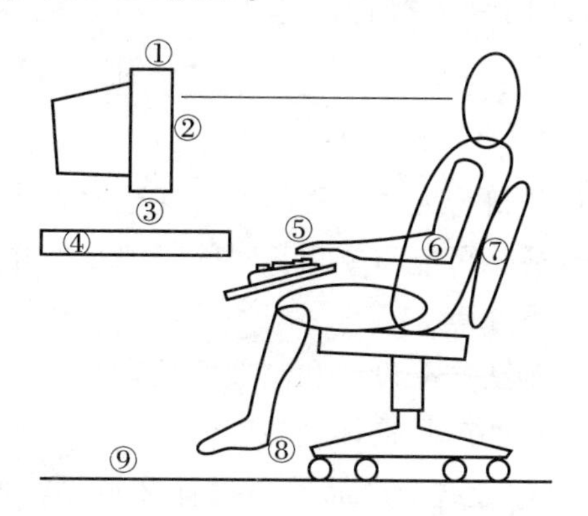

图9－1　符合人类工效学的坐姿

①显示器和键盘应在正前方，而不是在一个角度上。

②屏幕上不应该有强光或反光。

③把需要输入计算机的文件资料放在一个文件夹中，并放在显示器旁边。.

④工作平面应保持稳定。

⑤舒适就座，手腕应平直。

⑥手臂和肘部应贴近身体。

⑦使用一个良好的可调节人体姿势的椅子，以大致110°轻微的倾斜姿势就座。

⑧坐舒服后，应平放双脚，大腿应该或多或少水平放置。如果脚够不到地面，可以使用桌下的搭足横木来放置双脚。

⑨定期休息。

2. 防止视觉疲劳

可以通过以下几点来避免视觉疲劳：

①视距：显示器应与眼睛保持水平，以适于观看，一般距离一臂长。

②屏幕质量：使用品质优良、高分辨率的显示器，使字符显示清晰。工作时，屏幕应无明显闪烁。应该能够看清画面而不需要后仰头或前伸脖子。

③照明：自然光对于视力和健康总是最好的。如果显示器朝向窗户，应减少屏幕的强光。其他照明源应高于用户或在其身后，或在显示器的上方。使用台灯的目的是给显示器和控制盘提供光源，以方便屏幕和文件的审阅。

④眼科检查：如果感到长期视觉疲劳时，应咨询眼科专家。

⑤休息：休息时，应眺望远处。

3. 使用笔记本式计算机

笔记本式计算机是众所周知的非人性化设计的产品，因为屏幕和键盘离得很近。如果屏幕处于一个好的位置，那么用键盘就不舒服，反之亦然。把笔记本式计算机放置在一个稳定的表面上，调整座椅，使双手在一个舒适的水平位置，然后将屏幕倾斜，使其和自己的脖子有一个微小的角度。在经常使用笔记本式计算机的位置，可以考虑使用单独的键盘和鼠标，尽量参考台式机的实现方法。许多笔记本式计算机看上去并不很重，但是如果长时间携带，可能会带来不少痛苦，所以选用一个符合人体工程学的笔记本式计算机包是一个不错的选择。

4. 符合人体工程学的产品和设备

有许多在售的产品都宣称是符合人体工程学的，甚至比人体工程学产品更灵活。如果想试试这款产品使用起来是否舒适，可能需要很长时间，那么怎样选择一台适合自己长时间工作使用的计算机呢？请参考以下几点：

①根据自己的使用常识，确认产品设计和制造商的索赔要求是否合理。

②对没有被研究人员研究过的产品持怀疑态度。

③人体工程学的专家有没有对这个产品发表过什么意见？如果专家不推荐，就不要使用它。

9.2.4 计算机病毒与预防

计算机病毒是一种具有破坏性的计算机程序。只有一种方式可以让病毒感染计算机——用户让它进入计算机，要么通过电子邮件的附件，要么通过从网络下载。一旦病毒侵入了计算机，所有病毒都将进入计算机的磁盘或文件中。

对于个人计算机，可能会遭到数以万计病毒的攻击，无论用户使用何种类型的计算机，病毒都有可能会破坏计算机系统内部的数据。

本质上，病毒是一种计算机程序，它能够把自己附加到其他程序中，然后进入另外一台计算机。大多数情况下，这些病毒是不会对计算机造成直接伤害的，但是也有一部分病毒非常具有破坏性，可以破坏计算机上的数据。

一些较常见的病毒是通过带电子邮件的附件传播的。当用户打开该附件时，病毒程序会被启动并发送相同的信息到联系人列表或通讯簿中每个人的邮箱中。在其他情况下，它可能会将自己隐藏在系统的某一位置，然后在某特定事件执行或操作时启动。

另一种较常见的病毒表现是从某一个有效的邮箱地址发过来的包含附件的电子邮件，当用户打开这封邮件时，病毒的附件就会复制自己，然后自动给用户联系人列表中的联系人发送邮件。本质上讲，这些并不具备破坏性，但是网络中大量的交互式邮件会导致整个网络瘫痪。

每一天都有许多新的病毒程序产生，因此了解什么是病毒，它是怎样工作的，以及怎样保护自己免受病毒攻击，如何摆脱它们的困扰，变得至关重要。

1. 病毒的类型

有四种基本类型的病毒会攻击用户的系统。

①引导扇区类病毒：当一个被感染的硬盘作为启动盘时，系统启动时，会从硬盘读取信息，此时病毒就会进入主扇区，也就是计算机启动之前必须访问的空间，这样病毒就会进入内存，进而影响内存中的每一个文件。

②程序或文件病毒：部分文件用来启动程序或操作（例如，批处理文件）。

③宏病毒：看起来像宏文件，它是通过宏语言在特定程序中运行的，但是它会成为该程序的默认设置，然后感染在该程序中打开的每个新文件。

④多方病毒：类似于启动或程序病毒，最常见的类型是：

蠕虫：这种病毒程序往往通过感染程序文件、电子邮件，或者通过把它自己发送到最近联系人或通讯簿中的联系人的方法实现备份或自我复制。

特洛伊木马：病毒属性为“隐藏”，看上去似乎对计算机无害，但在某个操作下会被激活。

2. 使用防病毒程序

由于每天都会有以不同方式隐藏和传播的新病毒产生，所以没有什么办法保证人们不会遇上病毒，但是有一些简单的办法可以降低计算机感染病毒的风险。

①购买最新版本的防病毒程序并装入计算机。所有的防病毒程序在新计算机上都可以试用 3 个月；旧系统需要升级或安装新程序来防止病毒。

②程序安装完毕后，在使用计算机之前，应对计算机进行扫描，以避免计算机内存在病毒。

③确定防病毒程序已经启动，并注意程序的更新和修补。一定确保在更新和修补防病毒程序之后重新扫描系统。但是仅仅进行程序更新是不够的，还必须将其用于防病毒程序，以

确保始终拥有最新的保护文件。

④每次开启计算机时都要扫描病毒。

⑤从因特网上下载内容时，一定要以文件的形式保存到文件夹而不是作为数据文件保存。在打开所有下载的文件前，应对其进行扫描，这对携带安装病毒程序的文件非常重要。有些文件类型含有病毒是众所周知的，下载文件时应当小心。

⑥必须设置防病毒程序来扫描收到的电子邮件。打开不认识的人发送的邮件时，应该特别注意，但是也应小心所认识的人或一个有效地址发过来的带有附件的邮件，特别是在并没有向其索要任何文件的情况下。

⑦如果要与使用便携设备的其他人合用文件，作为习惯，一定要对接收到的所有文件进行扫描，并扫描将要传给其他人的任何文件，以保证不会在无意中把病毒传过去。

⑧一些应用比较广泛的、有效的防病毒程序包括卡巴斯基、诺顿、熊猫卫士等。

⑨一旦系统安装完防病毒程序，应当时常对其进行更新，确保其是最新的版本。获得最新的补丁和更新是订阅服务的一部分。

3. 病毒的预防

一旦计算机感染了病毒，即使用防病毒程序检测到它，如果不进行计算机的全部扫描，也不可能做到完全无毒。基于病毒的隐蔽性，防病毒程序可能不会马上发现它，或完全从系统上清除它，但是在计算机上安装防病毒程序并设置该程序在计算机启动时运行仍是极其重要的。

以下情况可能表明计算机已感染病毒：

①出现从未见过的信息、提示。

②发现计算机运行速度变慢或程序突然出现问题。

③某些应用软件程序不能继续正常工作。

④听到从来没有听过的声音或音乐，并且是随机出现的。

⑤磁盘名、容量或文件似乎已被改变，但是用户并没有改变它。

⑥计算机现在有似乎比原来更多（或更少）的文件。

⑦显示表明一个文件丢失的错误信息，这可能是一个程序或数据文件。

⑧收到不认识的人发送的带附件的邮件。

⑨突然从认识的人那里获得大量的带有附件的邮件，在主题行通常有一个“RE:”或“FW”前缀，但是之前并没有给他们发送过任何邮件。

如果用户所关注的防病毒程序不能完全适合自己的计算机，这里有一些方法可以尝试：

①每次启动计算机时，运行磁盘扫描程序，并注意它是否已经发生变化，尤其是总量和可用内存。

②将一张存储卡或 CD 放入计算机的驱动器时，即使上面没有任何程序，也要用防病毒程序对其进行扫描。尽管 CD 通常只是只读文件，但在读 CD 时，这些文件中的一个可能就已经含有病毒了。

③如果收到带附件的电子邮件，打开前要先扫描附件。即使是来自自己认识的人，也要

检查附件。

④如果怀疑自己可能已感染一种病毒，尝试到防病毒程序的网站在线扫描计算机。该网站的扫描程序将包含所有最新的保护模式，因此能够捕捉任何可能已存在于系统但不包含在防病毒程序中的病毒。即使有病毒阻止防病毒程序运行，这个版本的防病毒程序也是有益的。

这些方法将有助于确保计算机免受病毒的侵害。当然，除了合理的预防措施外，没有什么能保证自己的系统长期不受侵害。

4. 关注电子邮件中潜在的病毒

许多病毒被设计成发送的电子邮件附件在收件人打开它时开始传播，这是使用附件的最大的危险。用户可以通过一些预防措施来尽量减小病毒通过电子邮件传播来攻击其系统的可能性。

一个病毒附件是一个程序文件，有文件扩展名，如 .exe 或 .bat。图片文件（.jpg 或 .gif）和文本文件（.txt）是不可执行程序，不能含有病毒。字处理文件（.doc）应该没有病毒，但是它们可以包含宏病毒。

经常有虚假的病毒警告说明后果的可怕，并要求用户向朋友和同事提出警告。例如有的警告提示该病毒不能被任何杀毒软件查杀。这些就是恶作剧病毒，当这些警告消息造成邮件服务器堵塞时，才被看成是一个真正的破坏性病毒。

幸运的是，其中大多数是无害的恶作剧警告。然而，一些恶作剧邮件会要求用户在其计算机上搜索病毒文件，然后将其删除，但是删除的文件是用户计算机需要的一个重要文件。

如果不知道病毒的威胁有哪些，请访问反病毒软件供应商的网站，它们拥有广泛的病毒与恶作剧病毒信息。用户也可以在采取行动之前和技术支持人员交流，他们可以帮助用户研究病毒信息。

5. 执行数据备份

电源问题、计算机故障、盗窃或黑客入侵都可能会导致数据丢失。问题是用户永远不知道这些事何时会发生，因此，用户需要一个最适合自己的策略来保护自己的数据。

备份是指将数据保存在其他如常用文件夹或硬盘驱动器上的操作。这样即使数据遭遇被盗、损坏、删除或其他破坏，也可以恢复。

所有用户，无论是否连接网络，都要使用有效的用户名和密码登录计算机，这会减少某些用户未经允许进入计算机或网络而造成的损害。网络管理员还建议用户经常更改其密码，以防他人使用用户的注册号和密码。

如果计算机被盗，那么无论用户是否定期保存数据，都会丢失数据，这时备份就派上用场了。

仅仅是用户生成的数据需要备份，因为这些数据通常包含无法复制的历史信息。任何故障引起的数据丢失都将导致用户及其公司大量的工作延误，造成费用和时间浪费。许多大公司都建立备份，以作为灾难恢复计划的一部分。

9.3 安全使用因特网

既然网络上的信息没有质量控制，那么必须限制访问某些特殊信息。

在工作环境中，一个公司必须有一个限制网络访问的制度，不同的公司，制度也有所不同。网上冲浪是很浪费时间的，公司必须限制员工在上班时间进行网上购物、聊天等，因为这些不仅会带来危害（例如黑客或病毒），还有可能影响正常网上商务的进行。

某些公司可能会认为不加任何限制才更有意义，这些公司依靠传统的管理办法，即员工的自觉性进行管理。许多计算机采用技术手段来防止未经授权的访问，例如防火墙、网上注册约束等。

防火墙软件用于控制公司网络之外的用户访问公司的内部资源，同时，也可以控制公司内部员工访问因特网资源。许多网络具有内在的安全性设置，以防因特网或者外部未经授权的用户访问服务器，如图9－2所示。

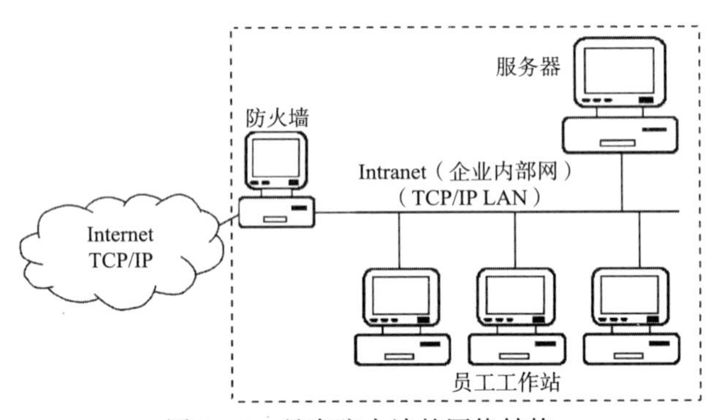

图9－2　具有防火墙的网络结构

对于家庭和学校用户，有些公司提供特殊的软件来限制其访问因特网，或者是限制某一类型的网站。这种软件就是网络滤波器软件，它通过输入要限制访问的网站，从而达到限制访问的目的。

绿坝、CYBERsitter、Net Nanny 都是深受父母欢迎的用于限制子女上网的软件。当然，这些软件也可以安装在学校的计算机上，用于防止学生在上网时访问可疑的网站。

就个人而言，用户可以设置浏览器的访问级别。使用网络滤波器软件或者更改浏览器的安全级别是一种长期有效的，用于保护孩子，让他们远离目前还不需要的内容的方法。

小　结

本章从技术和个人两个方面介绍网络安全方面的基础知识。在互联网给社会生活带来巨大变化、给人们带来诸多便利的同时，网络安全问题也日益突出。要保证网络安全，使重要资料和个人隐私不被窃取，最重要的是要形成良好的安全意识，在此基础上采用各种技术手段防患于未然。例如，设置较为复杂的密码、不随意打开不确定的链接、安装防火墙、使用正版杀毒软件并定期升级等。

习　题

一、选择题

1. 版权用于保护由个人创作的作品，无论其是否出版。(　　)

A. 正确　　　　B. 错误

2. 版权法也适用于注册的商标，如公司商标、设计等。(　　)

A. 正确　　　　B. 错误

3. 在学校或公司的计算机上创建的个人文件属于用户本人。(　　)

A. 正确　　　　B. 错误

4. 隐私涉及用户的个人信息，通过在线 Cookie、临时文件等可易于获得。(　　)

A. 正确　　　　B. 错误

5. 作为终端用户，应该具有一些关于计算机的知识，通过在线分享自己的资源或合理配置计算机来保护环境。(　　)

A. 正确　　　　B. 错误

6. 人类工效学是对计算机产业供求的研究。(　　)

A. 正确　　　　B. 错误

7. 以下为限制访问因特网的应用有（　　）。

A. 限制学生或年纪小的孩子上网　　　　B. 限制员工上网

C. 防止下载文件　　　　D. 以上各项

E. 仅 A 和 C

8. 正当使用是指（　　）。

A. 得到查看信息权限的许可　　　　B. 使用部分的版权信息评价或注解

C. 只要获得许可，可以完全使用信息　　　　D. A 和 B

9. 抄袭是（　　）。

A. 使用别人的原著并为此获奖　　　　B. 修改重述别人的原著并为此获奖

C. 引用别人的原著　　　　D. 以上各项

E. A 和 B

10. 网上购物时，保护自己的方法有（　　）。

A. 检查以确保电子商务网站是安全的

B. 不要将自己的登录 ID 或密码告知他人

C. 时常更改网上购物的密码

D. 以上各项

11. 对于保护计算机，你认为值得关注的有（　　）。

A. 盗窃　　　　B. 数据丢失

C. 电源问题　　　　D. 数据备份

E. 损害　　　　F. 以上各项

12. 为防止密码被盗，可以采取的策略是（　　）。

A. 时常改变密码

B. 使用字母与数字的组合

C. 使用合乎逻辑但不易被发现的词

D. 文件和注册号使用不同的密码

E. 以上各项

13. 可以通过（　　）方法建立一个安全的工作环境。

A. 确保电缆或线没有共同路径的交叉

B. 确保计算机和显示器放在一个牢固的平台上

C. 使用具有过电压保护的电源插座

D. 以上各项

E. B 或 C

14. 使用计算机工作时，应注意（　　）。

A. 腕关节

B. 血液循环

C. 反复运动

D. 以上各项

E. A 和 C

15. （　　）类型的病毒可以攻击用户的系统。

A. 启动扇区

B. 宏

C. 多方

D. 程序或文件

E. 以上各项

F. A、B 和 D

二、操作题

1. 访问“百度”首页。
2. 搜索与“方太”煤气灶维修相关的电话号码。
3. 通过访问“方太”官方网站，评估上一搜索结果。
4. 使用“必应”搜索引擎搜索与“山寨维修”相关的信息。
5. 访问“农业银行”网站，查看使用安全协议的页面。
6. 取消选中 Windows 下“文件夹选项”中的“隐藏受保护的操作系统文件”复选框。
7. 下载“可牛”杀毒软件，安装在系统中，并修复系统漏洞。
8. 搜索常见 U 盘病毒的预防措施。
9. 使用杀毒软件扫描 U 盘。
10. 按照“基于工作站的人类工效学”调整坐姿。

参考答案

第1章

1	2	3	4	5	6	7	8	9	10
B	C	A	D	B	C	DE	BD	BE	AD
11	12	13	14	15	16	17	18	19	20
BC	DE	AB	ABDE	BACD	ADCB	CABD	ABEDC	ACBED	BCADE
21	22	23	24	25	26	27	28	29	30
DBAC	C	C	C	C	A	D	B	ABD	B
31	32	33	34	35					
A	D	C	C	AB					

第2章

1	2	3	4	5	6	7	8	9	10
D	D	B	D	C	A	B	D	C	A
11	12	13	14	15	16	17	18	19	20
C	B	C	B	ABCEF	ABCD	ABCD	ABCD	BC	

第3章

1	2	3	4	5	6	7	8	9	10
C	A	A	A	D	D	C	D	A	A
11	12	13	14	15					
D	D	CD	ABCD	ABCD					

第4章

1	2	3	4	5	6	7	8	9	10	11
B	B	D	C	A	B	A	C	C	A	D

第 5 章

1	2	3	4	5	6	7	8	9	10
ABD	BAC	ADBC	FDEBCA	C	C	C	C	BC	BDACE

第 6 章

1	2	3	4	5	6	7	8	9	10
A	B	A	A	F	F	C	B	H	B

第 7 章

1	2	3	4	5	6	7	8	9	10
A	A	A	A	B	E	C	B	B	E

第 8 章

1	2	3	4	5	6	7	8	9	10
D	D	E	D	D	C	D	B	A	A
11	12	13	14	15	16	17	18	19	20
ABC	ABCD	ABD	ACD	ABCE	A	A	B	A	A

第 9 章

1	2	3	4	5	6	7	8	9	10
A	A	B	D	ACE	B	A	D	A	D
11	12	13	14	15					
ADE	C	C	D	ABE					

参 考 文 献

[1] 周明红. 计算机基础（第4版）[M]. 北京：人民邮电出版社，2019.

[2] 贾如春. 计算机应用基础项目实用教程（Windows 10 + Office 2016）[M]. 北京：清华大学出版社，2018.

[3] 高万萍，王德俊. 计算机应用基础教程（Windows 10，Office 2016）[M]. 北京：清华大学出版社，2019.

[4] 李志鹏. 精解 Windows 10 [M]. 第2版. 北京：人民邮电出版社，2017.

[5] 龙马高新教育. Windows 10 使用方法与技巧从入门到精通（第2版）[M]. 北京：北京大学出版社，2019.